KB135747

응용편

신편 알고 싶은 유압

不二越油壓硏究그룹 저

공학박사 **이 징구** 역

기전연구사

SHIRITAI YUATSU KATSUYOUHEN
©FUJIKOSHI YUATSU KENKYUU GROUP 1988
Originally published in JAPAN in 1988
by JAPAN MACHANIST Co..LTD
Korean translation right arranged through
TOHAN CORPORATION, TOKYO

머 리 말

"알고 싶은 유압" 시리즈(기초·응용·실제)가 당사의 유압 연구 그룹에 의해서 세상에 펴내진 후 20년이 됩니다. 그 동안, 광범한 독자층에 호평을 받으며, "알고 싶은 유압" 시리즈 30만부를 간행하였습니다. 이것은 일반 공학서에서는 그 유례를 볼 수 없는 발행 부수입니다.

이 사실은, 초기에 있어서는 설계자나 생산 기술자 등의 좁은 범위에 국한된 전문적인 면을 가지고 있던 유압 기술이, 일반 작업자 여러분의 필수 항목으로 그 저변을 넓혔다는 것을 말해 줍니다. 그리고 이 책이 조금이라도 공헌할 수 있었다는 것을 기쁘게 생각합니다.

게다가 또, 에너지 절약의 추진을 비롯해서, 기계 분야의 일렉트로닉스화 등, 심한 기술 혁신 가운데서, 자동화, 생력화, 무인화의 요구는 더욱더 강화되어, 유압, 공기압, 전기, 전자 등이 크게 이용되고 있습니다. 이것들을 최고도로 활용하는 것이 기업에 있어서도 기술자에게 있어서도 매우 커다란 과제로 되어 있습니다. 특히 유압은 그 응용 범위가 넓고 또한 다기에 걸쳐서, 그 진보 발전은 실로 눈부신 바가 있습니다.

이들 시대의 요청에 부응해서, 신편 "알고 싶은 유압" 기초편에 계속해서, 응용편에 있어서도 원고를 고쳐 두었습니다. 자동화하고자 하는 움직임 그 자체를 그대로 타이틀로 하는 종래의 골자를 답습해서, 진동 및 에너지 절약, 안전 회로 등에 대하여 새로 가필되고, 호평인 2색 인쇄 페이지도 늘려서 더욱 이해하기 쉬운 것으로 하였습니다. 집필자도 신규로 제1선의 전문 기술자를 가해서, 내용의 충실을 도모하였습니다.

신편 "알고 싶은 유압" 응용편이 앞으로도 유압의 보급, 유압 기술의 향상에 도움이 될 것을 확신하는 동시에, 독자 여러분의 호평을 받을 수 있을 것을 기원합니다.

저 자

목   차

1. 물체를 상하·좌우로 움직이려면

1.1 올림과 내림부터 정지까지
뜻대로 움직인다

1.2 감속 회로
충격을 피한다

1.3 좌우 이송에 대하여
좌도 우도 알 수 없으면

2. 물체를 회전시키려면

3. 물체를 같은 간격으로 움직이려면

3.1   물체를 같은 간격으로 움직이려면
확실하고, 규칙 바르게

4. 물체의 움직임을 동조시키려면

4.1   동조를 방해하는 요인
방해하는 것은 누구인가

4.2   유량 제어 밸브를 사용하는 방법
유량의 평형을 꾀한다

5. 물체를 차례로 움직이려면

6. 물체에 진동을 주려면

6.3 진동 발생기의 사용예
진동을 어떻게 발생시키는가

7. 정전이라도 물체를 움직이려면

7.1 어큐뮬레이터로 물체를 움직이는 방법
축압(蓄壓)의 활용

7.2 어큐뮬레이터를 사용하지 않고 물체를 움직이는 방법
정전에도 강한 구동원

8. 물체의 움직임을 멈추어 두는 데는

8.1 기름 누설의 문제
회로도는 그대로 믿을 수 있을까

8.2   로킹 회로
지레로도 움직이지 않는 로킹

8.3   자중 낙하를 방지하기 위해서는
중력을 무중력으로 한다

8.4   로킹 회로에서 주의해야 할 것은
더욱 이것만의 배려를

9. 물체에 가하는 힘을 바꾸는 데는

9.1   힘을 바꾸는 유압 기기
주역은 2사람

9.2 고장 원인과 그 대책
압력의 오르내림이 고민의 원인

10. 저압 펌프로 고압을 얻는데는

10.1 어떻게 하면 고압이 얻어지는가
10의 힘으로 100의 힘을

10.2 디콤프레션
쇼크를 막는다

11. 용량 1의 펌프로 용량 10의 일을 시키려면

11.1 프리필 회로
작은 펌프로 대량의 기름이 보내진다

11.2 차동 회로
적은 기름으로 급속 이송을 할 수 있다

12. 보다 작은 전동기로 하기 위해서는

12.1 보다 작은 전동기로 하기 위해서는(1)
에너지여 어디로 가나

12.2 보다 작은 전동기로 하기 위해서는(2)
필요한 기름량만 펌프에서 토출시킨다

12.3 보다 작은 전동기로 하기 위해서는(3)
필요한 압력만 펌프에서 발생시킨다

13. 유압에 에어를 사용하려면

13.1 유압과 공기압
결정적인 수단은 유압에 맡겨라

13.2 유체 제어 소자
공기 두뇌를 당신에게

14. "꼭 닮은 것"을 만들려면

14.1 모방 제어
형상을 선택하지 않고

14.2 서보계 전체의 설명
전기-유압 서보계의 제어 정밀도

15. 테이프로 물체를 만들려면

15.1 디지털 제어
기계에 문자를 읽힌다

15.2 전기·유압 펄스 모터
펄스에 순종하는 유압 모터

15.3 구동 유닛
로봇을 움직인다

16. 좋은 회로를 만들려면

16.1 유압 회로도의 맹점
회로 설계에 앞서서

16.2 작동유를 알지 않고 회로는 짤 수 없다
"유압의 상수"는 "기름 사용의 상수"이다

16.3 유압 회로의 설계
유압화를 위한 5단계

17. 잊어서는 안될 안전 대책

17.1 부하 특성에 의한 안전 대책
부하를 보고 밸브를 선정한다

17.2 기종상(용도상)의 안전 대책
기계의 안전도를 충분히 파악한다

17.3 잘못 조작에의 안전 대책
잘못 조작하여도 안전하게

17.4 보수 관리상의 안전 대책
보수 관리는 안전의 첫걸음

1. 물체를 상하·좌우로 움직이려면

물체를 움직이는 기본이 되는 동작은 상하 운동과 좌우 이동, 다시 말해서 직선 운동입니다. 이 직선 운동을 다시 분석해 보면, 물체를 도중에서 멈추거나, 멈춘 위치를 유지해야 한다든가, 보다 고정밀도의 정지 정밀도를 필요로 한다든가, 혹은 속도 제어나 정지시의 충격을 보다 적게 해야 한다든가, 여러가지 요구가 있습니다.

이와 같은 요구에 대하여, 어떻게 유압 회로를 구성하면 좋은가, 우선 "물체를 상하, 좌우로 움직이려면"에서부터 순서를 따라 설명합니다.

1·1 올림과 내림부터 정지까지

뜻대로 움직인다

─ 상하 운동은 유압 작동의 기본 ─

유압 장치에 있어서, 최종적으로 유압의 작용을 일로 바꾸는 유압 액추에이터에는 직선 왕복 동작을 하는 "유압 실린더"와, 좌우 회전 동작을 하는 "유압 모터"가 있습니다.

물건을 상하로 움직이게 하는 경우에는, 우선 유압 실린더를 사용하여 일을 하는 것이 보통입니다.

1·1·1 가장 간단한 회로부터……

그림 1-1을 보십시오. 2위치 전환 밸브[주 1-1]를 "상승"으로 바꾸면, 펌프에서 토출된 기름은 실린더에 들어가 리프트를 상승시킵니다. 반대로 리프트를 하강시키려 할 경우에는 전환 밸브를 "하강"으로 바꾸면, 실린더내에 있는 기름은 리프트의 자체 중량에 의해 실린더에서 밀려 나와 유량 제어 밸브를 통하여 펌프에서 토출된 기름과 합류하여 전환 밸브에서 탱크로 되돌려져, 리프트는 원래의 위치로 돌아갑니다.

즉, 이 회로는 물건을 상승, 하강시킬 수 있는 가장 간단한 회로라고 할 수 있습니다.

그런데, 이 회로에서는 펌프가 항상 기름을 토출하고 있기 때문에 실린더의 스트로크 도중에 리프트를 정지시키는 것은 곤란합니다. 억지로 실린더 스트로크 도중에 정지시키고 싶은 경우에는 전동기를 정지시켜야 하는데, 그것으로는 정지 위치가 불확실하여 실용적이 못 됩니다.

그러면, 그림 1-2를 보아 주십시오. 3위치 전환 밸브의 탠덤 센터형을 사용하면, 리프트를 실린더 스트로크 도중의 임의 위치에서 정지시키고, 더구나 펌프를 언로드(무부하)로 할 수가 있습니다.

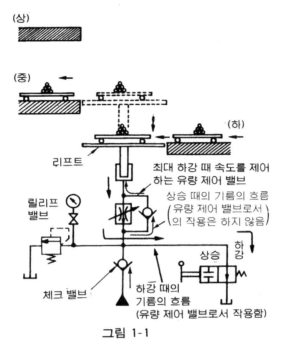

그림 1-1

즉, 유압 장치가 일을 하고 있지 않을 때에, 펌프가 압유를 계속 토출하고 있
는 것은, 동력의 손실, 펌프의 수명 저하뿐만 아니라, 유온을 상승시켜, 기름의
열화(劣化), 기기의 작동 불량, 기기의 손상 등의 원인이 되는데, 그들의 폐해를

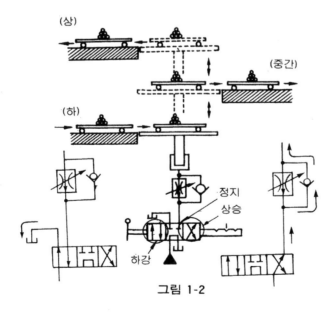

그림 1-2

방지하기 위해, 필요가 없을 때의 펌프의 토출유를 펌프에서 탱크로 직접 돌아 가도록 한 것이 이 언로드(무부하) 회로인 것입니다.

그런데, 이 **그림 1-2**에서는 전환 밸브를 "상승"으로 하면, 리프트는 실린더의 스트로크분만큼 상승해서 정지합니다. 다음에 전환 밸브를 "하강"으로 전환하면, 리프트는 리프트의 자체 중량에 의해 원래의 위치로 돌아가는데, 실린더의 스트로크 도중에서 정지시키고 싶은 경우에는 전환 밸브를 "정지"로 전환함으로써 임의의 위치에서 정지시킬 수 있습니다.

그러나, 이 회로를 사용해도 정지가 장시간에 걸치는 경우에는 문제가 있습니다. 그 이유는 사용하는 전환 밸브가 일반적으로 내부 리크(기름 누출)를 없앨 수 없는 스풀 타입 전환 밸브이기 때문입니다. 따라서, 이 회로에서는 장시간 그 위치를 지지시켜 둘 수 없습니다. 그러나, 정지 정밀도가 별로 문제가 되지 않는 경우에는, 이 회로는 간단하고 값이 싸서, 유효한 회로라고 할 수 있을 것입니다.

1·1·2 정지 위치에서 긴 시간 내려가지 않도록……

그러면 원하는 곳에 확실히 정지시키고 싶은 경우에는 어떻게 하면 좋을지 생각해 봅시다.

그림 1-3을 보십시오. 파일럿 체크 밸브를 사용한 회로입니다. 이 회로에서는 전환 밸브를 "하강"으로 전환하면 가동 다리는 자체 중량에 의해 원래의 위치로

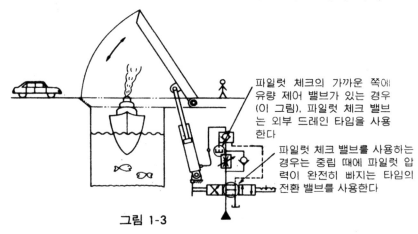

파일럿 체크의 가까운 쪽에 유량 제어 밸브가 있는 경우 (이 그림), 파일럿 체크 밸브 는 외부 드레인 타입을 사용 한다

파일럿 체크 밸브를 사용하는 경우는 중립 때에 파일럿 압 력이 완전히 빠지는 타입의 전환 밸브를 사용한다

그림 1-3

돌아가지만, 전환 밸브를 임의의 위치에서 "정지"로 전환하면 파일럿 체크 밸브의 작용에 의해 가동 다리를 임의의 위치에서 유지할 수가 있는 것입니다.

파일럿 체크 밸브를 사용하는 회로의 전환 밸브에는 **그림 1-3**에 표시한 것과 같은 올 포츠 오픈 센터를 선정합니다. 이것은 파일럿 체크 밸브에 작용한 파일럿압을 빼어, 신속히 체크 밸브를 닫게 하기 위하여 사용하는 것입니다. 그러나 이 회로에서는, 전환 밸브의 중립에서 펌프가 무부하하므로, 이 펌프로 2대 이상의 가동 다리를 따로따로 움직일 수는 없습니다.

1·1·3 다수의 리프트를 움직이려면……

이제까지 설명한 회로에서는 1대의 장치로 1대의 리프트밖에 "상·하"로 움직일 수 없었지만, **그림 1-4, 그림 1-5**와 같은 회로를 사용하면, 1대의 장치로 2대, 3대…로 리프트를 동시, 혹은 단독으로 구분 사용할 수 있습니다. 더구나, 실린더 스트로크의 임의의 위치에서 정지시킬 수 있는 다능한 회로입니다.

전환 밸브는 올 포츠 블록 센터(**그림 1-4**), 펌프 포트 블록 센터(**그림 1-5**)를 사용하고 있지만, 전환 밸브의 센터에의 유로(油路) 형상은 용도에 따라서 바꾸는 것이 필요합니다.

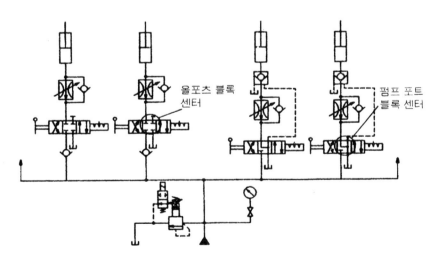

그림 1-4   그림 1-5 정지 정밀도가 좋은 회로

1·1·4 하강 속도를 일정하게 하려면……

지금까지의 회로이면, 리프트를 하강시킬 경우에 실린더내의 기름을 탱크로 도피시켜, 리프트 자체의 중량에 의해 하강시켜 온 것입니다. 그런데, 이 방법에서는 리프트의 부하가 가벼워지면, 유량 제어 밸브의 압력 보상 기구가 작용하기 위한 최소 압력차에 한계가 있고, 밸브를 통하는 압력차가 적어지면 하강 속도가 극단으로 늦어지는 일이 있으므로 주의해야 합니다.

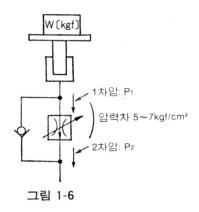

그림 1-6

그래서, 그림 1-6에 표시한 바와 같이 2차 압력 P_2와 1차 압력 P_1의 차를 최저 $5\sim7\mathrm{kgf}/\mathrm{cm}^2$ 이상으로 하지 않으면 압력 보상형 유량 제어 밸브로서의 작동이 불안정하게 됩니다. 즉, 실린더내에 발생하는 압력(밸브에 들어가기 전의 압력 P_1)은

리프트의 하중(kgf)　실린더 안지름(cm)

$$W = P_1 \times \frac{\pi}{4}D^2 \quad \cdots\cdots\cdots\cdots\cdots\cdots\cdots\cdots\cdots\cdots\cdots\cdots\cdots\cdots\cdots\cdots ①$$

1차 압력(밸브에 들어가기 전의 압력)

의 식으로 표시되므로, 압력차($P_1 - P_2$)가 $5\sim7\mathrm{kgf}/\mathrm{cm}^2$ 이상이 되도록 최저 리프트 하중(자체 중량)을 정하여야 합니다.

예를 들면, 2차 압력 P_2를 $2\mathrm{kgf}/\mathrm{cm}^2$라 하면, 압력차는 $P_1 - P_2 > 5\sim7\mathrm{kgf}/\mathrm{cm}^2$가 되어야 하므로, 수치의 평균을 취하여 압력차를 $6\mathrm{kgf}/\mathrm{cm}^2$로 하면 1차 압력 $P_1 = 8\mathrm{kgf}/\mathrm{cm}^2$가 됩니다. 그래서 실린더 지름을 $\phi 10(\mathrm{cm})$라 하면, 이것을 ① 식에 대입하여

$$W=8\times\frac{\pi}{4}10^2=628$$

이 됩니다. 즉, 이 경우의 리프트 하중은 최저 628kgf의 중량을 필요로 하는 것입니다.

중량이 있는 것은 좋으나, 가벼운 리프트 장치에서는 비경제로 필요 이상으로 무겁게 해 주어서는 안됩니다. 어떤 좋은 방법은 없을까요.

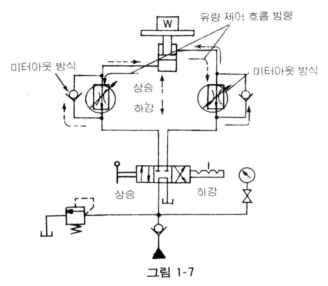

그림 1-7

그림 1-7은 이 불합리한 점을 방지한 회로로, 최초부터 압력차(P_1-P_2)를 내다 보고, 실린더의 구조도 지금까지의 회로와는 달리, 전환 밸브에 의해 리프트를 마음대로 조작할 수가 있습니다. 이것은 펌프에서 토출된 기름을 실린더내에 넣고, 실린더에서 나온 기름을 **그림 1-8**과 같이 강제적으로 유량 제어하고 있는 것입니다.

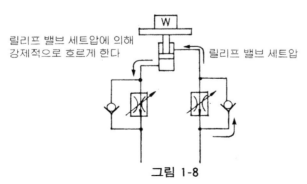

그림 1-8

따라서, 그림 1-7에 표시되어 있는 것과 같은 방법으로 회로를 짜면, 장치 자체의 가동률이 필연적으로 정해지게 됩니다.

주 1-1) 2위치 전환 밸브란, 전환은 상승과 하강뿐이고 중립 위치가 없는 밸브를 말합니다. 이것은 일반적으로 2포지션 전환 밸브라고도 불리고 있습니다. 클램프나 척 등과 같이, 도중 정지할 필요가 없는 것은 이 2위치 전환 밸브를 사용합니다.

참고로 상승과 하강 외에 정지가 가능한 전환 밸브를 3위치 전환 밸브(3포지션 전환 밸브)라고 합니다.

유압 실린더의 최저 작동 압력

액추에이터의 대표 선수라고도 할 수 있는 유압 실린더는 JIS B 8354에 규정되어 있습니다. 그 가운데에서 최저 작동 압력은 다음과 같이 정해져 있습니다.

〈무부하 상태에서의 실린더의 최저 작동 압력은, 헤드 쪽에서 압력을 걸었을 때, 표 1 또는 표 2 중 어느쪽인가 큰 값을 초래해서는 안된다. 단, 이 값 이하의 최저 작동 압력을 필요로 할 경우, 또는 표 1, 표 2에 나타낸 것 이외의 패킹 형상을 사용할 경우에는 주고 받는 당사자 사이의 협정에 따라서 최저 작동 압력을 변경하여도 지장 없다.〉

표 1 $[kgf/cm^2]$

피스톤 패킹 형상	로드 패킹 형상	
	V패킹 이외	V패킹
V	5	7.5
L.U.X.O.S	3	4.5
P	1	1.5

표 2 $[kgf/cm^2]$

피스톤 패킹 형상	로드 패킹 형상	
	V패킹 이외	V패킹
V	최고 사용 압력×6%	최고 사용 압력×9%
L.U.X.O.S	최고 사용 압력×4%	최고 사용 압력×6%
P	최고 사용 압력×1.5%	최고 사용 압력×2.5%

1·2 감속 회로

충격을 피한다.

─ 감속 기능을 유효하게 사용한다 ─

우리들은 전속력으로 달리고 있는 자동차를 어떤 집앞에서 정지시키고 싶을 때, 전속력 그대로 급격히 브레이크를 밟아 정지시킬 수 있을까요.

역시 스무스하게 집앞에서(즉, 정위치에) 정지시키기 위해서 서서히 브레이크를 밟아 스피드를 떨어뜨려(감속시켜) 쇼크 없이 정위치에 정지시킬 것입니다.

유압장치에 대해서도 똑같이 말할 수 있습니다. 큰 물건을 급격히 올리고 내릴 경우에도 쇼크 없이 정위치에 정지시키기 위해서는 자동차와 같이 감속할 필요가 있는 것입니다.

그 감속 역할을 하는 것이 감속 회로입니다.

1·2·1 감속 회로(1)

그림 1-9는 일정 속도로 움직이고 있는 리프트의 속도를 그 상·하 양 끝에서 감속하여 스무스하게 정지시키는 회로로, 이 회로는 캠 조작 감속 밸브와 체크 밸브를 조합한 것입니다. 그러면, 회로에 따라서 설명하겠습니다(이 회로도는 하강하여 정지한 상태입니다).

실린더의 위에서 들어간 압유는 강제적으로 리프트를 밀어 내립니다①. 그 결과 실린더내에 들어 있던 기름은 밀려 나와②, 최초에는 감속 밸브를 자유로이 흐르지만④, 실린더가 움직이는 데 따라 실린더에 붙어 있는 도그에 의해 감속 밸브가 밀려 옵니다③. 그 때문에 지금까지 감속 밸브를 자유로이 흐르고 있던 압유는 서서히 교축되고(④→⑤), 그 결과 리프트의 속도는 떨어져 최하강 끝에서 압유는 완전히 스톱, 즉 쇼크도 없이 스무스하게 멈추어지는 것입니다.

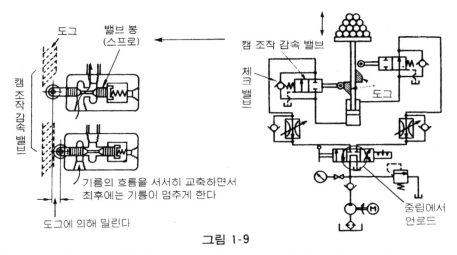

그림 1-9

따라서 물건을 "상하"시켜, 쇼크를 내지 않고 정위치에 정지시킬 때에 필요한 회로이기도 한 것입니다.

1·2·2 감속 회로(2)

그림 1-10은 고속에서 유량 제어 밸브의 규정 속도까지 속도를 떨어뜨리는 회로입니다(이 회로도는 상승하여 정지한 상태입니다).

우선 전환 밸브를 "하강"으로 하면 리프트는 급속히 하강하고, 실린더에서 압출된 기름은①, 캠 조작 감속 밸브를 자유로이 흐르지만②, 리프트가 하강하는

図 1 − 10

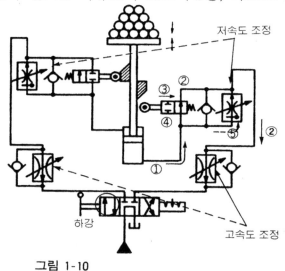

그림 1-10

데 따라 도그가 캠 조작 감속 밸브를 밉니다③. 그러면 **그림 1-9**에서 설명한 것과 같이 기름은 감속 밸브로 멈추어져 버리므로④, 체크 밸브와 병렬로 되어 있는 교축 밸브를 통하여 흐르게 되는 것입니다⑤. 그래서 미리 교축 밸브로 여기를 통과하는 기름의 유량을 정해 두면, 감속한 후 적정한 규정 속도가 얻어지게 됩니다(전환 밸브를 상승으로 전환했을 때도 같습니다).

그런데, 여기서 한번 더 **그림 1-9**와 **그림 1-10**을 비교해 보십시오. **그림 1-9**에서는 감속 밸브가 도그에 의해 밀리면 기름은 완전히 멈춥니다. 따라서 리프트는 감속되어, 기름의 흐름이 정지함과 동시에 멈춥니다.

그런데, **그림 1-10**을 보면 감속 밸브의 곁에 유량 제어 밸브가 붙어 있습니다. 이것은 감속 밸브가 도그에 의해 밀려 감속 밸브 안을 통과하는 기름의 흐름이 멈추면, 다시 기름은 교축 밸브로 향하고, 여기서 유량은 일정량으로 제어되는 것입니다.

따라서 고속으로 움직이고 있던 리프트는 감속 밸브로 서서히 감속되고, 그 감속 밸브가 닫히면 다시 교축 밸브에 의해 리프트는 저속으로 옮겨, 최후에 천천히 정지하는 것입니다.

그래서, 이상 두 개의 리프트의 움직임을 표시한 것이 **그림 1-11(a)**, **(b)**입니다(이것을 실린더 사이클 선도라 합니다). **(a)**는 **그림 1-9**, **(b)**는 **그림 1-10**의 움직임을 표시하고 있습니다.

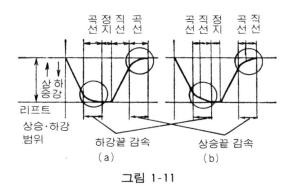

그림 1-11

그림(a)에 표시한 리프트의 하강 끝, 상승 끝에서는 둥근 곡선인 채 정지하고, 그림(b)쪽은 도중에 둥글기를 가지고 있지만, 나중은 직선으로 와서 정지하고 있습니다. 이들 곡선의 형상은 캠 조작 감속 밸브의 스풀(밸브 로드)의 형상, 도그의 형상, 리프트의 속도, 하중 등에 의한 정지 속도 변화를 표시하고 있는 것입니다. 스무스하게 정지하고 있는 것을 알 수 있을 것입니다.

그림(b)의 직선 부분은 캠 조작 감속 밸브가 도그에 밀려 전환된(기름이 감속 밸브로 멈추어진) 후로, 압유가 교축 밸브를 통과할 때의 리프트의 속도를 표시하고 있는 것이며, 일정한 저속으로 보내지고 나서 정지하고 있는 것을 알 수 있습니다. 이 그림(a), 그림(b)를 비교한 경우, 물건을 "상하"시키는 데에 필요한 것은 그림(a)와 같은 스무스한 정지입니다. 그림(b)와 같은 경우, 일단 규정된 속도로 하여 멈춘다는 움직임이 되므로, 그림(a)보다 정지 위치가 정확하게 됩니다.

1·2·3 전동기와 교축 밸브를 사용한 유압 엘리베이터 회로의 예

그림 1-12는 캠식 조작 감속 밸브 대신에 전동기와 교축 밸브를 사용한 유압 엘리베이터의 회로예입니다. 일반적으로 엘리베이터는 유압 펌프로 상승하고, 하강은 자체 중량에 의해 행해지며, 탑승자에 불안감을 주지 않는 스무스한 움직임이 필요하게 됩니다. 유압 엘리베이터의 움직임은 가속 - 감속 - 정지로 구분되는데, 이들의 제어는 유량 제어 장치로 행해집니다. 그림은 전동기식 유량 제어 밸브를 채택하여, 밸브의 회전 위치, 즉 밸브의 개도를 제어함으로써, 실린더에 유입, 유출하는 기름의 양을 제어(가·감속)하여, 엘리베이터의 속도를 조

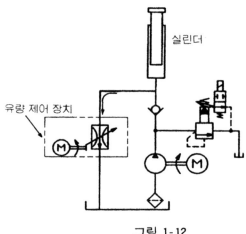

실린더

유량 제어 장치

그림 1-12

정하는 방법입니다. 그림 1-13은 유압 엘리베이터 구동 방식의 원리도를 나타낸
것입니다.

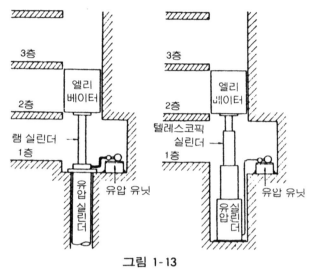

그림 1-13

1·2·4 밸브에 의한 가속, 감속 회로

감속 방법으로서 회로에 의한 것을 설명했지만, 다음에 밸브에 의한 가속, 감
속 제어에 대하여 알아 봅니다.

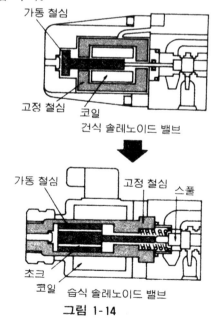

그림 1-14

습식 솔레노이드 밸브의 사용

그림 1-14에 건식과 습식 솔레노이드 밸브의 코일 부분과 몸체 단면의 일부를 나타냅니다. 습식 솔레노이드 밸브의 작동은 종래의 건식인 것과 변함이 없지만, 가동 철심은 기름으로 채워진 내압성이 있는 튜브 안에서 작동합니다. 그러므로, 초크를 이용하여 가동 철심의 움직임을 억제하여, 스풀의 전환 시간을 바꿀 수 있습니다. 전환 밸브의 전환 시간을 늦게 함으로써, 실린더에 보내지고 있는 압유를 천천히 닫을 수 있고, 또 천천히 열 수 있는 것입니다.

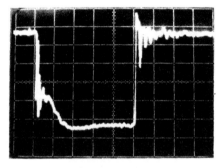

그림 1-15

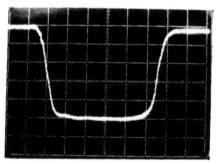

그림 1-16

그림 1-15는 건식 솔레노이드 밸브의 압력파형을, 그림 1-16은 초크 붙이 습식 솔레노이드 밸브의 압력파형을 나타낸 것입니다. 건식 솔레노이드 밸브에서는, 밸브의 개폐에 의해 급격한 압력 강하나, 압력 상승에 수반하는 큰 충격(음)이나 배관 진동이 발생하지만, 초크 붙이 습식 솔레노이드 밸브에서는 밸브의 개폐에 의한 압력의 변동이 부드러워, 전환시의 충격(음)이나 배관 진동이 작아집니다.

유압 회로로서는 지금까지의 회로에 있는 캠 조작 감속 밸브의 캠이 전기의 리밋 스위치로 바뀌어, 전기신호로 감속 밸브 몸체에 상당하는 습식 솔레노이드 밸브를 전환하게 됩니다.

── 소음 레벨 ──

지시 소음계(간이계)나 주파수 분석기의 어느것도 그림에 나타낸 것과 같은 A, B, C 3종류의 측정 스케일이 있습니다. 소음계로 측정할 때는 소리의 대소에 관계 없이 A특성으로 표시하는 것이 원칙이지만, A, B, C의 3특성 또는 A와 C의 2특성으로 재어 두는 것이 바람직합니다(측정치에는 사용한 특성명을 부기합니다).

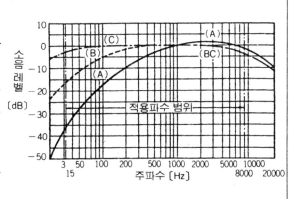

A특성은 저주파에서의 보정이 크고, C특성은 평탄한 특성이므로, 만약 어떤 소리를 측정하여 A특성의 값과 C특성의 값이 대단히 많이 떨어져 있으면, 그 소리에는 저주파 성분이 많이 포함되어 있는 것이 됩니다. 또 반대로 A특성의 값도 C특성의 값도 거의 변하지 않는다고 하면 그 값에는 저주파의 영향이 들어 있지 않은 것이 되므로, 그 소리는 고주파의 소리라는 것이 됩니다. 그러므로, 주파수 분석기에 걸지 않아도 대개의 특성을 파악할 수 있습니다. 이와 같이 지시 소음계에 의해서 소음을 나타낼 때, 이 레벨을 소음 레벨이라고 하고, 폰(A) 또는 dB(A)로 표시하도록 되어 있습니다.

(예) 80폰(A), 80dB(A)로 기입합니다.

1·3   좌우 이송에 대하여

좌도 우도 알 수 없으면

── 빠르면 좋다는 것도 아니다──

물건을 좌우로 움직이는 운동은, 예를 들면 공작기계의 테이블 이송에 대표되듯이, 가장 기본적인 운동입니다. 따라서, 유압으로 물건을 움직이려고 할 경우의 문제점의 대부분은, 유압에 의한 좌우 운동의 구조 중에 해결의 힌트가 숨겨져 있는 경우가 많습니다. 여기서는 기본이 되는 속도 제어를 중심으로 해서, 그 방법, 문제점 등에 대해서 생각하기로 합니다.

1·3·1   좌우 이송의 기본 회로

그림 1-17이 기계를 좌우 운동시키기 위한 유압 기본 회로입니다.

펌프에서 토출된 기름은 릴리프 밸브의 세트 압력을 유지하면서 매뉴얼 밸브로 들어갑니다. 이 밸브를 우측으로 전환하면 기름은 실린더의 좌측으로 들어가 로드를 우측으로 밀고, 밸브를 좌측으로 전환하면 로드를 좌측으로 미는 것을 알 수 있습니다. 이와 같이 하여 유압에 의한 좌우 운동이 시작되는 것인데, 여기서 속도 제어에 대해 생각하여 봅시다.

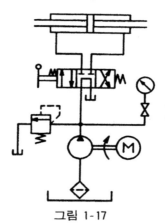

그림 1-17

1·3·2 속도 제어는 유량 제어 밸브로

속도 제어를 할 경우,

1. 펌프 토출량을 바꾼다.
2. 유량 제어 밸브로 기름을 교축한다.

의 두 가지 방법이 있는데, 여기서는 유량 제어 밸브로 교축하는 방법에 대해 설명하기로 합니다.

(1) 이송 부하가 일정할 때

예를 들면, 어떤 기계의 이송 부하가 일정할 때는 **그림 1-18**에서 알 수 있는 바와 같이 부하 압력도 일정하게 됩니다. 그래서 고정 교축이나 가변 교축으로 유량 제어를 할 경우, 펌프측의 압력과 부하측의 압력의 차(밸브 출입구의 압력차)는 일정해져, 기름의 유량에 변화는 없고, 이송 속도에도 변화는 없습니다.

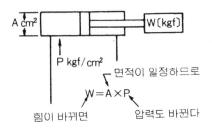

그림 1-18

따라서, 이 경우는 압력 보상이 붙지 않은 보통의 교축 밸브로 좋은 것입니다. 그러나, 만일 이송 속도가 변화할 경우는 밸브 출입구의 압력차가 변화함으로써 유량도 변화하고, 이송 속도도 변화해 버립니다. 이것을 계산식으로 표시하면

$$Q = c \cdot a \sqrt{2g \frac{\Delta P}{\gamma}}$$

Q: 유량[ml /sec]

ΔP[kgf /cm^2]: $P_1 - P_2$(차압)

a: 개구 면적[cm^2]

g: 중력 가속도[980cm /sec^2]

c: 유량계수(보통의 교축 밸브에서는 0.6~0.8로 한다)

γ: 기름의 단위 체적 중량[0.85×10^{-3}kgf/cm^3]

로 표시됩니다.

윗식에서 c, g, γ는 일정하므로, 이것으로 a(개구 면적)가 바뀌지 않는 고정 교축에서는 ΔP(교축의 출구와 입구의 압력차)가 커지면 Q(유량)도 커지는 것이 분명합니다.

(2) 이송 부하가 변화할 때

이송의 부하가 변화하는 기계는 많지만, 예를 들면 드릴링 머신의 경우, 이송 속도가 항상 일정하지 않으면 가공이 고르지 않게 됩니다.

이와 같이 부하가 변화해도 속도를 변화시키고 싶지 않을 때에는 압력이 변동해도 일정한 유량을 유지할 수가 있는 압력 보상 피스톤 붙이 유량 제어 밸브를 사용합니다.

이 압력 보상형 유량 제어 밸브는 교축 유량의 압력차가 10~210kgf/cm^{2}의 범위에서는 규정 유량에 대해 ±5% 이하의 유량 변동으로 억제할 수 있습니다.

그런데, 이 밸브에서는 주위 온도, 특히 작동유의 온도 변화에 따라 기름의 점도가 변화하는 경우에는 유량도 변화하므로, 역시 이송 속도가 변화하고 맙니다. 이러한 경우에는 압력을 보상하는 외에, 다시 온도 변화에 의한 유량 변화를 보상할 수 있는 온도 보상 붙이 유량 제어 밸브를 사용합니다.

이 온도 보상형 유량 제어 밸브는 온도 범위가 20℃~80℃이면 40℃일 때의 유량을 기준으로 하여 유량 변화를 ±5% 이하로 누를 수가 있습니다.

1·3·3   속도 제어의 3개의 기본 회로

유량의 조정은 유량 제어 밸브(플로 컨트롤 밸브, 교축 밸브 등)에 의해 유압을 교축하든가 개방하든가 해서 하는 것인데, 회로의 어디에서 교축하면 어떤 효과가 나타나는가 하는 것이 큰 문제로서 여기에 등장하게 됩니다.

유압 회로는 어디에서 압유를 교축하는가에 따라

① 미터인 회로……압유가 실린더에 들어가기 전에 교축하는 회로

② 미터아웃 회로……실린더에서 나오는 기름을 교축하는 회로

③ 블리드 오프 회로……잉여 압유를 주회로에서 놓아 주는 회로

의 세 가지가 있습니다.

모든 유압 회로에는 이 3개의 기본 회로 중 어느 것(때로는 2개 이상)이 응용되고 있으며, 각각에 따라 다른 속도 제어의 효과를 잘 이용하고 있는 것입니다.

그러면, 플로 컨트롤 밸브를 사용해서 각각에 대해서 설명하겠습니다.

(1) 미터인 회로

그림 1-19를 보십시오. 압유는 유량 제어 밸브로 교축된 다음 실린더로 보내집니다. 따라서, 당연히 펌프에서는 유량 제어 밸브를 통과하는 양보다 다량의 압유를 보내야 하는데, 실린더에는 항상 일정량의 압유가 보내지기 때문에 부하의 변동이 있어도 이송 속도를 항상 일정하게 유지할 수 있습니다. 그러므로, 부하의 변동이 크고, 이송 속도를 일정하게 유지할 필요가 있는 선반, 연삭기, 용접기 등의 테이블 이송에는 미터인 회로가 이용됩니다.

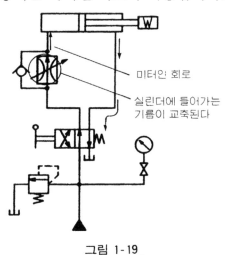

미터인 회로

실린더에 들어가는 기름이 교축된다

그림 1-19

이 회로에서는 유량 제어 밸브로 교축된 잉여의 기름은 아무것도 일을 하지 않고 릴리프 밸브에서 탱크로 도피하므로 펌프의 압력은 항상 릴리프 밸브의 세트 압력으로 되어 있습니다. 이와 같이 실린더의 부하가 작을 때에도 펌프 압력은 릴리프 밸브의 세트 압력까지 올라가, 잉여의 기름은 탱크로 돌아오므로 필

요 이상의 전동기의 마력이 필요하며, 회로 효율^{주 1·2)}이 좋다고는 할 수 없는 것이 미터인 회로의 결점입니다.

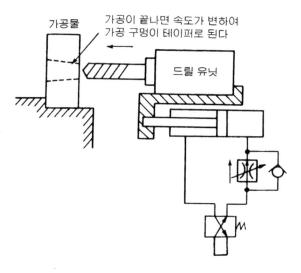

가공물

가공이 끝나면 속도가 변하여
가공 구멍이 테이퍼로 된다

드릴 유닛

그림 1-20

또, 실린더의 복귀유가 그대로 탱크로 도피하기 때문에 이송에 브레이크가 작용하지 않는(실린더에 배압이 발생하지 않는) 결점도 있습니다. 예를 들면, **그림 1-20**과 같은 경우, 구멍뚫기가 끝나면 실린더는 갑자기 무부하로 되어 브레이크 작용이 없으므로 급격히 속도가 변화하여 가공 구멍이 테이퍼로 되는 일이 있습니다.

(2) 미터아웃 회로

미터인과는 반대로 실린더에서 나오는 복귀유를 교축하여 속도 제어를 하는 것이 미터아웃 회로입니다.

실린더의 헤드측에는 부하의 대소에 관계없이 펌프압의 기름이 보내지지만, 로드측의 기름은 유량 제어 밸브에 의해 항상 일정량만이 탱크로 돌아오므로, 실린더의 이송 속도를 일정하게 유지할 수 있는 것입니다.

예를 들면 **그림 1-21**과 같이 실린더가 밀리고 있고, 어느 일정한 점에 달한 곳에서 갑자기 부하가 감소하는 경우에도 실린더 이송에 브레이크를 걸어서(배압을 발생시켜) 급격한 전진을 막을 수가 있습니다. 따라서 미터아웃 회로는 부하가 부인 경우라든가, 부하가 정에서 부로 되는 것에는 특히 유효하며, 드릴링 머신, 밀링 머신, 프레스 기계 등에 이용되고 있습니다.

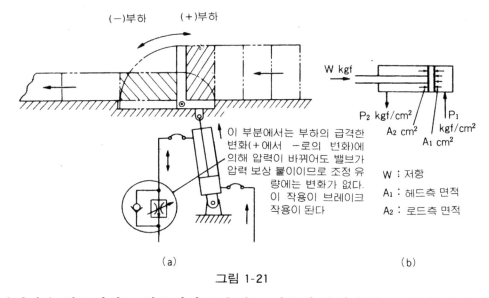

그림 1-21

미터아웃 회로에서는 펌프에서 토출되는 기름의 압력을 P_1로 하면, 실린더 로드측 압력 P_2는,

$$P_2 = \frac{P_1 A_1 - W}{A_2}$$

로 나타낼 수 있습니다.

즉, 부하가 커지면 P_2는 작아지고, 부하가 작아지면 P_2는 커지므로, P_2의 최대 값을 잘 확인해 두지 않으면 강도 부족으로 실린더가 파열되는 수가 있습니다 (인장 하중일 때는 $P_1 A_1 + W$로 됩니다).

또 미터인의 경우와 같이 미터아웃 회로의 경우도 펌프는 아무런 일을 하지 않고 릴리프 밸브에서 도피하는 잉여 기름을 보내야 하므로, 회로 효율은 역시 좋다고는 할 수 없습니다.

(3) 블리드 오프 회로

그림 1-22를 보십시오. 압유는 매뉴얼 밸브를 통하여 실린더에 들어가고, 복

귀유는 매뉴얼 밸브를 통하여 탱크로 도피합니다.

그런데, 유량 제어 밸브는 펌프와 실린더 사이의 바이 패스 회로에 세트되어 있고, 여기서 압유를 놓아 주고 있는데, 이와 같이 바이 패스 회로에서 유량을 제어하는 것이 블리드 오프 회로입니다.

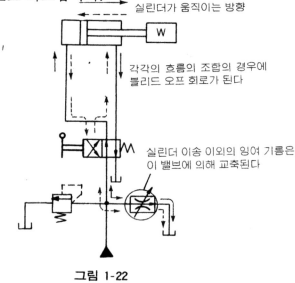

실린더가 움직이는 방향

각각의 흐름의 조합의 경우에 블리드 오프 회로가 된다

실린더 이송 이외의 잉여 기름은 이 밸브에 의해 교축된다

그림 1-22

블리드 오프 회로에서는 실린더의 부하가 변동한 경우, 부하의 구동에 필요한 양의 압유만을 실린더에 보내고, 그 이상의 잉여 기름은 유량 제어 밸브를 통하여 탱크로 도피할 수 있는 것입니다.

이와 같이 블리드 오프 회로에서는 펌프압은 실린더에 걸리는 부하분만큼만 올라오고, 잉여 기름은 릴리프 세트 압력 이하에서 놓아주므로 회로 효율이 비교적 우수한 것이 특징입니다. 그 대신 실린더 부하의 변동에 따라 펌프 토출량이 변동하므로(펌프압이 오르면 펌프의 리크가 많아지고, 용적 효율분만큼 기름의 토출량이 적어집니다), 따라서 별로 정확한 속도 제어는 되지 않습니다.

이러한 이유로 블리드 오프 회로는 다소의 속도 변동은 문제가 되지 않는 브로칭 머신, 호닝 머신 등에 이용되고 있습니다.

1·3·4 2단 속도 회로

공작기계에서는 작업의 능률을 올리기 위해 공작물 가까이까지는 커터를 급속 이송으로 하고, 절삭에 들어가기 직전에 지연 이송(절삭 이송)으로 전환하고, 절삭이 끝나면 급속 복귀하는 것이 필요합니다. 이러한 경우에 이용되는 것이 **그림 1-23**에 나타낸 2단 속도 회로입니다.

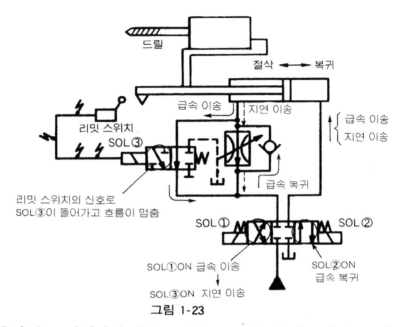

그림 1-23

우선 SOL①이 우로 전환되면 압유는 실린더의 헤드측에 들어가고, 한편 로드측의 기름은 탱크로 돌아오므로 급속 이송으로 공작물에 접근해 갑니다.

실린더 이송이 공작물 바로 앞에 나아간 곳에서 리밋 스위치의 신호에 의해 SOL③이 들어가면 SOL①은 그대로 복귀유만이 교축되므로(미터아웃이 된 셈입니다) 실린더는 지연 이송이 되고 절삭 작업이 시작됩니다.

절삭이 끝나면 SOL②가 들어가 압유는 로드측으로 보내지고, 복귀유는 그대로 탱크로 도피하므로 급속 복귀로 되는 것입니다.

또한, 급속 이송과 지연 이송의 전환은 솔레노이드 밸브 외에도, 도그로 밀어서 작동시키는 디셀러레이션 밸브(셔트 오프 밸브)나 디셀러레이션 밸브와 유량 제어 밸브를 조합한 밸브 등이 사용되고 있습니다.

1·4   속도 제어의 문제점과 대책

스무스한 이송을 시킨다

─점핑 방지와 쇼크 방지 ─

기계의 종류나 용도, 기타 조건에 따라 적절한 회로를 선정하고, 적절한 유량 제어 밸브를 선택하면 일단 유압에 의한 좌우 운동의 기본은 되는 것이지만, 이것만으로는 아직 충분하지는 않습니다. 왜냐하면, 실린더의 동작에는 쇼크나 점핑이라는 현상이 일어나 이송이 스무스하게 되지 않는 일이 있기 때문입니다.

그러면, 왜 이러한 현상이 일어날까, 또 어떻게 하면 이러한 현상이 일어나는 것을 막고, 스무스한 이송을 시킬 수 있는가 등에 대하여 설명하기로 합니다.

1·4·1   2단 속도 회로의 점핑 현상과 그 대책

앞의 1·3·4에서 설명한 2단 속도 회로에서는 그림 1-24(a)와 같은 속도 변화를 하는 것인데, 급속 이송에서 지연 이송으로 변환되었을 때에 그림(b)와 같이 실린더가 순간적으로 전진해 버립니다. 이것이 점핑 현상이라는 것입니다.

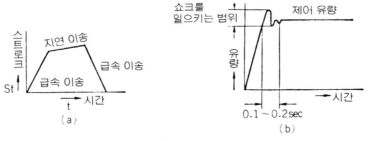

그림 1-24

점핑 현상이 일어나는 것은 변환 밸브가 지연 이송으로 변환되어 복귀유가 갑자기 지연 이송용 유량 제어 밸브에 보내져도 밸브 중의 압력 보상 피스톤이 안정해서 소정의 유량으로 조정될 때까지에는 0.1~0.2초의 시간 지연이 있기 때문입니다.

그러면, 어떻게 하면 점핑 현상을 막을 수가 있을까요. 그 대책에 대하여 몇 가지 설명을 합시다.

(1) 실린더 내경을 크게 한다

실린더의 내경을 크게 하면 지연 이송으로 되어도 차압은 작아, 압력이 낮아도 되므로 압력 보상 피스톤이 안정될 때까지의 시간 지연이 적어져, 점핑 현상은 크게는 나타나지 않습니다. 또, 실린더의 지름을 크게 함으로써 점핑 현상을 외견상 적게 할 수도 있는 것입니다.

또한, 실린더의 스트로크가 긴 때에는 실린더의 두께는 두껍게 하여야 합니다. 만일, 두께가 너무 얇으면 갑자기 압력이 올라갔을 때에 실린더가 팽창하여 내부 리크에 의해 점핑 현상의 원인이 되기 때문입니다.

(2) 미터링 밸브를 사용한다

미터링 밸브에는 유량 제어 밸브와 같은 압력 보상 피스톤에 의한 시간 지연이라는 팩터가 없으므로, 점핑 현상의 걱정은 없습니다.

또한, 미터링 밸브에 대해서는 기초편 제4장을 보십시오.

(3) 파이프를 짧게 한다

(1)에서 설명한 바와 같이 급격히 압력이 상승하면 실린더가 팽창하는 일이 있는데, 마찬가지로 파이프에도 팽창의 우려가 있습니다. 따라서, 유량 제어 밸브와 실린더 사이의 파이프는 가급적 짧게 하고, 또 가급적 두께가 두꺼운 파이프를 사용하는 등 해서 팽창을 막을 필요가 있는 것입니다.

(4) 지연 이송 속도를 2단으로 한다

그림 1-25는 가공 이송의 전후에 가공 이송보다 1단 지연 이송을 시킴으로써 점핑 현상이 일어나도 공구 파손 등의 트러블이 일어나지 않도록 하려는 회로입

제1이송 유량 제어 밸브>제2이송 유량 제어 밸브

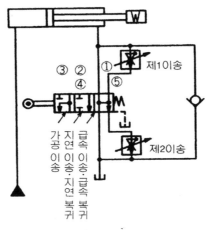

그림 1-25

니다.

그림에서 알 수 있는 바와 같이 외부에는 2개의 ▢▢ 보상형 유량 제어 밸브가 있는데, 제1이송의 유량 제어 밸브는 제어 유량이 많고, 제2이송의 유량 제어 밸브는 제어 유량이 적으므로, 제2이송 쪽이 제1이송보다 속도가 늦어지고 있어, 도그로 작동시키는 3포지션(3위치)의 메카니칼 밸브로 기름을 전환하도록 되어 있습니다.

메카니칼 밸브를 ①에서 ⑤까지의 순서로 조작함에 따라, ① 급속 이송, ② 제2이송(지연 이송), ③ 제1이송(가공 이송), ④ 제2이송(지연 이송), ⑤ 급속 복귀로, 이송 속도가 변화해 가는 것을 알 수 있을 것입니다.

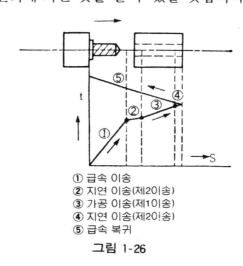

① 급속 이송
② 지연 이송(제2이송)
③ 가공 이송(제1이송)
④ 지연 이송(제2이송)
⑤ 급속 복귀

그림 1-26

그림 1-26은 이 회로의 실린더의 동작을 사이클 다이어그램(동작 선도)으로 표시한 것입니다.

1·4·2 좌우 전환의 쇼크와 그 대책

실린더의 좌우 전환은 매뉴얼 밸브나 솔레노이드 밸브로 하는 것인데, 전기로 작동시키는 솔레노이드 밸브와 같이 너무 빨리 전환되면 실린더의 작동 압력이나 속도에 따라서는 쇼크 때문에 실린더의 좌우 전환이 스무스하게 행하여지지 않는 일이 있습니다.

이러한 때에는 솔레노이드 밸브의 스풀에 테이퍼를 붙여 주면 기름은 조금씩 전환되어 일시에 확 흘러 들어가는 일은 없으므로, 좌우 전환시의 쇼크는 없어집니다.

그림 1-27은 이 모습을 그래프로 한 것인데, 순간적이 아니고 조금 시간을 두고 전환하면 쇼크가 없어지는 것을 알 수 있을 것입니다.

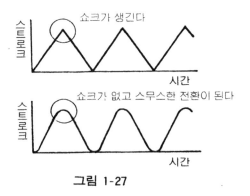

그림 1-27

또, 파일럿 오퍼레이트 밸브의 경우는 파일럿 라인을 교축함으로써 좌우 전환의 쇼크를 방지할 수가 있습니다. 이 교축 밸브를 타리 밸브라 하며, 파일럿 붙이 전환 밸브가 내장되어 있는 회로에서는 널리 사용되고 있습니다.

그림 1-28은 솔레노이드 컨트롤 파일럿 오퍼레이트 밸브에 타리 밸브를 부착한 것입니다.

그런데, 다음과 같은 사양으로, 평면 연삭기의 테이블 이송을 좌우 전환하는 유압 회로의 실례입니다.

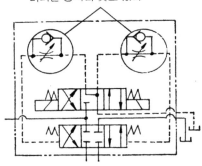

그림 1-28

적용 기종……평면 연삭기

사용 압력……25kgf /cm^2

펌프 토출량……24l /min

실린더 사양……내경 ϕ50, 로드 지름 ϕ18, 스트로크 400mm(양 로드)

속도……4mm /sec～240mm /sec

출력……300kgf

그림 1-29와 같이 회로를 짜서 운전해 본 결과, 어느 속도로 작동시켜도 좌우 전환 때에 쇼크가 발생하여 작업을 할 수 없었습니다.

그래서, 스풀에 테이퍼를 붙이고, 파일럿 라인에 타리 밸브를 세트하였던 바, 쇼크는 없어졌습니다.

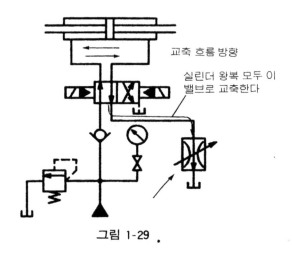

그림 1-29

그림 1-30은 그 회로도이며, 그림 1-29에서는 생략 기호로 표시되어 있던 솔레노이드 컨트롤 파일럿 오퍼레이트 밸브가 여기서는 솔레노이드 밸브와 하이드로 밸브로 나눈 상세 기호로 표시되어 있는 것에 주의해 주십시오.

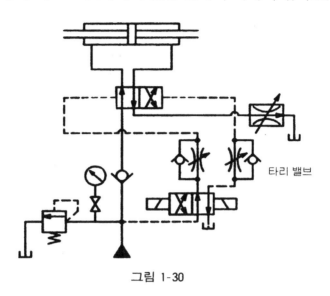

타리 밸브

그림 1-30

주 1-2) 회로 효율

펌프에서 보내진 기름의 에너지와, 그 중에서 실제로 일을 한 에너지와의 비율을 보려는 것으로, 만일 어떤 회로에 펌프에서 10의 에너지를 보낸 경우는, 일을 하기 위해 소비되는 에너지가 10에 가까우면 가까울수록 그 회로의 효율이 좋다는 것이 됩니다.

하이드로 밸브에 대하여

솔레노이드 밸브는 전류로 솔레노이드 코일을 여자(勵磁)하여 스풀을 전환하는 것입니다. 그러나, 솔레노이드 밸브가 전환할 수 있는 유량(流量)은 $40\sim80\ell/min$ 까지로 되어 있으며, 그 이상의 유량을 전환할 때에는 솔레노이드 밸브는 보조 전환 밸브로서 사용됩니다.

그림 1을 보십시오. 솔레노이드가 스풀을 전환시키면 기름은 파일럿 라인을 통하여 주전환 밸브에 들어가서 스풀을 움직여 전환을 합니다. 이 방식의 밸브를 솔레노이드 컨트롤 파일럿 오퍼레이트 밸브라 합니다. 이것을 JIS기호로 표시한 것이 그림 2이며, 이것은 간략 기호이므로 보조 전환 밸브와 주전환 밸브를 분리한 형으로 표시하면 그림 3과 같이 됩니다(대부분 실제의 회로도에서는 생략되어 있는 일이 많은 것도 알아 두십시오). 이 경우 주전환 밸브는 기름으로 움직여지므로, 하이드로릭 밸브, 약하여 하이드로 밸브라 불리는 것입니다. 하이드로 밸브는 솔레노이드 밸브 외에, 매뉴얼 밸브, 또는 도그나 캠으로 작동하는 메카니칼 밸브 등을 보조 전환 밸브로 하여 대용량의 기름을 전환하는 데 사용됩니다.

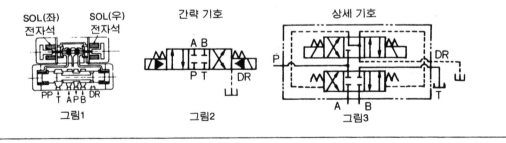

그림1   그림2   그림3

2. 물체를 회전시키려면

　물체를 회전시킨다고 하면, 곧 전동기를 생각할 정도로 회전과 전동기는 깊은 연관을 가지고 있습니다.

　한편, 유압이라고 하면 곧 머리에 떠오르는 것은 실린더 등으로 대표되는 상하 운동, 좌우 운동입니다. 그런데, 유압으로도 훌륭히 물체를 회전시킬 수가 있습니다. 더우기, 유압에 의해 물체를 회전시킬 경우, 무단(無段)으로 변속할 수 있다는 장점이 있습니다.

　그러면, 유압에 의해 물건을 회전시켜 보십시다.

2·1   유압에 의한 물체의 회전

기름으로 물체가 돈다

―자유로이 바꿀 수 있는 회전 속도―

동력을 전달하는 방법에는 마찰 바퀴, 기어, 벨트 등이 있으나, 회전 속도를 자유로이 바꾸려고 생각해도, 그렇게 간단히는 할 수가 없습니다.

그래서, 힘, 방향, 속도가 자유로 조정되는 유압의 잇점을 이용해서 정전(正轉), 역전이나 속도 변화가 쉽게 얻어지고, 더구나 출력 조정이 간단한 유압 전달 장치가 잘 이용되고 있습니다.

2·1·1   회전의 동력 전달 장치에는

일반적으로 물건을 회전시키기 위한 동력원으로서 전동기나 엔진을 사용하지만, 회전시키고 싶은 물체의 속도가 전동기나 엔진의 회전 속도와 같은 경우는 거의 없어, 어떠한 형태로 회전 속도를 바꾸어 줄 필요가 있습니다.

또, 동력원에서 실제로 회전시키고 싶은 물체에 동력(회전시키려는 힘=토크 및 속도)과 그 회전 방향을 전달해 주어야 합니다. 이 장치를 트랜스미션이라 합니다.

지금 회전체의 속도, 회전력(토크) 및 그 회전 방향을 바꾸어 주려는 경우에 흔히 이용되는 동력 전달 방법에는

(1) 기계적인 방법→기어에 의한 것, 마찰에 의한 것

(2) 전기적인 방법→전동기에 의한 것

(3) 유체적인 방법→기름의 동압(動壓)[주 2·1]을 이용한 토크 콘버터에 의한 것, 기름의 정압(靜壓)[주 2·2]을 이용한 것(보통 이것을 유압이라 부르고 있다).

등이 있습니다.

표 2-1은 이들 각종 동력 전달 장치를 비교한 것입니다.

표 2-1 동력 전달 장치의 비교

전달장치	속도, 토크의 제어성	방향의 제어성	원격 조작	효율(%)	1마력 당의 중량(kg)	과부하에 견디는 능력	비　　고
기어	좋지 않음 속도 변화는 단계적	좋지 않음 급격한 역전은 불가	좋지 않음	97	1	뛰어남	클러치를 병용하여야 한다
마찰(벨트 등)	좋음 저속은 불가	좋지 않음 역전은 불가	좋지 않음	97	1~2	좋지 않음 슬립으로 손상	10PS 이상은 보통은 불가능
전동기	뛰어남	뛰어남	대단히 뛰어남	80	7	좋음 발열한다	
토크 콘버터	좋음	좋지 않음 역전은 불가	좋지 않음	97	1~1.5	좋음 발열한다	
유압	대단히 뛰어남	대단히 뛰어남	뛰어남	80~85	1~1.5	뛰어남	

2·1·2 실린더에 의한 방법

유압장치에 의해 물체를 회전시키는 데는 오일 모터나 요동 실린더의 회전 운동을 그대로 결합하여 회전시키는 방법과 유압 실린더의 직선 운동을 랙이나 피니언 등에 의해 회전 운동으로 바꾸는 방법이 있습니다.

(1) 유압 실린더에 의한 경우

유압 실린더의 직선 운동을, 예를 들면 랙과 피니언 등을 사용하여 회전 운동으로 바꾸어 물건을 회전시키는 방법입니다. 이것은 회전 각도가 한정되어 있는 것에 잘 사용되며, 회전각이 360° 이상이라도 가능합니다.

유압 실린더와의 일체형에는 랙과 피니언 방식(그림 2-1(a)), 레버 방식(그림 2-1(b)) 등이 있으나, 어느 것이나 유압 실린더를 사용하고 있기 때문에 누설이

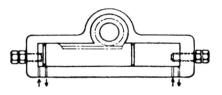

그림 2-1(a) 랙과 피니언 방식

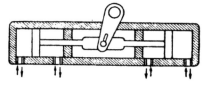

그림 2-1(b) 레버 방식

적은 것이 다른데서는 볼 수 없는 특징이지만, 구조가 복잡하게 된다는 결점이
있습니다.

(2) 요동 실린더에 의한 경우

요동 실린더의 요동 운동(목흔들기 운동)에 의해 그대로 물체를 회전시키는
것입니다. 회전 각도가 한정되어 있는 것에 사용되는데, 특수한 것을 제외하고
280° 이내가 한도입니다. 형식은 베인식, 실린더식, 나사식 등으로 나뉩니다. 그
중에서도 베인식이 가장 잘 사용되며, 베인의 수에 따라 싱글 베인과 더블 베인
이 있습니다(그림 2-2).

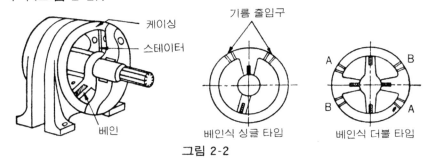

그림 2-2

싱글 베인에서는 요동각 280°가 제한 각도로 되지만, 샤프트에 걸리는 하중이
불균형이기 때문에 고압에는 별로 사용되지 않습니다.

더블 베인에서는 요동각이 100°로 작아지지만, 샤프트에 걸리는 하중은 밸런
스되고, 발생 토크도 2배로 되므로, 소형으로 고토크가 필요한 경우에 유효합니

다. 그러나 베인의 시일에 문제가 있어서 고압으로는 되지 않아 70~140kgf /cm² 정도에서 사용됩니다.

2·1·3 오일 모터에 의한 방법

오일 모터의 회전에 의해 그대로 물체를 회전시키는 것입니다. 회전 각도에 제한은 없고, 연속한 회전 운동을 하게 하는 것에 사용됩니다.

현재 가장 널리 사용되고 있는 것에는 구조별로 기어 타입, 베인 타입, 플런저 타입의 세 종류가 있습니다. 이들 세 개의 타입의 구분 사용은 토크의 크기와, 그 때의 사용 압력 및 회전 속도가 일단 목표가 됩니다(기초편 제5장).

오일 모터의 발생 토크 T[kgf·m]와 사용 압력, 소요 유량의 관계는 다음과 같이 됩니다.

$$T = \frac{P \times q \times 10^{-2} \times \eta_m}{2\pi} \fallingdotseq 1.59 \times P \times q \times 10^{-3} \times \eta_m \cdots\cdots\cdots\cdots ①$$

여기서, P: 사용 압력 [kgf/cm²]

q: 1회전당의 소요 유량 [ml/rev]

η_m: 오일 모터의 기계 효율(일반적으로는 0.8~0.9(80~90%) 정도)

오일 모터의 필요 유량 Q [l/min]는

$$Q = q \times N \times 10^{-3} \times \frac{1}{\eta_v} \cdots\cdots\cdots\cdots\cdots\cdots ②$$

여기서, N: 회전수 [rpm]

η_v: 오일 모터의 용적 효율(일반적으로는 0.85~0.95(85~95%) 정도)

고토크이고, 또한 저속도가 요구되는 경우에는 오일 모터에 감속기를 조합하여 사용합니다. 그러나, 저소음화, 중량 저감화 및 콤팩트화에는 저속 고토크 타입의 오일 모터가 유리합니다. 단, 오일 모터에는 내부 누설이 있기 때문에 장시간의 위치 유지가 어려우므로, 특히 외력이 가해지는 경우에는 브레이크가 필요하게 됩니다.

고토크 모터의 경우 브레이크 장치가 대규모로 되어 귀찮지만, 감속기 부착의 오일 모터를 사용하면 감속기의 입력축에 해당하는 곳에 작은 용량의 브레이크를 붙이게 되어, 콤팩트로 되어 유리하게 됩니다(**그림 2-3**).

감속기

유압 브레이크

오일 모터

그림 2-3

브레이크의 방법은, 정지시는 스프링힘으로 브레이크힘을 주고, 회전시킬 때
는 우선 유압 실린더로 스프링을 축소시켜 브레이크를 느슨하게 하고, 그 뒤 오
일 모터를 회전시키는 순차 동작을 시킵니다.

2·2 오일 모터(1)

(1) 스무스하며, 더구나 힘이 센 회전

―기동과 정지에 주의 ―

오일 모터의 특징은 뭐니뭐니해도 자유로운 회전 속도를 얻을 수 있다는 점일 것입니다.

이것도 모터가 기름이라는 유체에 의해 돌려지기 때문입니다. 따라서 기름의 유량을 바꾸면 당연히 속도도 바뀝니다.

또, 압력이나 유량을 잘 조정함으로써 스무스한 기동·정지를 할 수가 있습니다.

2·2·1 스타팅 토크와 러닝 토크

어떤 표면상에 놓인 물체를 밀 때의 힘은, 일단 움직이기 시작한 물체를 밀 때의 힘보다 큰 힘을 필요로 합니다. 이것은 동마찰보다 정마찰 쪽이 크기 때문입니다. 그림 2-4는 동마찰과 정마찰의 힘이 걸리는 정도를 비교한 것입니다.

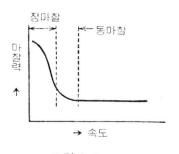

그림 2-4

오일 모터에 대해서도 마찬가지입니다. 즉, 어떤 소정 토크를 발생시키기 위해 필요한 압력은 작업 중보다 기동 쪽이 높은 압력을 필요로 합니다.

이것을 압력을 일정하다고 하고 발생하는 토크의 면에서 생각하면, 기동 때의 발생 토크는 작동 중의 발생 토크보다 작은 것이 됩니다.

이와 같이 오일 모터는 기동 때와 작동 중의 발생 토크가 다르므로 기동 때의 발생 토크를 스타팅 토크, 작동 중에 발생하고 있는 토크를 러닝 토크라 불러 구별하고 있습니다.

또, 스타팅 토크의 크기는 러닝 토크에 대한 비교값으로 나타내며, 그 값은 **표 2-2**에 나타낸 것과 같이 각종 오일 모터의 타입에 따라 다릅니다.

표 2-2

모터의 종류	기어 모터	베인 모터	피스톤 모터	
			액셜 타입	레이디얼 타입
스타팅 토크(러닝 토크의 %)	75~85	80~90	85~95	85~95

각 메이커의 카탈로그의 발생 토크값은 일반적으로 러닝 토크로 기재되어 있는 수도 있으므로, 그 값을 기본으로 빠듯한 설계를 하면 물체가 움직이지 않는 일이 있으므로 오일 모터의 선정 때에는 충분히 주의할 필요가 있습니다.

2·2·2 브레이크 회로의 필요성

회전체를 정지시키고 싶은 경우, 펌프에서 오일 모터에 보내고 있던 기름을 전환 밸브로 차단해 주면 되지만, 지금까지 회전을 계속하고 있던 물체의 관성 모멘트에 의해 오일 모터는 회전을 지속하려 합니다.

이 때문에 **그림 2-5**, **그림 2-6**에 표시한 것과 같은 회로의 경우, 오일 모터는 잠시 동안 회전을 계속한 후가 아니고는 정지하지 않습니다.

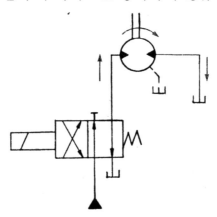

·그림 2-5 한쪽 방향 회전의 경우

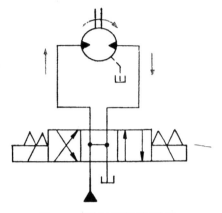

그림 2-6 정역회전의 경우

이것은, 어떤 위치에서 정지시키려고 생각해도, 정지할 때까지 시간이 걸리고, 더구나 정지시키고 싶은 위치에서 멈추어지지 않는 것은 불편합니다.

그래서, 회전체를 곧 정지시키고 싶은 경우나, 정지 위치에서 유지해 두고 싶은 경우에는 전환 밸브에 A포트, B포트가 블록인 것을 사용합니다.

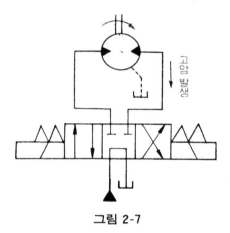

그림 2-7

그림 2-7이 이 블록 타입(탠덤 센터)을 사용한 회로입니다. 이와 같이 하면 펌프에서 보내져 오는 기름이 차단됨과 동시에 오일 모터에서 탱크로 복귀해야 할 기름도 차단되고 맙니다. 따라서 회전체의 관성 모멘트에 의해, 회전을 계속하려고 해도 오일 모터 출구측의 기름에 피할 곳이 없기 때문에 오일 모터는 곧 정지하고 마는 것입니다.

이와 같이 하면 곧 회전을 정지하고 싶은 소망은 이루어집니다. 그러나 이것으로는 오일 모터 출구측의 기름은 피할 곳이 없기 때문에 비정상으로 높은 압력을 발생하고, 이 비정상적인 서지 압력에 의해 배관이나 오일 모터가 손상을 받는 것이 됩니다.

그래서 물체의 회전을 급정지시켜도 오일 모터 출구측에 이상 압력[주 2-3]이 발생하지 않도록 하는 연구가 필요하게 되는 것입니다.

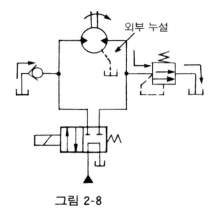

외부 누설

그림 2-8

그림 2-8, 그림 2-9를 보십시오. 이와 같이 릴리프 밸브를 설치해 주면 회전체가 정지할 때까지 이상 압력을 피하게 함과 동시에 모터 출구의 기름을 세트된 압력으로 유지하면서 브레이크를 거는 작용을 합니다. 이와 같은 작용을 하는 릴리프 밸브를 별명 브레이크 밸브라 부르고 있습니다.

또, 오일 모터 입구측은 정지 때에 흡입 작용을 하기 때문에 기름을 흡입시키도록 해야 합니다.

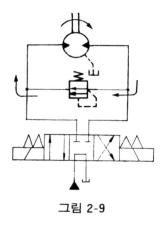

그림 2-9

이 릴리프 밸브가 정전, 역전 어느 경우에도 브레이크 작용을 할 수 있도록 릴리프 밸브와 체크 밸브 4개를 조합한 것을 브레이크 유닛이라 부르고 있습니다. **그림 2-10**이 그 브레이크 유닛을 사용한 회로입니다.

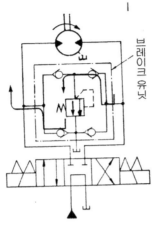

브레이크 유닛

그림 2-10

브레이크 밸브로서 사용하는 릴리프 밸브는 밸런스 피스톤 타입의 것보다 다이렉트 타입 쪽이 응답성이 빠르고 적합합니다. 단, 다이렉트 타입은 압력 오버라이드 특성이 나쁘므로 압력 오버라이드분만큼 높은 압력을 세트해 줄 필요가 있습니다.

이 브레이크 밸브의 압력은 펌프 출구에 설치한 릴리프 밸브의 압력과 같은 정도든가 $5 \sim 10 \, kgf/cm^2$ 높은 듯하게 세트합니다. 만일 브레이크 밸브의 세트 압력이 낮으면 기름은 브레이크 밸브에서 도망가 버리기 때문에 회전체의 소정 속도가 나오지 않고 유온이 비정상으로 오르는 트러블이 일어납니다.

2·2·3 스무스한 기동·정지를 하려면

그런데, 이상 설명한 것과 같은 브레이크 밸브를 사용했다고 해도 이상 압력의 발생을 방지하는 안전 장치로는 되지만, 그것만으로는 스무스한 기동·정지는 기대할 수 없습니다. 즉, 관성 모멘트가 큰 것을 전환 밸브로 급격히 전환해서는 회전체의 관성 모멘트의 흡수가 스무스하게 행해지지 않으므로, 소위 쇼크로 되어 기체의 진동을 일으킵니다. 예를 들면, 오일 모터로 차를 구동하고 그 차에 타고 있으면, 그 쇼크가 잘 느껴집니다.

그래서 기동, 정지를 스무스하게 하는 대책이 필요하게 됩니다.

쇼크 대책으로서는

(1) 펌프에서 오일 모터로 들어가는 기름의 양을 조금씩 보내 주든가(기동의 경우), 오일 모터에서 탱크로 돌아오는 기름의 양을 조금씩 도망가게 하든가(정지의 경우) 하는 방법이 있습니다. **그림 2-11**은 이 유량 제어의 방법입니다.

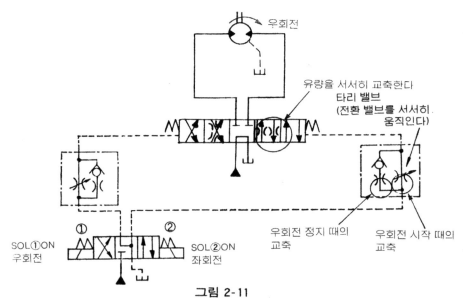

그림 2-11

이 방법은 제1장에서도 설명하였지만, 변환 밸브에 파일럿 오퍼레이트 타입을 사용하여 전환 시간을 길게 하는 교축 밸브(타리 밸브라 부른다)를 사용함과 동시에 전환 밸브 로드 자체에 유량 조정 기능을 갖게 할 수 있도록 테이퍼나 V홈을 취하는 일이 행하여지고 있습니다.

(2) 고속에서 저속으로 전환하는 방법으로, 그 전환하는 시간을 조정하여 스무스하게 감속하는 방법입니다.

이것은 고속에서 저속으로의 전환 밸브의 교축 면적이 변화할 뿐만 아니고, 그 교축을 통과하는 유량이 압력차의 변화에 관계 없이, 일정 유량이 흐르도록 압력 보상 기구를 내장한 속도 제어 밸브를 이용한 것입니다. 따라서 부하의 크기가 변화하여도 감속도를 일정하게 할 수 있으므로 스무스한 감속을 쉽게 할

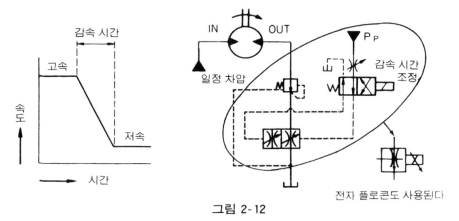

그림 2-12

수 있습니다. 그림 2-12는 속도 제어 밸브를 이용한 방법입니다.

(3) 물체의 관성 모멘트를 이용하여 오일 모터를 타행(惰行)시키는 방법

고속에서 리밋 스위치 LS1을 검출하여 대용량 전환 밸브를 중립으로 함과 함께 SOL5를 여자시켜 오일 모터의 출입구를 바이패스시켜, 회전체의 관성력으로 타행시켜서 감속하고, 저속으로 들어간 뒤 리밋 스위치 LS2를 검출하여 정지시킵니다. 그림 2-13은 오일 모터를 타행시키는 방법입니다.

(4) 오일 모터에 들어가는 기름의 압력을 서서히 상승시키거나(기동의 경우),

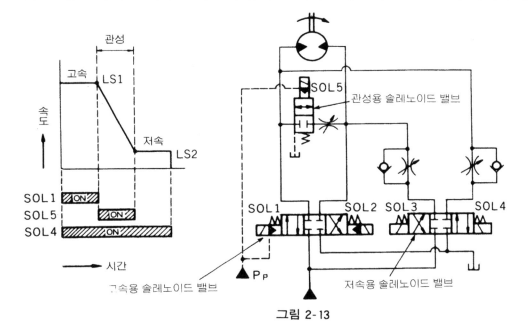

그림 2-13

오일 모터에서 나오는 기름의 압력을 서서히 상승시키거나(정지의 경우) 하는 방법입니다. 그림 2-14는 이 압력 제어의 방법입니다.

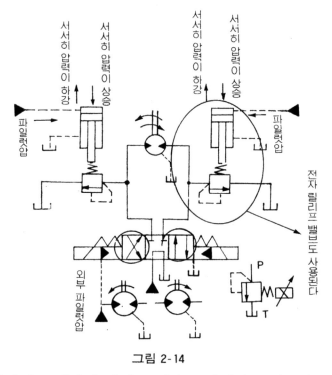

그림 2-14

이 방법은 브레이크 밸브의 압력 조정부를 파일럿 오퍼레이트 타입으로 하여 압력을 서서히 상승, 하강시킨다는 것입니다.

(5) 서보 밸브에 의한 방법

고도의 것으로 되면 전기-유압 서보 밸브를 사용하게 되지만, 높은 가격이 되기 때문에 사용 기계의 사양에 따른 성능과 경제성에 의해 결정해야 합니다. 그림 2-15에 그 동작도를 나타냅니다. 전기 신호의 입력에 의해 서보 밸브를 움직여 피스톤 펌프의 토출량을 제어하고 있습니다. 토출량의 제어는 액셜 타입 피스톤 펌프에서는 펌프 사판의 경사각으로 결정됩니다. 그 경사각을 이 그림에서는 차동 변압기로 잡아 제어 장치에 피드백하여 적정한 토출량이 얻어지도록 작동시키고 있습니다. 발진, 정지는 전기 신호에 의해서 스무스하게 행해집니다.

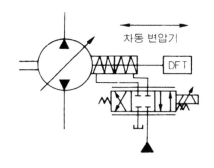 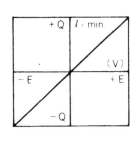 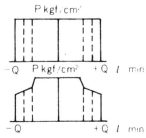

그림 2-15

주 2-1) 동압이란 글자 그대로, 움직이고 있는 액체의 힘을 이용하는 것입니다. 예를 들면, 빈 바께쓰를 옆으로 하여 위에서 매단 곳에, 다른 바께쓰에 물을 퍼서, 그 물을 세차게 뿌리면 빈 바께쓰에 물이 들어가면서 크게 움직입니다. 이 힘을 발생하는 것이 동압입니다.

주 2-2) 정압이란 동압과는 달리, 액체가 정지하고 있을 때에 가지고 있는 힘을 말합니다. 예를 들면, 물을 가득 넣은 바께쓰의 옆에 구멍을 뚫으면 물은 기세좋게 튀어나옵니다. 이 물을 튀게 하는 힘을 발생하는 것이 정압입니다.

주 2-3) 회전체를 급정지시킬 경우에 회전체의 회전 모멘트에 의해서 발생하는 내부 압력은 다음과 같이 구할 수 있습니다.

$$\text{내부 압력 } P = \frac{2\pi\eta T}{q} \times 100 \quad\cdots\cdots\cdots\cdots\cdots\cdots\cdots\cdots\cdots\cdots\cdots\cdots ③$$

$$T[\text{kgf}\cdot\text{m}] = \frac{N \times GD^2}{375 \times t}$$

여기서, T: 관성 토크 [kgf·m]

GD²: 관성체의 플라이휠 효과 [kgf·m]

N: 오일 모터축 회전수 [rpm]

t: 감속 시간 [sec]

q: 오일 모터 용량 [mℓ/rev]

η: 오일 모터 기계 효율

관성 토크가 산출되면 식 ③에 의해 내부 발생 압력은 역산할 수 있습니다.

2·2 오일 모터(2)

(2) 자주(自走)!! 이 위험한 것

—카운터 밸런스 밸브의 사고 방식—

예를 들면, 오일 모터를 사용한 윈치로 중량물을 감아 올리고 감아 내리고 있을 경우, 물건을 매단 채 감아 내리려고 할 때에는 오일 모터의 출구측에 배압을 걸지 않으면 자체 중량에 의해 펌프에서 보내 주는 기름 이상의 빠른 속도로 낙하하게 되어 대단히 위험합니다.

그래서 카운터 밸런스 밸브를 사용하여 자체 중량과 평형이 잡히게 하는데, 이 카운터 밸런스 밸브의 사용 방법에 따라서는 동력의 손실로도 되므로 주의를 요합니다.

2·2·4 내부 파일럿형 카운터 밸런스 밸브

파일럿압을 내부에서 이끈 카운터 밸런스 밸브에서는 중량물이 ·항상 있으면 자체 중량과 카운터 밸런스 밸브의 세트 압력이 평형하고 있기 때문에, 감아 내리는 데는 펌프 압력을 거의 필요로 하지 않아 동력의 절약이 됩니다. 그러나,

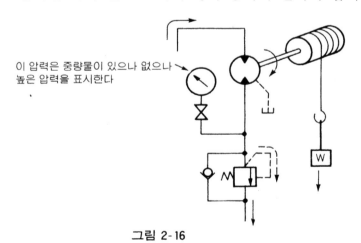

이 압력은 중량물이 있으나 없으나 높은 압력을 표시한다

그림 2-16

중량물이 없는 경우에는 카운터 밸런스 밸브를 열어 주지 않으면 기름이 흐르지 않으므로 펌프의 압력은 카운터 밸런스 밸브의 세트 압력 이상의 것이 필요하게 됩니다(그림 2-16).

이것으로는 중량물이 없는 경우에는 필요 이상의 펌프 동력이 요구되는 대단히 비경제적인 일이 되고 맙니다.

2·2·5 외부 파일럿형 카운터 밸런스 밸브

동력의 손실을 막기 위해서 파일럿압을 오일 모터의 입구측에서 이끈 것이 외부 파일럿형 카운터 밸런스 밸브입니다. 이 방식으로 하면 카운터 밸런스 밸브의 세트 압력은 배관의 손실 압력만을 예상하면 되며, 중량물이 있는 경우(그림 2-17)도, 없는 경우(그림 2-18)도 펌프 압력은 약간으로 충분합니다.

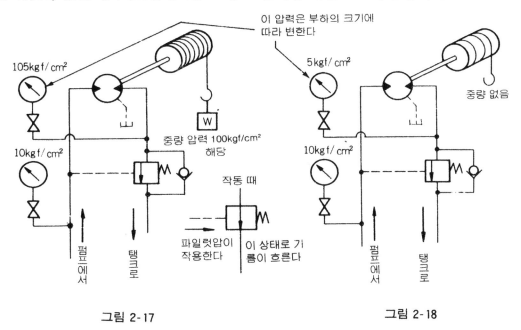

그림 2-17   그림 2-18

또, 불균형한 회전체를 회전시킬 경우, **그림 2-19**를 보면 알 수 있는 바와 같이, 동일 회전 방향이라도 부하의 크기가 바뀔 뿐만 아니라, 그 부하의 방향도 정방향에서 부방향으로 바뀌기 때문에, 동력 손실을 감소시키는 데는 아무래도 외부 파일럿형 카운터 밸런스 밸브가 필요하게 되는 것입니다.

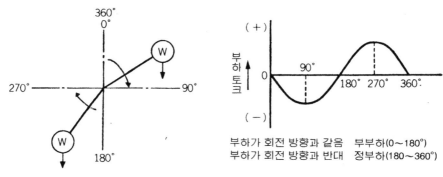

부하가 회전 방향과 같음　부부하(0~180°)
부하가 회전 방향과 반대　정부하(180~360°)

그림 2-19

2·2·6 노킹 방지 대책

오늘날 시장에 나와 있는 일반 카운터 밸런스 밸브를 외부 파일럿으로서 그대로 사용한 경우, 부하가 정에서 부로 또는 반대로 부에서 정으로 바뀌므로 회전체가 스무스하게 회전하지 않는 노킹 현상이 일어나는 것이 많으므로 주의하여 주십시오.

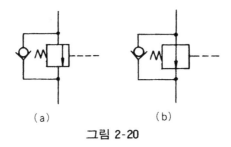

(a)　　　　　(b)

그림 2-20

그림 2-20을 보십시오. 정부하일 때 오일 모터를 회전시키는 데에 필요한 압력은 카운터 밸런스 밸브의 세트 압력보다 훨씬 크므로 밸브의 주밸브 로드 (b)와 같이 완전히 통하여 밸브 입구측의 압력은 낮게 되어 있습니다. 지금 갑자기 마이너스 부하로 되었다고 하면, 오일 모터 출구 쪽의 압력이 낮으므로, 자주(自走)하려고 하기 때문에 오일 모터 입구쪽 압력이 내려가, 파일럿 압력이 빠져 밸브 주밸브 로드(a)와 같이 복귀하여 블록 상태로 됩니다.

이것으로는 기름이 흐르지 않습니다. 따라서 밸브 입구의 압력이 오르고, 파일럿 압력도 상승하여 밸브 주밸브 로드를 (b)와 같이 변환합니다.

그런데, 완전히 밸브가 움직여 버리면 오일 모터 출구 쪽의 압력이 없어져 자주(自走)하려고 하는 결과, 파일럿 압력이 빠지기 때문에 주밸브 로드가 원래의 위치로 복귀하여 버립니다.

이와 같이 (a)와 (b)의 상태를 되풀이하기 때문에, 오일 모터는 회전하든가 정지하든가 하여 회전체가 노킹을 일으키는 것입니다.

이와 같은 것을 막는 대책으로서 **그림 2-21**과 같이 외부 파일럿 라인에 교축 밸브를 넣어 밸브 로드의 움직임을 완만하게 해 주어야 합니다.

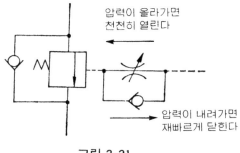

압력이 올라가면
천천히 열린다

압력이 내려가면
재빠르게 닫힌다

그림 2-21

또 밸브 로드의 복귀가 늦으면 플러스 부하에서 마이너스 부하로 바뀌어 갈 때 자체 중량에 의해 급속 회전하는 자주 현상(自走現象)이 일어나는 일이 있으므로 체크 밸브 붙이 교축 밸브 쪽이 효과가 있습니다.

그 외 카운터 밸런스 밸브의 주밸브 로드에 작동 도중에 교축 효과를 갖게 하든가 또 노킹 방지의 효과가 얻어지도록 밸브 로드 자체를 특수 형상으로 하는 일이 있습니다.

2·2 오일 모터(3)

(3) 효율이 좋은 회로를 선택하자

── 폐회로의 특징과 효과 ──

지금까지 설명해 온 유압 장치의 회로는 개회로라 부르며, 물체를 회전시키기 위해서는 큰 탱크에 펌프, 모터 외에 압력 제어 밸브(릴리프 밸브, 카운터 밸런스 밸브 등), 유량 제어 밸브, 방향 전환 밸브 등을 사용하여야 하지만, 이들 밸브의 기능을 펌프, 오일 모터에 통합하여 행하는 것이 지금부터 설명하는 폐회로입니다.

이 폐회로의 덕택으로 큰 탱크가 불필요하게 됨과 동시에, 개회로에서 볼 수 없는 훌륭한 기능을 발휘하므로 특히 차량 관계에는 없어서는 안되는 것입니다.

2·2·7 폐회로란……

그림 2-22, 그림 2-23을 보십시오. 유압 트랜스미션은 기본적으로는 개회로(그림 2-22)와 폐회로(그림 2-23)로 분류됩니다. 개회로가 펌프에서 보내지는 기름으로 오일 모터를 회전시키고, 그 복귀유를 탱크에 개방하고 있는 데에 대해, 폐회로에서는 그 복귀유를 그대로 펌프의 흡입측으로 이끌고 있습니다. 이것이 개회로와 크게 다른 것이며, 이와 같이 함으로써 유입 장치는 개회로에서 볼 수 없는 훌륭한 기능을 발휘합니다.

그런데, 폐회로에 사용되는 펌프는 어떠한 타입의 것이라도 좋으냐 하면 그렇지는 않습니다. 왜냐 하면, 폐회로에서는 펌프에 의해 회전체의 속도 제어나 방향 제어를 하게 하는 것이므로, 당연히 그 목적에 맞는 기능을 갖춘 것이어야 합니다.

즉, 토출량을 가변으로 할 수 있고, 더구나 토출구의 방향도 바뀌며, 또 브레

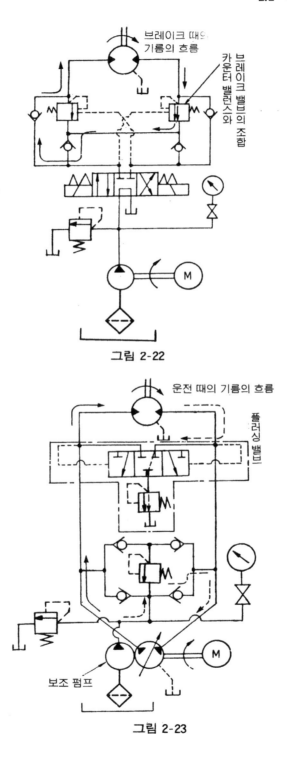

그림 2-22

그림 2-23

이크 작용도 할 수 있는 것이어야 합니다.

이와 같은 성능을 갖춘 펌프는 극히 한정된 펌프라는 것이 되며, 그 중에서 가장 많이 사용되는 것이 플런저 펌프라는 것이 됩니다. 따라서, 차량이나 건설 기계 관계에 사용되는 폐회로에는 거의 가변 토출량형 플런저 펌프가 사용되고 있습니다.

그러면 폐회로의 특징을 하나씩 들어 봅시다.

(1) 유압 장치가 간단하게 된다

개회로가 펌프에서 토출된 기름으로 오일 모터를 회전시키고, 그 복귀유를 탱크에 개방하고 있는 데 대하여, 폐회로는 오일 모터의 복귀유를 그대로 펌프의 흡입측으로 이끌고 있기 때문에 큰 탱크는 불필요하게 되어, 유압 장치를 간결하게 정리할 수 있습니다. 그러나 폐회로의 기름을 언제까지나 폐회로 속에 넣어 두면 열화도 빨라지고 온도도 올라갑니다. 그 때문에 기름을 갈아넣는 플러싱 밸브를 넣습니다^{주 2·4)}

(2) 전환 쇼크가 작다

개회로에서는 동작 전환을 밸브 제어로 하기 때문에 전환 쇼크가 큽니다. 그것을 막기 위해 유량 제어 방식이나 압력 제어 방식을 사용하여 특수한 밸브를 사용하여야 합니다. 그것에 대해 폐회로에서는 동작 전환을 펌프 토출량의 대소 및 방향 전환에 의해 하기 때문에 전환 쇼크가 작고 더구나 쉽게 할 수가 있습니다.

(3) 가속·감속 때의 발열이 적다

개회로에서는 가속·감속 사이는 기름의 일부가 릴리프 밸브에서 도망하기 때문에 열이 많이 발생하지만, 폐회로에는 이러한 경우 펌프 토출량 자체가 작으므로 동력은 유효하게 살려져 발열량은 적어집니다.

(4) 마이너스 부하에 대한 브레이크 효과가 있다

개회로에서는 마이너스 부하에 대해서는 카운터 밸런스 밸브를 설치하여야 하지만, 폐회로에서는 동력원인 전동기나 엔진이 브레이크 작용을 하기 때문에 자주(自走) 방지의 효과가 있습니다(엔진 브레이크 작용과 같습니다).

이와 같이, 폐회로에서는 개회로에서 볼 수 없는 많은 특징을 가지고 있으나 좋지 않은 점도 있습니다.

예를 들면, 폐회로에 있어서 펌프나 오일 모터의 기름을 완전히 밀봉해 버려서는 펌프나 오일 모터의 외부 누설에 의해 기름이 부족하게 되어 펌프는 캐비테이션을 일으키므로 복귀 회로 속에 기름을 보급해 주어야 합니다. 더우기 작동유가 갇혀 있으면 기름의 열화가 심하므로 신선한 기름을 보급함과 동시에 일부의 기름을 배출시켜 줄 필요가 있습니다[주 2-4].

이러한 목적을 위해 저압의 보급 펌프를 복귀 회로에 설치해 주어야 합니다. 보급 펌프의 크기는 메인 펌프 토출량의 10~15%가 있으면 충분합니다.

주 2-4) 플러싱 밸브에 의한 회로의 플러싱

그림을 보십시오. 폐회로 가운데에 플러싱 밸브가 들어 있습니다. 이 밸브는 폐회로 가운데의 기름을 자동적으로 새로운 기름으로 갈아 넣는 역할을 하고 있습니다. 그림(a)를 보십시오. 이것은 오일 모터에 기름이 가지 않는 상태, 즉 정지 상태입니다. 플러싱 밸브 ①②의 파일럿 부분에는 같은 압력이 걸려 있으므로 밸브는 중립으로 ⒶⒷ라인의 기름은 어디로도 통하지 않습니다.

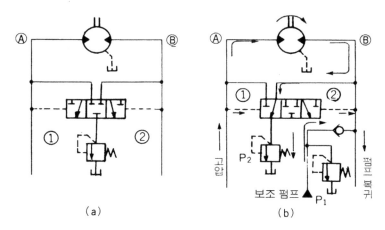

(a)　　　　　(b)

   그림(b)와 같이 펌프에서의 유압이 Ⓐ라인에 오면 플러싱 밸브 ①의 파일럿 부분에 압유가 걸려 ②는 펌프의 복귀구(흡입구)에 연결되어, 밸브는 그림과 같이 오른쪽으로 이동합니다. 여기서 Ⓐ라인은 블록되어 있지만, Ⓑ라인의 일부의 기름은 압력 P_2로 탱크에 되돌려집니다. 폐회로 가운데의 기름이 일부 탱크로 되돌려지면 기름 부족으로 되어 작동이 불안정하게 되므로 당연히 보충해야 합니다.

   이것의 보충은 보조 펌프로 행해집니다. 보조 펌프는 P_1의 압력으로 설정되어, 압력의 관계는 $P_1 > P_2$로 되어 있으므로 부족분은 보충됩니다. 보조 펌프는 메인 펌프의 토출량의 10~15% 정도의 작은 용량의 펌프가 사용되고, 이와 같이 하여 언제나 폐회로의 기름은 새로운 기름으로 갈아 넣어지는 것입니다.

   폐회로 속에는 기본적으로 브레이크 회로와 플러싱 밸브를 넣는 것이 보통입니다.

2·3 펌프와 모터의 조합

원하는대로의 성능이 얻어진다

─조합에 의해 다른 기능을 발휘─

펌프나 오일 모터에는 정토출량형, 정용량형과 가변 토출량형, 가변 용량형이 있는데, 이들 성능이 다른 펌프나 오일 모터를 여러가지 조합함으로써 속도의 변화에 따른 가변 토크나 가변 마력을 얻을 수가 있고, 또 속도의 변화에 관계없이 정토크나 정마력으로 할 수도 있습니다. 이것을 H·S·T(하이드로 스타틱 트랜스미션)라고 합니다.

더구나 두 개의 오일 모터를 직렬로 접속하느냐 병렬로 접속하느냐에 따라, 다른 기능을 발휘할 수가 있습니다.

2·3·1 가변 토출량 펌프와 정용량 모터

가변 토출량 펌프와 정용량 모터를 조합하면 오일 모터(정용량 모터)의 1회전당 배출 기름의 양이 일정하기 때문에 펌프(가변 토출량)의 토출량을 제어함으로써 오일 모터의 속도를 0에서 허용 최고 속도까지 무단 변속이 가능하며 일정 토크가 얻어집니다(그림 2-24).

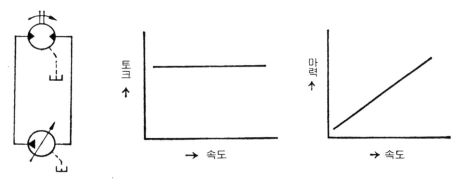

그림 2-24 가변 토출량 펌프와 정용량 모터

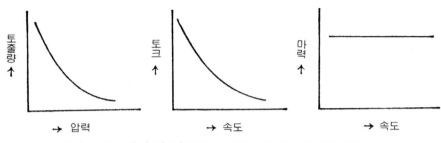

그림 2-25   가변 펌프(압력 보상기 내장)와 정용량 모터

또 펌프에 압력 보상기 기구를 내장시킴으로써 정마력 특성도 줄 수가 있으므로, 이 조합은 가장 널리 이용되고 있습니다(그림 2-25).

2·3·2   정토출량 펌프와 가변 용량 모터

펌프(정토출량)의 토출량이 일정하기 때문에 오일 모터(가변 용량 모터)의 용량을 최대로 하여도 속도를 0으로 할 수는 없습니다. 또 오일 모터의 용량을 0에 가깝게 하는 것은 회전 속도가 무한대로 되어 오일 모터의 용량을 감소하는 데에는 제한을 설치하여야 합니다.

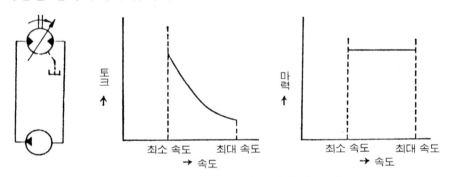

그림 2-26   정토출량 펌프와 가변 용량 모터

속도가 작을 때에 토크는 최대이고, 최고 속도 때는 반대로 토크는 작아지므로, 정마력 특성의 부하에 사용됩니다(그림 2-26).

2·3·3   가변 토출량 펌프와 가변 용량 모터

어떤 속도 이하에서는 펌프(가변 토출량) 토출량의 조정에 의해 오일 모터(가변 용량)의 속도를 0 가까이까지 변화시키고, 어떤 속도 이상은 오일 모터 용량

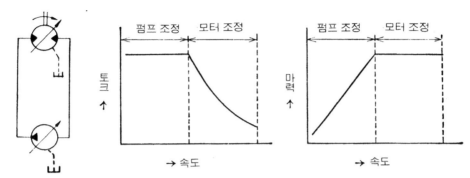

그림 2-27 가변 토출량 펌프와 가변 용량 모터

의 조정에 의해 토크가 감소하여도 최대 속도를 올리려는 것과 같이 넓은 변속 범위가 필요한 경우에 사용됩니다(그림 2-27).

2·3·4 모터 직렬 접속

동기 운전 방식의 일례이지만, 오일 모터는 외부 누설이 있으므로, 엄밀한 동기가 요구되는 경우에는 한쪽을 가변 용량 모터로 하든가 병렬로 이스케이프 밸브를 접속하든가 합니다(그림 2-28).

2·3·5 모터 병렬 접속

디퍼렌셜 기능을 갖게 한 것으로, 차량의 양 바퀴 구동 등에 사용됩니다(그림 2-29).

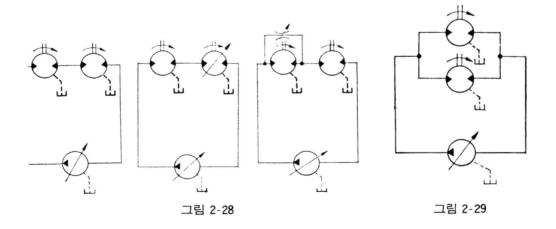

그림 2-28   그림 2-29

3. 물체를 같은 간격으로 움직이려면

그러면, 지금까지의 설명으로 유압 기구의 기본적인 기능, 즉,

1. 물체를 상하, 좌우로 움직인다.
2. 물체를 회전시킨다.

라는 각각의 기능을 알았습니다.

그리고, 이제부터 이들의 기능을 여러 가지로 조합해서, 자동화—유압화의 연구에 짜넣게 되었습니다.

우선 물체를 같은 간격으로 움직이게 하는 경우를 고찰해 봅시다. 예를 들면, 철판에 같은 간격으로 구멍을 뚫으려 할 경우, 이것을 수동으로 하려면 어떻게 하면 될까요?

우선 테이블을 핸들로 움직여서 위치를 정하고, 다음에 드릴 헤드를 움직여서 구멍을 뚫게 되는데, 이것으로는 착오도 생길 것이고 능률도 나쁘며, 작업이 단순하여 일에 싫증을 가져 옵니다.

그래서, 무언가 이것을 자동화할 수 없을까 하게 되어 유압이 등장하게 되는 것입니다.

3·1 물체를 같은 간격으로 움직이려면

확실하고, 규칙 바르게

─ 특징이 있는 6가지의 방법 ─

한마디로 "물체를 같은 간격으로 움직이게 한다"고 하여도, 비교적 긴 간격으로 움직이게 하려는 경우와 짧은 간격으로 움직이게 하려는 경우, 또한 스텝 모양으로 움직이게 하려는 경우 등 여러 가지 케이스가 있습니다.

그러면, 이들의 여러가지 방법을 자동 ─ 유압으로 하려고 한다면 어떠한 방법이 있을까요? 그 방법은 크게 나누어 다음 6가지로 됩니다.

1. 위치로 검출해 가는 방법
2. 타이머로 시간을 동일하게 취해 가는 방법
3. 간헐 운동을 하는 기기를 이용하는 방법
4. 규칙적으로 일정량을 내 가는 방법
5. 기계적인 위치에 따라 움직이는 방법
6. 주어진 지령에 따라 자동적으로 움직이는 방법

그러면, 각각에 대하여 자세히 설명하겠습니다.

3·1·1 위치로 검출해 가는 방법

이것은 주로 기계의 움직임을 전기로 캐치(검출)하고, 전기 신호를 발생시켜 유압을 조작하는 방법입니다. 기계의 위치로 캐치해 가기 때문에, 매우 좋은 정밀도가 얻어지나, 움직임(위치)의 간격이 좁으면 캐치하기 어렵게 되는 결점이 있습니다.

(1) 리밋 스위치로 위치정하기를 한다

예를 들면, **그림 3-1**을 보십시오. 이것은 x_1, x_2, x_3이란 간격으로 물체를 움직여 구멍을 뚫으려는 경우의 회로입니다. 각각의 위치에 리밋 스위치를 놓고, 피스톤 로드의 도그가 리밋 스위치를 밀어 위치정하기를 하고, 스텝 모양으로 물건을 움직여 갑니다. 간단한 방법이지만, x_1, x_2, x_3의 간격을 별로 적게 할 수 없고, 리밋 스위치의 수를 늘리면 복잡해지므로, 구멍수를 별로 많이는 취할 수가 없습니다.

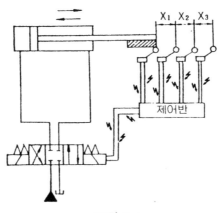

그림 3-1

그림 3-2는 테이블을 나사로 보내는 방법입니다. 테이블은 오일 모터에 의해 나사로 보내지며, 나사가 1회전하면 테이블은 나사 피치만큼 보내지므로, 리밋 스위치와 이송 나사의 접속 횟수를 카운터로 세어 소정의 접촉 횟수(나사의 회전수＝소정의 길이)로 된 곳에서 전기 신호를 내어, 솔레노이드 밸브를 작용시

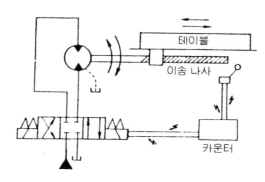

그림 3-2

켜 오일 모터를 멈추면 됩니다. 즉, 이 방법은 위치의 검출을 이송 나사의 회전수에서 취하게 되므로, 나사 피치에 의해 이송 간격을 동일하게 정할 수가 있습니다. 또, 피치를 가늘게 하면 간격이 좁은 것도 할 수가 있습니다.

리밋 스위치 대신 광전자 스위치나 메카니칼 밸브를 사용하는 방법도 있습니다.

(2) 분할해 가는 방법

더욱 정밀한 구멍뚫기 가공용으로서, 또 커터류의 분할 연삭에 사용하는 분할 장치용으로서는 **그림 3-3**에 표시한 방법이 사용되고 있습니다.

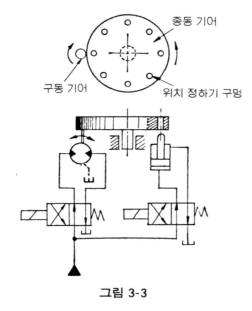

그림 3-3

그림에서 알 수 있는 바와 같이, 오일 모터에는 항상 일정한 방향으로 계속 회전하도록 유압을 걸어 둡니다. 따라서, 워크를 부착하는 분할판도 일정 방향으로 회전합니다. 그리고, 실린더로 분할 핀의 내고 들임을 하는 것입니다. 이 방법에서는 분할 구멍과 핀 사이에 놀음이 있어도 오일 모터에 의해 일정 방향의 토크가 걸려 있으므로, 놀음의 영향이 없습니다. 그리고 핀을 구멍에서 뺀 경우, 분할판이 자동적으로 회전을 시작하므로 편리합니다. 이와 같이 사용할 수 있는 것도 유압 모터의 큰 특징의 하나입니다.

(3) 파일럿 체크 밸브를 사용한다

그런데, 솔레노이드 밸브는 스풀 타입이므로, 아무래도 기름 누출(리크)이 발생하여, 실린더를 정지시켜도 조금씩 움직일 우려가 있습니다.

그래서, 이와 같은 리크를 적게 하기 위해, **그림 3-4**에 표시한 파일럿 체크 밸브를 사용합니다.

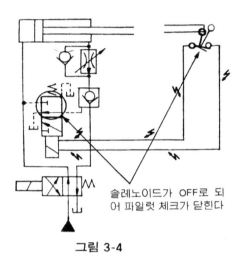

솔레노이드가 OFF로 되어 파일럿 체크가 닫힌다

그림 3-4

그림에 표시한 바와 같이 파일럿 체크 밸브의 개폐는 그것에 이어지는 솔레노이드 밸브를 개폐하여 하는 것인데, 이 솔레노이드에 리밋 스위치를 부착하여 리밋 스위치로 실린더를 멈추어야 할 위치를 취하여, 정해진 간격으로 물체를 움직이는 것입니다. 예로서 브로치의 날에 따라 행하는 연삭작업 등에 사용됩니다.

(4) 교류에 의한 오차를 막으려면

솔레노이드를 교류의 것으로 하면 **그림 3-5**의 ⓐ, ⓑ점에서 리밋 스위치가 눌

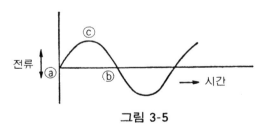

그림 3-5

렸을 때, 전류는 0이므로, 바로는 솔레노이드가 작용하지 않습니다. ⓒ점에서 눌리면 시간적인 지연 없이 작용하는 것입니다. 따라서 아무래도 그만큼 벗어남이 생깁니다(0.01-0.02초).

이와 같은 결점을 커버하는 뜻으로, 솔레노이드를 넣어 멈추는 것이 아니고, 솔레노이드를 끊어서 멈추는 방법을 취합니다. 이것은 솔레노이드의 벗어남을 없게 하도록, 시간적으로는 지연이 있으나, 벗어남이 없는 스프링으로 되돌리므로, 좋은 효과가 얻어지기 때문입니다.

또, 교류 코일을 사용하지 않고 직류 코일을 사용하는 편이 정밀도적으로 보다 더 오차가 적은 것이 얻어집니다. 직류 코일이면 테이블의 움직임으로 0.02～0.03mm 정도의 오차로 멈출 수가 있습니다.

(5) 스텝 이송을 시키려면

그런데, 구멍뚫기 작업을 하는 경우, "어떤 위치까지 절삭 가공한다→그 위치에서 일단 출발점까지 복귀시킨다→전회 가공한 곳의 바로 앞까지 급속 이송한다→그 곳에서 절삭으로 들어간다"라는 스텝(**그림 3-6**)을 하게 하려 할 경우는, 앞서 절삭한 곳을 기억시켜 둘 필요가 있는데, 그 기억 장치의 일예를 표시한 것이 **그림 3-7**입니다. 우선 작동 방법을 설명합니다.

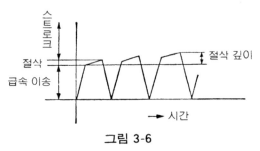

그림 3-6

슬라이딩 로드는 절삭 유닛에 고정되고, 이것에 가동 도그가 스프링에 눌려, 조금 굳은 상태로 부착되어 있습니다. 따라서 슬라이딩 도그가 스토퍼에 닿고 있으면, 로드를 움직일 수가 있습니다.

지금 가동 도그가 리밋 스위치를 두둘기면, 솔레노이드 밸브를 전환하여 절삭에 들어갑니다. 절삭 중에는 도그가 스토퍼에 의해 멈추어져 있지만, 슬라이딩

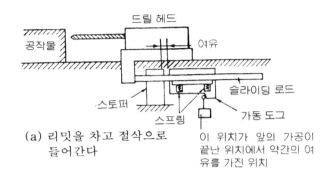

(a) 리밋을 차고 절삭으로
들어간다

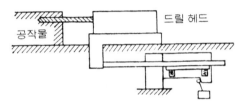

(b) 절삭중 가동 도그는 스토퍼로
멈추게 한다

그림 3-7

로드는 절삭 중 유닛과 함께 움직입니다.

절삭 타이머가 끊기면, 절삭 유닛은 복귀하지만, 그 때 스프링에 의해 로드에 고정되어 있는 가동 도그가 함께 복귀합니다. 그리고 다음의 스텝에서 급속 이송에서 절삭으로 전환되는 위치는, 전회 가동 도그와 로드가 미끄럼을 일으킨 것만큼 급속 이송 거리가 증가되는 것입니다. 이와 같이 하여, 위치를 기억하고, 스텝 이송을 할 수가 있는 것입니다.

3·1·2 타이머로 시간을 동일하게 취해 가는 방법

타이머로 기름이 통과하는 시간을 규정해 주는 방법이며, 그 규정 시간에 흐르는 기름의 양으로 물체의 움직이는 거리가 정해집니다. 이 방법에서는 위치의 검출을 하지 않으므로, 각종 밸브의 영향이 그대로 움직이는 거리의 정밀도로 나옵니다. 당연히 유량 제어 밸브가 그 중심이 되지만, 물론 압력 보상·온도 보상 붙이의 성능이 좋은 것일수록 정밀도가 좋아집니다. 따라서 밸브의 선정에는 충분한 배려가 필요합니다.

그러면, 구체적인 예에 대해서 설명을 진행합시다. **그림 3-8**은 타이머에 의해

규정된 시간에 솔레노이드 밸브가 개폐하고, 이것에 의해 실린더가 일정한 간격
으로 움직이도록 한 것입니다.

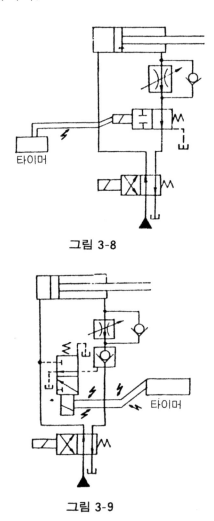

그림 3-8

그림 3-9

또, 그림 3-9는 파일럿 체크 밸브를 개폐시키는 솔레노이드 밸브를 타이머로
일정 간격으로 ON, OFF하여 작용시키는 것입니다.

3·1·3 간헐 운동을 하는 기기를 이용하는 방법

그림 3-10에 표시한 회전 실린더는 일정한 각도의 왕복 운동을 하므로, 일정
한 각도의 이송을 시키기 위해서는, 이 축에 래칫을 부착하면 좋고, 직선 운동을

그림 3-10

시키기 위해서는 래칫과 랙, 피니언을 부착합니다. 또, 스트로크를 가변으로 하는 경우는, 이 방법으로는 어려우므로, **그림 3-11**과 같은 피스톤의 스트로크를 가변으로 하는 방법을 사용합니다.

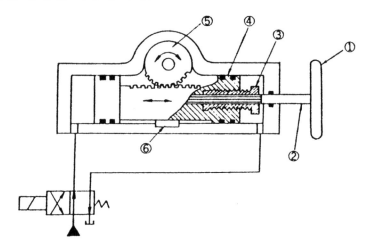

그림 3-11

작동 방법을 설명하겠습니다. ①이 핸들이며, 그것에 ②의 샤프트가 연결되어 있고, 샤프트의 앞 쪽은 스플라인이 가공되어 있습니다. 따라서, ②의 회전에 의해 ③이 축방향으로 슬라이드하면서, ③에 절삭되어 있는 나사에 의해 앞뒤로 움직이지만, 그것에 의해 ④의 피스톤의 유효 길이가 변화하고, ⑤의 회전각이 자유로이 조절되게 되는 것입니다.

④는 ⑥에 의해 회전이 정지되어 있고, 기름을 좌우 포트에 솔레노이드 밸브에 의해 전환하여 넣어 피스톤 ④의 좌우 운동을 시키고 있습니다.

이 방법은 플레이너의 절삭 이송이나 연삭기의 이송에 잘 사용됩니다. 이 방법에 의한 이송 범위는, 기계 감속부도 포함하여 0.1~20mm 정도입니다.

3·1·4 규칙적으로 일정 유량을 내어 가는 방법

이 방법은 주로 미소 이송에 사용됩니다. 실린더에 의해 움직이는 경우에는 실린더에 들어오는 기름을 항상 일정량으로 컨트롤하여, 실린더에 일정한 움직임을 시키는 방법과 실린더에서 나오는 기름을 일정량 계속적으로 내어 주는 방법의 2가지가 있습니다.

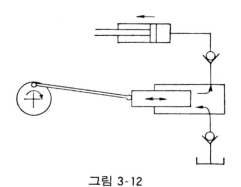

그림 3-12

그러면, 실린더에 들어오는 기름의 컨트롤 방법부터 설명합니다. 그림 3-12가 그것인데, 원리는 피스톤 펌프의 작동 원리와 같습니다. 피스톤을 기계적으로 왕복시킴으로써, 「피스톤 면적×스트로크」분만큼 기름이 토출되어, 실린더는 일정한 스트로크만큼 운동하게 됩니다. 피스톤을 움직이는 회전을 바꾸어도 운동의 진폭은 바뀌지 않으나, 사이클수(스텝수)를 바꿀 수는 있습니다. 그러나, 기름의 흡입에는 캐비테이션 발생의 한계가 있어서 별로 빨리 할 수는 없습니다.

그러면, 그림 3-13을 보십시오. 이 회로에서는 실린더 A를 미리 정해진 양만큼 확실하게 움직이기 위해 미터링 실린더 B를 사용하고 있습니다. 그리고 실린더 A를 정해진 양만큼 움직이는 데 필요한 기름의 양에 상당하는 기름의 양을, 미터링 실린더 B의 1스트로크로 보내 주도록 조절 나사 C를 조정해 두는 것입니다.

지금 실린더 A를 우측 방향으로 움직이려고 하면, 솔레노이드 ②에 통전한 채로 솔레노이드 ③에 통전하면, 미터링 실린더 B의 피스톤 D가 좌측 방향으로 이동하고, 실린더의 좌실의 기름이 밀려 나와, 교축 밸브 E 및 솔레노이드 밸브를

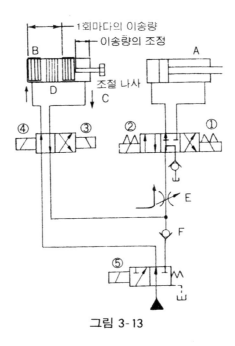

그림 3-13

통하여 실린더 A를 일정한 치수만큼 우측으로 움직입니다.

또, 실린더 A를 일정한 위치까지 움직일 때나 되돌릴 때에는, 솔레노이드 ①에 통전해 주면, 기름은 체크 밸브 F, 교축 밸브 E, 솔레노이드 밸브를 통하여 실린더 A를 움직이는 것입니다.

이 미터링 실린더 방식은, 움직이려는 실린더 A의 정해진 스트로크에 상당하는 기름의 양 자체를 미터링 실린더로 보내므로, 기름의 온도나 실린더의 스피드가 바뀌어도, 스트로크 위치가 바뀌는 일은 없습니다.

그러면, 다음에 실린더에서 나오는 기름을 컨트롤하는 방법을 설명하기로 합시다.

그림 3-14를 보십시오. 모터에 의해 셔트 오프 밸브가 시간적으로 개폐되고, 이것에 의해 실린더에서 나오는 기름이 단속되어, 실린더(물체)에 단속 운동을 주고 있습니다. 이 경우, 사이클수의 증감은 셔트 오프 밸브의 전환 횟수를 바꾸는 감속기로 행하게 하며, 진폭은 플로우 컨트롤 밸브로 조정하고 있습니다.

실예로서, 실린더 지름 250mm의 것으로 진폭 0.3~3mm, 사이클수 50~100까지 가변으로 한 것이 있습니다.

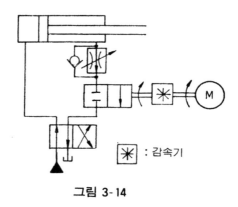

: 감속기

그림 3-14

3·1·5　기계적인 위치에 따라서 움직이는 방법

이것에는 전기식의 것, 유압에 의한 것, 공기에 의한 것의 3가지 방식이 있습니다. 전기식의 예로서는 앞에서 설명한 바와 같이, 리밋 스위치로 위치를 취하는 것, 전자기 서보에 의해 유압을 움직이는 방법이 있습니다.

또, 유압식에서는 메카니칼 서보 밸브에 의한 모방 방식이 있습니다. 이것은 기계의 위치는 물론, 속도에 대해서도 똑같이 할 수가 있습니다. 정밀도로서는 0.02~0.03mm 정도입니다(기초편의 서보 밸브 참조).

3·1·6　주어진 지령에 따라서 자동적으로 움직이는 방법

그림 3-15에 표시한 바와 같이 전기－유압 펄스 모터를 사용하여 위치를 정하

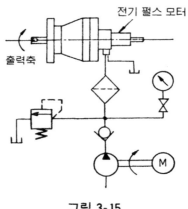

전기 펄스 모터

출력축

그림 3-15

는 방법입니다. 펄스 모터를 사용하면, 테이프나 카드에서의 전기적인 지령에 의해 정해진 양만큼 이송 나사가 회전하므로, 테이블의 위치를 확실하게 제어할 수가 있습니다.

이 방법은 공작기계의 수치 제어에 사용되고 있는 것으로, 원리적으로는 유압 모방에서의 모델과 스타일러스 부분을, 테이프나 카드와 해독기로 대치한 정도의 것입니다(자세한 것은 제15장을 참조하여 주십시오).

서보 기구의 녹막이

유압 장치에 서보 밸브를 사용한 경우에는, 먼지나 녹에 의한 작동 불량이나 상태를 좋게 하기 위해 그림과 같이 필터를 병용하여 보호합니다.

그런데, 이 때에 잊기 쉬운 것은, 필터와 서보 밸브 사이의 배관 속의 먼지입니다. 이곳의 세정도 아무쪼록 잊지 말고 충분히 세정해 주십시오.

그리고, 이 사이의 배관을 스테인레스재로 하면 녹슬 위험은 매우 적어져, 보다 효과적입니다.

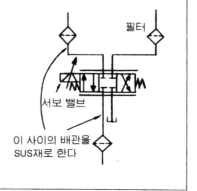

4. 물체의 움직임을 동조 시키려면

한 개의 축으로 연결된 차바퀴와 같이, 완전히 한 쌍의 움직임을 구할 수 있는 것도 기계의 동작 중에는 종종 있습니다. 유압에서는 물체를 파이프로 결합하고 기름을 흘리면 곧 움직이는 편리함이 있으나 중량이 다른 2개의 물체의 움직임을 같게 하는 일은 간단하지가 않습니다. 왜냐 하면 기름은 가벼운 쪽으로, 흐르기 쉬운 쪽으로 흐르려고 하여, 한쪽의 액추에이터로 치우치기 쉽습니다.

그래서 이 치우침을 바르게 하기 위해 인간은 여러 가지 방법을 생각해 냈습니다. 유량 제어 밸브를 사용하는 방법, 오일 모터 및 분류(分流) 밸브를 사용하는 방법, 동조 실린더를 사용하는 방법, 기계적인 결합에 의한 방법, 서보 기구를 사용하는 방법 등이 그것입니다.

4·1 동조를 방해하는 요인

방해하는 것은 누구인가

─원인은 세 가지가 있다─

유압을 사용해서 하는 일에는 여러 가지가 있습니다. 당연히 두 개의 물체의 움직임을 동조시키려는 경우도 있습니다. 그런데 이 동조를 얻는다는 것은 용이한 일이 아닙니다.

도대체 무엇이 동조를 어렵게 하는가, 그 원인을 액추에이터로서 실린더를 예로 들어 설명하겠습니다.

4·1·1 압력차에 원인

두 개의 실린더의 움직임을 같게 하는 것을 보통 "동조시킨다"라는 말로 표현하고 있습니다.

우선 시험삼아 **그림 4-1**과 같은 회로로 실린더를 움직여 하중(W)을 들어 올려 봅시다. 잘 들어 올려질까요. 잠깐 생각만 해도 실린더의 다듬질 정밀도는 똑같지는 않을 것입니다. 같지 않으면 저항이 틀리므로 기름의·흐름이 같게 되지

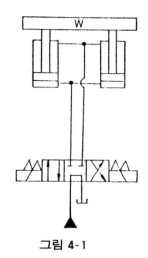

그림 4-1

않아 스피드도 다르게 됩니다. 그러므로 어느 한쪽이 종단(終端)에 도달해도 다른 쪽은 아직 움직이고 있는, 즉 동조하지 않는다는 것이 보통입니다.

이 원인은 펌프에서의 압력을 받아 물체를 들어 올리는 작용을 하는 피스톤 입구측 압력과 피스톤 출구측 압력의 압력차(차압)가 두 개의 실린더에서는 다르다는 곳에 있는 것입니다.

4·1·2 차압을 어긋나게 하는 세 가지의 원인

그러면, 그 차압을 어긋나게 하는 대표적인 원인은 무엇인가 하면,

(가) 실린더의 부하의 치우침

(나) 피스톤 및 피스톤 로드의 미끄럼 저항의 차이

(다) 기름의 배관 저항의 차이

의 세 가지를 들 수 있습니다.

(가)의 실린더의 부하는 움직이는 물체가 항상 2개의 실린더의 중심에 온다(각 실린더에 같은 부하가 걸린다)고는 할 수 없습니다. 비록 움직이는 물체의 중량을 같게 해도 기구적으로 가이드 부분이 있으면 그 부분의 마찰 저항을 일정하게 하는 것은 곤란합니다.

(나)의 피스톤 및 피스톤 로드의 미끄럼 저항은 부하도 없고 실린더 자체를 부하가 없는 상태로 운전한 경우에도 발생하는 저항입니다. 따라서 JIS에 있어서도 실린더의 최저 작동 압력은 피스톤 링을 사용한 경우 $1.5kgf/cm^2$, O링을 사용한 경우는 $3kgf/cm^2$, V패킹을 사용한 경우는 $5kgf/cm^2$를 초과해서는 안된다고 규정되어 있으며, 따라서 최대 그 정도의 압력의 오차는 제작상, 또 기름을 시일하기 위해서는 부득이한 것입니다.

(다)의 기름의 배관 저항은 배관의 분기점에서 실린더 입구까지와 실린더 출구에서 합류점까지의 배관에 의한 압력 손실의 차를 가리키고 있는 것입니다. 그들은 배관 지름, 배관 길이, 배관이 휨 정도 및 이음의 사용 갯수나 종류에 따라 각각 다른 것입니다.

이상 세 가지를 비교해 보면, 대충 말하여 두 개의 실린더의 움직임을 같게 하는 데는 (가) (나)의 대책은 어렵고, (다)의 배관 저항이 비교적 간단하고 또한

인위적으로 해결할 수 있으므로, 이 방법을 택하게 됩니다.

그러나 일반적으로 권장되고 있는 배관 중의 유속(압력 배관에서는 3~4m /sec)을 취하는 한, 동조가 잘 되어 가지 않는 원인으로서 (다)가 차지하는 비율이 적고, 배관 저항을 같게 하여 그 원인을 없앴다고 해도, (가), (나)의 영향 쪽이 커지는 경우가 많으므로, 비록 같은 움직임을 하였다 하여도 그것은 우연이라 생각해도 좋은 것입니다.

이와 같이 동조를 저해하는 이상 세 가지의 원인을 완전히 제거할 수는 없다는 것을 알았습니다. 그러면, 실린더의 동조는 이 차압 때문에 전혀 불가능하냐 하면 그렇지는 않습니다. 실은 여러가지 방법이 있습니다.

그들의 방법에는 각각 용도에 따라 요구되는 정밀도[주 4-1]나 구조가 달라지게 되므로 적정한 방법의 선택이 필요하게 됩니다.

주 4-1) 정밀도를 표시하는 방법은 현재로는 정해진 방법은 없습니다. 따라서 여기서는 극히 일반적으로 사용되고 있는 방법에 의해 표시해 봅시다.

예를 들면, 여기에 두 개의 실린더 A와 B가 있다고 합시다. 두 개의 실린더 A, B에 유입하는 유량을 각각 Q_A, Q_B, 분류 오차를 E%라 하면

$$E = \frac{Q_A - Q_B}{Q_A} \times 100(\%)$$

가 됩니다.

이 양은 A실린더가 먼저 스트로크 끝에 도달했을 때의 B실린더의 지연을 표시하는 것으로, A, B실린더의 스트로크를 L[mm]이라 하면

$$\Delta L = \frac{(E \times L)}{100} \text{ [mm]}$$

가 실제의 지연량이 됩니다.

4·2 유량 제어 밸브를 사용하는 방법

유량의 평형을 꾀한다

─간편하며 널리 사용되는 방법─

유량 제어 밸브를 사용하여 압유의 유량의 밸런스를 조정해서 실린더의 동조를 얻으려고 하는 방법입니다.

아는 바와 같이 유량 제어 밸브에는 수 종류의 것이 있습니다. 각각 요구되는 정밀도에 따라 구분 사용되어, 효과를 발휘할 수 있도록 만들어져·있습니다.

4·2·1 스로틀 밸브를 사용하는 경우

그림 4-2를 보십시오. 실린더를 전진시킬 경우의 동조를 생각한 회로이며, 실린더에 유입하는 기름을 유량 제어 밸브 가운데 가장 간단한 스로틀 밸브에 의해 각각의 부하나 저항의 대소에 맞춰 교축하여 동조를 얻는 것입니다(예: 미터 인 제어의 경우).

그런데 이 방법에서는, 실린더 및 배관 저항이 그대로의 상태라도, 실린더의

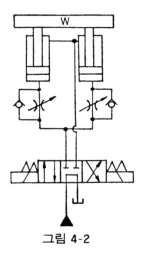

그림 4-2

저항이 바뀌면 밸브 전후의 압력차(차압)가 바뀌며, 그 때문에 통과 유량이 바뀌게 됩니다. 따라서 저항이 적은 실린더 쪽이 차압이 크기 때문에, 여분의 기름이 흘러 빨리 나아가게 됩니다. 그러나, 이 방법은 기구도 조작도 대단히 간단하므로, 실린더에 부하가 전혀 없고, 있어도 부하 변동이 없고, 스트로크도 짧은 경우에 널리 사용되고 있습니다.

4·2·2 압력 보상형 유량 제어 밸브를 사용하는 경우

앞항에서 말한 스로틀 밸브를 사용하는 방법을 한 걸음 더 나아가서, 비록 실린더의 저항이 바뀌어도, 다시 말하면 밸브 전후의 압력차가 바뀌어도 일정 유량의 기류을 흐르게 하는 밸브를 사용해 봅시다.

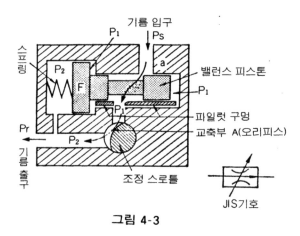

그림 4-3

그림 4-3은 이 밸브의 구조를 표시하며, 그림 4-4는 이 밸브를 부착한 회로의 예입니다.

그림 4-3을 보십시오. 그림의 조정 스로틀부만은 전항의 스로틀 밸브와 큰 차가 없으나, 밸런스 피스톤과 스프링으로 성립된 압력 보상 기구가 전항의 스로틀 밸브에는 없는 이 밸브만의 특색입니다. 입구측의 압력이 증대하면 밸런스 피스톤이 스프링을 밀어 a의 개구부를 교축하여 유입하는 기름의 양을 줄입니다. 반대로 압력이 저하하면 반대의 작용에 의해 유량이 증가하는 작용을 합니다. 처음에 조정 스로틀이 붙어 있는 다이얼을 일정한 곳에 세트해 두면, 비록 실린더의 저항이 바뀌어도 양쪽 실린더의 스피드는 변화하지 않는 것입니다.

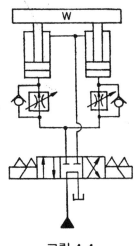

그림 4-4

이 밸브를 사용하면 2개의 실린더를 같은 스피드로 움직일 수도 있고, 조정 스로틀의 다이얼을 각각 맞혀 두면 절반이나 1/3에서의 스피드로 움직이는, 바꾸어 말하면 펌프에서의 유량을 일정한 비로 분할할 수도 있는 것입니다.

그러면, 실린더를 스트로크시켜 봅시다. 역시 1스트로크에서도 반드시 미묘한 오차가 발생합니다. 이것은 밸브의 공작 정밀도에 의한 것이 크고, 최대 ±5% 정도의 속도차가 발생하는 경우도 있습니다. 그러나, 실린더의 스트로크 양끝에서 스토퍼에 닿으면, 스트로크마다 올바른 위치에서 시작할 수가 있고, 오차가 누적하여 그 이상 크게 되는 일은 없습니다.

극히 일반적인 실린더의 동조는 다이얼을 움직이는 것만으로 오차를 수정할 수 있는, 이와 같은 유량 제어 밸브를 사용하는 방법이 간편함도 곁들어 널리 사용되고 있고, 또 이 방법으로 충분히 활용되는 경우가 많습니다.

유압 실린더의 외부 기름 누설

외부 기름 누설은 [주]의 검사 조건하에서 피스톤의 이동 거리 100m의 총량으로 나타내고, 로드부에서의 기름 누설량에 의해 그림 1과 같이 A종, B종 및 C종으로 구분합니다. 또한 B종은 일반용으로 합니다. 또 최고 사용 압력까지의 범위에 걸쳐서 어떤 상태에 있어서도 로드부 이외로부터의 외부에의 기름 누설이 있어서는 안됩니다(정지시에는 로드부도 포함해서 외부에의 기름 누설이 있어서는 안됩니다).

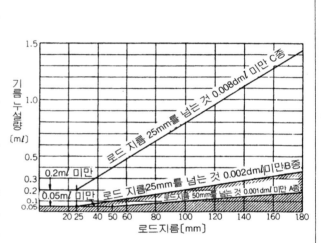

그림 1

[주] 사용 기름은 특별히 지정이 없는 한 JIS K 2213의 첨가 터빈유 1호 또는 2호 상당품으로 합니다(최고 사용 압력 70kgf/cm²는 터빈유 1호, 그 이외는 2호로 한다). 또한 기름의 온도는 특별히 지정이 없는 한 50±5℃로 합니다. 피스톤 속도는 튜브 내경에 따라서 우측 표로 합니다(JIS B 8354에서).

[mm/s]

튜브 내경(mm)	최소	최대
31.5~63	8	350
80~125	8	200
160~200	8	150
220~250	8	100

4·3 오일 모터 및 분류(또는 **集流**) 밸브를 사용하는 방법

실적이 많은 오일 모터, 편리한 분류 밸브

——오일 모터에는 안전 밸브를——

오일 모터는 회전형 액추에이터로서 다기에 걸쳐서 사용되고 있지만, 본래의 용도 외에 동조 기구로서의 역할도 할 수 있습니다. 간단히 말하면, 용량이 같은 여러 개의 오일 모터의 각각의 출력축과 출력축을 직결하여, 각각의 모터의 입구에서 기름을 넣고, 출구를 같은 수의 액추에이터에 접속해 주면, 동조한 움직임이 얻어집니다. 이와 같은 목적만으로 오일 모터를 조합해서 동조 기기로 하고 있는 예도 있습니다.

또, 분류(分流) 밸브를 사용하는 방법은, 단 1개의 밸브를 사용해서 동조를 하는 매우 간편한 방법입니다. 그러나 그런대로 회로의 오염 관리 등에 신경을 써야 합니다.

4·3·1 오일 모터를 사용하는 경우

2개의 오일 모터의 각각의 출력축을 결합하여 2개의 실린더의 동조를 얻으려는 방법은 중공 성형기(中空成形機) 등에 오래전부터 채택되고 있습니다. 오일 모터에는 그 구조상, 베인형, 기어형, 피스톤형 등이 있고, 펌프와 같이 정용량형과 가변용량형으로 나뉘어집니다. 사용되는 압력은 베인형에서 70kgf/cm², 기어형에서 140kgf/cm², 피스톤형에서 350kgf/cm² 정도가 일단 목표로 되어 있습니다.

베인형, 기어형은 가격이 싸고 구조도 비교적 간단하지만, 피스톤형에 비교하면 고압 때의 누출량이 많고 용적 효율이 떨어지므로, 동조에 사용한 경우의 정밀도는 다소 저하하는 경향이 있습니다.

그림 4-5는 정용량형 오일 모터를 사용한 예입니다. 지금까지의 회로도와 다른 점은 파일럿 오퍼레이트 체크 밸브와 실린더 입구 사이에 릴리프 밸브가 붙어 있는 것입니다.

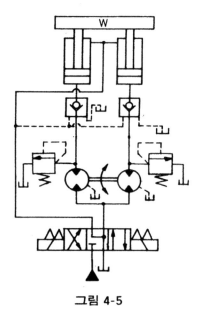

그림 4-5

이것은, 만일 한 쪽의 실린더가 스트로크 끝에 도달하여도 다른 쪽이 늦어져, 아직 기름을 계속 보낼 필요가 있는 경우는 먼저 도달한 쪽의 실린더에 흐르는 기름을 릴리프 밸브에서 도피시키는 것입니다. 오차의 수정을 스로틀 밸브의 경우와 똑같이 양 쪽 또는 한 쪽의 스트로크 끝에서 하도록 하면 오차의 누적을 피할 수 있습니다.

발생하는 오차는 주로 오일 모터의 용적 효율에 따라 생기며, 베인 모터의 경우 최대 10~20%, 피스톤 모터의 경우 3~10%의 효율 저하가 있습니다. 따라서 두 개의 실린더 중 한 쪽의 저항이 무부하이고 다른 쪽이 최대 압력이 되는 경우는, 최대 그것만큼의 오차가 나올 우려가 있습니다. 그러나, 미리 비슷한 특성을 가지고 있는 두 개의 모터를 선정하고, 비교적 저항이 치우치지 않는 회로를 사용하면, 충분히 고정밀도의 사용에 견딥니다.

어느 경우에도 카탈로그에 기재되어 있는 최저 및 최고 회전수의 범위 내에서 사용하는 것은 당연하며, 최저 이하에서는 모터의 효율 저하나 회전 불균일이 생겨 정밀도를 내리며, 최고 이상에서는 비정상적인 진동이나 발열을 수반하여 파손될 우려가 있습니다. 어쨌든 모터에 과부하가 걸리지 않도록 주의해야 합니다.

그림 4-6 피스톤 모터

다음에 현재 시판되고 있는 동조기에 대하여 설명합니다. 원리는 2개 이상의 기어 모터의 축을 직결시키고, 공통의 입구에서 기름을 보내 주면 소요 갯수의 출구에서 각각 똑같이 분배된 기름이 액추에이터에 주입되어 동조한 움직임이 얻어지는 것입니다. 물론 복귀 동작도 그 반대로 동조됩니다.

그림 4-7은 3련형 동조기의 예로, 유체 에너지의 관계는 마찰 저항과 내부 누설을 무시하면

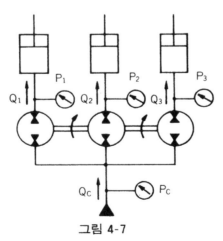

그림 4-7

$$P_1Q_1+P_2Q_2+P_3Q_3=P_cQ_c \quad \cdots\cdots\cdots\cdots\cdots\cdots\cdots\cdots\cdots\cdots\cdots\cdots\cdots ①$$

3등분 흘렸을 때의 유량은 식 ②와 같이 됩니다.

$$Q_1=Q_2=Q_3=1/3Q_c \quad \cdots\cdots\cdots\cdots\cdots\cdots\cdots\cdots\cdots\cdots\cdots\cdots ②$$

$$P_1+P_2+P_3=3P_c \quad \cdots\cdots\cdots\cdots\cdots\cdots\cdots\cdots\cdots\cdots\cdots\cdots\cdots\cdots ③$$

만약 $P_2=P_3=0$, 즉 그 중 2개의 액추에이터가 무부하이면 $P_1=3P_c$로 되어, 원래 압력의 3배로 될 가능성이 있어, 증압기로서 사용할 수 있는 반면, 출구의 하나에만 부하가 걸리면 그 압력이 대단히 높아지므로, 과부하 방지용 과부하 릴리프 밸브가 필요합니다.

실제의 동조기에도 이 기구가 **그림 4-8**과 같이 들어 있습니다. 그림의 예에서는 분류 정밀도의 범위 안에서 발생한 오차 때문에, 앞서 실린더Ⅲ이 스트로크 끝까지 다다르면 오일 모터Ⅲ에서 나온 기름은 오버로드 릴리프 밸브를 통해 실린더Ⅱ에 들어가 동조 오차를 보정합니다. 다시 Ⅱ, Ⅲ이 스트로크 끝에 도달하면 릴리프 밸브에서 나온 기름은 Ⅰ에만 주입되어, 따라서 펌프의 토출량은 Ⅰ에만 들어가는 것으로, 3배의 빠르기로 지연이 보정됩니다.

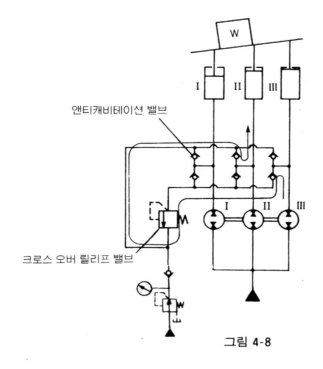

그림 4-8

같은 회로에서 복귀의 동조 동작, 즉 집류인 경우의 오차 수정은 먼저 스트로크 끝에 도달한 실린더가 있으면 오일 모터에 보내지는 기름이 없기 때문에 캐비테이션이 일어납니다. 이것을 방지하기 위해 복귀구에서 배압을 이용하여 기름을 보급합니다. 이들 일련의 체크 밸브를 앤티캐비테이션 밸브라고도 합니다.

이들 동조기는 2련에서 6련까지가 규격화되어 있고, 조건 내에서 사용하면 5% 이내의 동조 정밀도를 기대할 수 있습니다.

4·3·2 분류(집류) 밸브를 사용하는 경우

분류 밸브란, 일반적으로 플로우 디바이더라 부르며, 펌프에서 나온 기름을 미터인 방식에 의해 분할하여 실린더에 보내고, 되돌아오는 기름을 체크 밸브에 의해 바이패스해서 탱크로 복귀시키는 작용을 하는 일체 구조를 가진 밸브를 가리킵니다.

이 밖에, 가는 것은 미터인에 의해 실린더를 전진시키고, 복귀는 미터아웃에 의해 실린더의 후퇴 때에도 동조시키는 형식도 많이 사용되며, 일반적으로 이 형식의 것을 디 코 밸브(분류 집류 밸브)라 부르고 있습니다.

본래 유압에서 골칫거리의 하나인 실린더의 동조를 단 1개의 밸브로 조정의 필요도 없이 할 수 있으므로, 매우 편리한 방법입니다. 그러나, 밸브의 구조상 2분배 방식밖에 할 수 없고, 그 이상의 수의 액추에이터의 동조는 토너먼트식으로 회로를 구성해야 하므로, 복잡하여 별로 실용적이라고는 할 수 없습니다.

그림 4-9는 분류 밸브(플로우 디바이더)의 단면 구조의 1예를 표시한 것입니다.

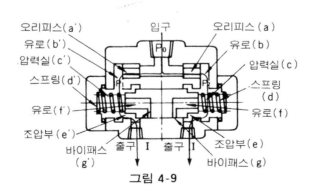

그림 4-9

분류 밸브의 주요 부분은 두 개의 고정 오리피스와 스프링에 의해 밸런스된 스풀(밸브 로드)로 되어 있습니다.

그러면 이 분류 밸브의 작동 원리를 설명합시다. 출구 I의 압력(P_1)과 출구 II의 압력(P_2)이 같으면($P_1=P_2$), 좌우의 고정 오리피스 전후의 압력차는 같으므로($P_0-P_1=P_0-P_2$), 스풀은 중앙에 있고 각각의 출구에서는 같은 양의 기름이 나옵니다.

그런데, 가령 출구 I에 접속되어 있는 실린더의 저항이 증가하여, 압력이 증가하였다고 하면, 압력 P_1은 압력 P_2보다 커져($P_1>P_2$), $P_0-P_1<P_0-P_2$로 우측의 오리피스의 차압 쪽이 커집니다. 그렇게 되면, 오리피스를 통과하는 기름의 유량은 오리피스 전후의 압력차에 비례하므로, 출구 II쪽의 유량이 많아져, 실린더의 동조를 무너뜨리려고 합니다. 그런데 이 밸브의 구조는 스프링에 의해 밸런스된 스풀이 있으므로, $P_1>P_2$에서는 그 스풀은 오른쪽으로 밀려지게 되어, 이 때문에 출구 II는 교축됩니다. 즉, 우측의 오리피스로부터의 유량이 많아지려고 해도 출구가 교축되기 때문에 결국 유량은 증가하지 않습니다. 즉, 압력이 변화해도 유량은 변화하지 않습니다. 다시 말하면, 스풀의 단면적이 A이면, 압력은 $P_1>P_2$이므로 (P_1-P_2)×A의 힘으로 스풀을 오른쪽으로 이동시켜 출구 II는 교축되고, 출구 I이 열려 출구측의 유량을 증가시켜, 실린더의 움직임을 수정하도록 작용하게 되는 것입니다.

그림 4-10은 이 분류 밸브를 사용한 회로예입니다.

그런데, 이 분류 밸브의 구조는 좌우의 고정 오리피스에 발생하는 차압을 이용하고 있으므로, 그 차압이 생기기 때문에 일정 압력의 손실이 있습니다. 좋은 분류 정밀도를 얻기 위해서는 일반적으로 $5\sim10\text{kgf}/\text{cm}^2$의 압력 손실은 부득이하다고 되어 있습니다. 일정한 압력 손실을 유지하므로 허용 유량 범위도 좁혀지나, 메이커에서 권장하는 기름의 양은 정밀도 유지상 지켜야 합니다.

이와 같이 편리한 분류(집류) 밸브이지만 주의해야 할 점도 있습니다. 그것은 오차의 보정이 비교적 어려운 점입니다. 지금까지의 예와 같이 스트로크 끝에서 오차의 수정을 하려고 해도 분류 밸브에서는 한 쪽의 실린더가 먼저 스트로크 끝에 도달하면 그 곳의 압력이 올라 스풀을 완전히 밀어 다른 쪽 출구를 막아 버

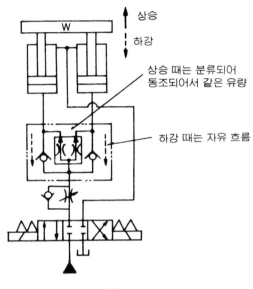

상승

하강

상승 때는 분류되어
동조되어서 같은 유량

하강 때는 자유 흐름

그림 4-10

립니다. 그 때문에 다른 쪽의 실린더가 스트로크 끝에 도달하기 위한, 필요한 기름이 흐르지 않게 됩니다. 이와 같은 것을 막기 위해 **그림 4-9**와 같이 바이패스의 가는 구멍을 설치하여, 다른 쪽 실린더에 기름을 보내주는 것인데, 구멍이 가늘기 때문에 약간의 양만이 흐릅니다. 그 때문에 오차의 보정에 시간이 걸린다는 결점이 있습니다.

만일 이와 같은 바이패스 구멍이 없는 구조의 밸브이면 스풀 주위에서 누출되는 기름만으로 실린더에 기름을 공급하게 되어 사이클이 빠른 기계에서는 스트로크 끝에서 수정시키는 것은 불가능합니다. 그래서 해결책으로 따로 보정용 회로를 설치하는 경우가 있습니다. **그림 4-11**이 보정용의 간단한 회로도입니다. 이 보정용 회로를 사용하면, 한 개의 실린더가 스트로크 끝에 도달함과 동시에 분류 밸브 출구와 실린더 입구 사이에 설치된 전자 전환 밸브가 작동하여 스트로크 끝에 도달한 쪽의 기름을, 또 한 쪽의 실린더에 보내는 작용을 하는 것입니다.

분류 밸브의 스풀은 솔레노이드 밸브와 같이 전자기력으로 움직이는 것과 달리 P_1, P_2의 약간의 압력차에 의해 민감하게 작동하는 것입니다. 따라서, 기름 중에 미세한 먼지가 있어도 작동 불량의 원인으로도 됩니다. 갑자기 한쪽의 실

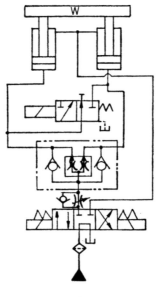

그림 4-11

린더가 도중에서 멈춘 경우에는 대부분 먼지가 원인이라고 생각해도 틀림이 없습니다. 그래서 펌프와 분류 밸브 사이에 10μm 정도의 필터를 넣거나, 작동유 전체의 청정도를 유지하는 연구가 필요합니다. 이와 같이 하여 완전히 작동되면, 동조 오차는 5% 정도의 높은 정밀도가 기대되는 것입니다.

4·4 동조 실린더를 사용하는 방법

우수한 동조 정밀도

─양 로드 실린더와 싱크로나이즈 실린더─

점점 정밀도가 높은 동조를 얻으려는 데서 동조 실린더를 사용하는 방법이 고안되었습니다. 그 동조 실린더에도 용도나 사용 조건에 따라 여러가지가 있습니다.

여기서는 그 중의 양 로드 실린더를 사용하는 방법과 싱크로나이즈 실린더를 사용하는 방법에 대하여 관찰하기로 합니다.

4·4·1 양 로드 실린더를 사용하는 경우

그림 4-12를 보십시오. 크기가 같은 2개의 양 로드 실린더를 이용하여 동조시키는 잘 알려진 회로입니다.

이 회로의 특징은 2개의 실린더가 직렬로 접속되어 있는 것입니다. 그 때문에

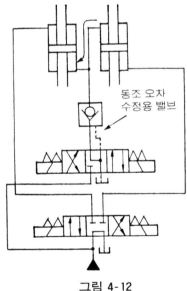

동조 오차 수정용 밸브

그림 4-12

실린더의 작동에 요하는 사용 압력에 대하여 출력은 반밖에 나오지 않으나, 각각의 실린더의 형상, 치수 등이 같으면, 특히 조정하는 밸브 등이 필요가 없어 대단히 간편한 회로라고 할 수 있습니다.

그런데, 이 방법에서는 가압 때에 기름 속에 혼입하는 에어나 기름 자체의 압축, 실린더나 파이프 등의 팽창 때문에 피스톤의 매끄러운 움직임은 기대하기 어렵고, 실린더의 내외부 누출도 있어서 스트로크 끝에서 오차가 생깁니다. 따라서 이 오차를 보정하는 다른 회로를 설치할 필요가 있습니다.

그림 4-12는 보정 회로를 설치한 예입니다. 이 회로를 사용하면, 비록 한 쪽의 실린더가 상, 하단으로 가고, 다른 쪽이 늦어도 남은 기름은 파일럿 체크 밸브를 열고 탱크로 복귀하고, 다시 기름을 계속 보낼 필요가 있는 경우는 중앙의 솔레노이드 밸브가 작용하여 필요한 기름을 보내는 것입니다.

그런데, 이와 같은 양 로드 실린더는 사용상 제한을 받는 일이 있습니다. 그래서, 같은 사고 방식에서 개발된 동조기(싱크로나이저) 또는 동조 실린더를 사용하는 방법이 생각되었습니다. 이 방법에 의하면, 매우 고정밀도를 올릴 수가 있기 때문에 최근 널리 사용되게 되었습니다. 이 동조기 가운데는 특수한 형상을 한 것도 있으나, 일반적으로는 보통 사용되고 있는 실린더보다 약간 용적이 큰 2개의 실린더의 로드 끝을 서로 단단히 고정하여 같이 움직이도록 만들어져 있습니다.

4·4·2 싱크로나이즈 실린더를 사용하는 경우

전항의 방식을 더욱 진전시켜 동조의 목적으로만 만들어진 것에 싱크로나이즈 실린더가 있습니다.

그림 4-13을 보십시오. 이것이 싱크로나이즈 실린더를 사용한 회로도입니다.

우선 좌측의 솔레노이드에 통전하면, 싱크로나이즈 실린더(로드로 연결된 2개의 피스톤)는 동시에 좌로 움직여, 2개의 작동 실린더의 헤드에는 싱크로나이즈 실린더에서 밀려 나온 기름이 들어가 실린더는 전진합니다.

후퇴의 경우는 반대로 작동 실린더의 헤드측에서 나온 기름이 싱크로나이즈 실린더로 들어가 피스톤을 움직이는 것입니다.

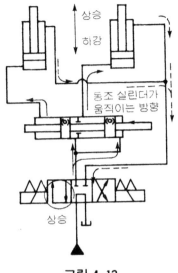

그림 4-13

싱크로나이즈 실린더의 좌우의 방에 출입하는 기름의 양은 실린더 자체의 제작 오차와 리크양에 따라 좌우되지만, 어디까지나 동일 실린더를 사용하는 데서 공작 정밀도는 대단히 좋아지는 데다 U 또는 V패킹, 또는 O링을 사용하면 리크는 무시해도 좋을 정도의 양이 됩니다.

그러나, 스트로크 끝에 발생하는 약간의 오차라도, 누적해 가면 무시할 수가 없게 됩니다. 그래서 양 끝에서 보정하는 것을 생각해야 합니다.

그런데, 그 보정을 위해 회로상에 밸브를 추가하면 배관이 늘든가, 추가 조작을 요하든가 하여 귀찮은데다가 정밀도를 어긋나게 하는 원인으로도 되기 때문에 과감히 싱크로나이즈 실린더의 2개의 피스톤 내에 **그림 4-14**와 같이 특수한 체크 밸브를 내장하여, 자동적으로 보정을 하도록 하는 방법도 있습니다.

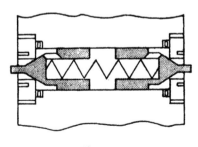

그림 4-14

4·4·3 동조 실린더 사용상의 주의

사용상 주의하여야 할 것은, 단번에 여러개의 실린더의 동조를 얻는 경우, 1개의 실린더가 스트로크 끝에 도달했을 때, 또는 무엇인가로 멈춘 때에 이상 사태가 발생하는 것입니다. 그것은 1개만 멈춰 버리면 동조 실린더가 부스터가 되어 증압되기 때문입니다. 이와 같은 이상 사태를 피하기 위해, 각 출구에는 **그림 4-15**와 같이 릴리프 밸브를 넣어 항상 안전한 압력을 유지하도록 하여야 합니다.

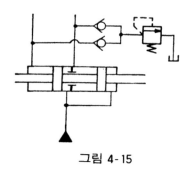

그림 4-15

이상, 이와 같은 동조 실린더를 사용하는 방법에서는 1% 이내의 대단히 우수한 정밀도가 얻어지나, 배관 도중에 에어빼기를 설치하여 에어를 완전히 빼든가, 플렉시블 호스 등의 강성(剛性)이 작은 배관을 피하는 등 해서 충분히 주의를 할 필요가 있습니다. 게다가, 이 동조 실린더의 난점은, 큰 실린더의 동조를 하는 데는 코스트적인 면에서 비교적 높다는 것입니다.

4·5 기계적인 결합에 의한 방법

확실한 동조 정밀도

─실린더의 기계적 결합─

지금까지 설명해 온 유압적 동조의 방법은 기계적 동조가 얻어지지 않는 경우에 사용되는 것이 많습니다.

기름은 어디까지나 액체이며, 그 액체의 힘을 이용하여 기계적인 정밀도를 얻으려는 것은 좀처럼 쉬운 일이 아닙니다.

4·5·1 실린더와 기계의 결합

기계적으로 동조를 얻기 위해, 유압 실린더와 기계와의 결합을 생각해 봅시다.

그림 4-16을 보십시오. 기계적으로 결합한 대표적인 예입니다. 2개의 실린더의 로드 선단을 평면판에 고정하고, 판에 베어링으로 지지한 피니언을 부착하

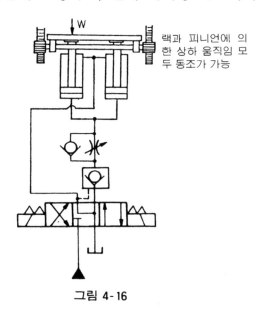

랙과 피니언에 의한 상하 움직임 모두 동조가 가능

그림 4-16

여, 고정된 랙면과 맞물리게 하는 방법입니다. 아직, 이 밖에 판을 지주(支柱)로 가이드하든가 하는 방법도 있습니다.

높은 정밀도가 요구되는 판금 프레스나 다이 스포팅 프레스, 기로틴 시어 등은 거의 기계적으로 2개의 실린더를 동조시키고 있습니다.

그런데, 이 기계적 동조의 가장 큰 결점은 크게 떨어진 2개의 실린더를 동조시키는 것이 어렵다는 것입니다. 또 기계 장치도 높은 정밀도이고 강성(剛性)이 높은 것이 요구되는 결점도 있습니다.

4·6 서보 기구를 사용하는 방법

로봇과 같이 충실하게 잘 작용한다

──가장 높은 정밀도가 얻어지는 기구──

서보 기구가 다른 방법과 근본적으로 다른 것은 발생한 오차를 스스로 검출하여 그 오차를 자동적으로 수정하는 점입니다.

그렇다고 동조 오차는 실린더의 스트로크 도중에서도, 허용 한계에서 초과되지 않습니다. 즉, 안전하고, 게다가 높은 정밀도가 얻어지는 것입니다.

그러므로 2개의 실린더의 오차를 검출하는 방법과 그것을 파워 유닛에 피드백하는 방법에 간단하고 좋은 연구가 있으면 아주 널리 응용될 것입니다.

4·6·1 동조 오차를 보정하는 여러 가지 방법

2개의 실린더의 움직임의 오차를 수정하는 방법에는 여러 가지가 있습니다. 분류 밸브 등을 사용한 동조 회로에 단지 보정 회로를 삽입한 것을 비롯하여, 여러 가지 서보 기구를 이용한 것, 예를 들면 동조의 목적으로 제작된 서보 디바이더를 사용하든가, 또는 범용의 2대의 가변 서보 펌프를 각각의 실린더에 따로따로 사용하는 것까지, 다종다양한 것이 각각 적당한 용도에 사용되고 있습니다.

그림 4-17을 보십시오. 이것은 단지 솔레노이드 밸브를 보정 회로로서 사용한 경우입니다. 2개의 실린더의 움직임에 차가 생겨 테이블이 허용 한도 이상으로 기울어졌을 때, 그 기울기를 전기적으로 검출하여, 솔레노이드 밸브에 피드백해서 수정하는 방법입니다. 예를 들면, 좌측이 늦는 경우, 좌로 기울기 때문에 그것에 따라 리밋 스위치를 작용시켜 좌측의 솔레노이드를 여자하여 방향 전환 밸브를 우로 밀어 보정용 기름을 좌측 실린더에 보내 지연을 회복하는 것입니다.

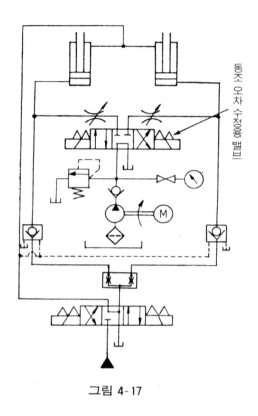

그림 4-17

또, 솔레노이드 밸브의 포트에 이와 같은 보충 펌프를 부착하지 않고 유량이 많은 쪽의 기름을 블리드 오프로 도피시키는 방법도 흔히 사용되고 있습니다.

그 밖에 솔레노이드 밸브 대신에 전기를 일절 사용하지 않고 와이어 로프나 강철띠를 붙여, 오차가 생긴 경우에 로프 등의 장력을 이용하여 전환하는 특수한 메카니칼 밸브를 사용하는 수도 있습니다.

4·6·2   서보 기구의 여러 가지

그런데 지금 설명한 솔레노이드에 의한 동조 오차의 보정은 그다지 높은 정밀도는 아닙니다. 그것은 테이블의 기울기가 허용 한도를 넘지 않는 한 보정 기능은 작용하지 않는, 즉 항상 오차를 제로로 하려고 하는 뒤따름은 하고 있지 않기 때문입니다.

그래서 완전한 동조를 얻고 싶은 경우에는 서보 기구를 사용할 필요가 있는

데, 서보 기구에도 여러가지 방법이 있습니다.

그림 4-18은 연속 가열로의 슬래브 푸셔에 서보 밸브를 이용한 동조 회로의 응용예입니다. A, B 양 실린더는 각각 출력 100[tf], 스트로크는 2000[mm]으로, 동조 오차 검출용에 양 로드형으로 되어 있습니다. 검출단은 볼 나사 기구에 접속되어, 실린더가 동작하면 볼 나사 부분이 회전합니다. 축끝에는 회전 발전기(태코제네레이터)가 붙어 있고, 실린더의 이동 속도에 비례한 전압을 발생합니다. A, B 실린더의 속도에 차이가 생기면 발생 전압에 양·음의 차이를 발생하게 됩니다.

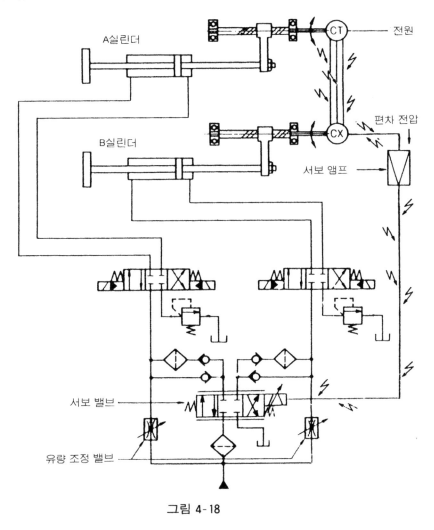

그림 4-18

A, B 양 실린더의 속도는 회로 중의 압력 보상형 유량 제어 밸브에 의해서 설정됩니다. 스트로크 도중에 있어서 속도의 차가 발생했을 때에 앞서 설명한 전압의 차이를 발생하고, 정·부의 방향에 부응하여 서보 밸브에 비례 전류가 흘러, 보정 동작이 행해집니다. 이 예의 경우에서, 스트로크 도중의 최대 허용 편차를 2mm 이내로 얻는다는 좋은 정밀도가 보고되고 있습니다. 또 서보 밸브는 보정 유량만큼을 흐르게 하면 좋으므로 소형의 것으로 족합니다.

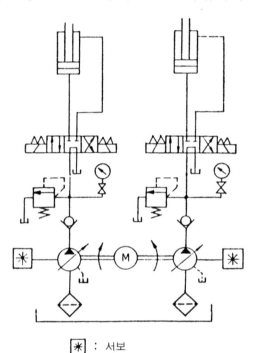

⊡ : 서보

그림 4-19

그림 4-19는 가변 토출량 피스톤 펌프를 이용한 예로, 서보 펌프 방식이라고 합니다.

실린더의 동조 오차를 전기에 의해 펌프에 부속해 있는 서보 펌프에 전하여, 펌프의 요동각을 변화시켜 토출량을 자유로이 바꾸어 오차를 수정하려는 방법입니다.

대구경, 고속의 대출력을 요하는 기계에서는 대형의 서보 밸브를 제작하는 것이 곤란하므로, 이 서보 펌프 방식이 실용적이라고 할 수 있습니다.

이 방법은 높은 정밀도의 동조가 요구되는 한편, 2개의 실린더 간격이 멀어 견고한 기계적 연결이 어렵고, 프레스 브레이크, 디프 드로잉 프레스 등에 많이 사용됩니다.

그런데, 동조라고 하여도 여러 개의 액추에이터를 동시에 움직이는 것뿐만이 아닙니다. 예를 들면, 제철소의 제강 공장에서 사용되고 있는 연속 주조기의 일부에서 사용되는 서보 밸브가 있습니다. 그것을 설명합니다.

주형에 흘러 들어간 용강은 다수의 늘어선 롤 사이를 통과하면서 압연 성형되고, 냉각되어 슬래브나 빌렛이라고 불리는 일련의 긴 강봉으로 되어 나옵니다. 이대로는 제품이 안되므로 주조기의 단말에서 일정한 길이로 절단하여 주철편으로 합니다. 이 절단에는 용단(熔斷)이라든가 커터에 의한 방법이 취해집니다. 커터로 절단한다고 해도 주철편의 흐름과 공구대가 같은 빠르기로 이동하면서 짧은 시간에 작업하지 않으면 절단면이 직각으로 되지 않습니다. 이 공구대가 이동하는 빠르기를 주철편의 이동하는 빠르기에 동조시키기 위해 전기-유압 서보 밸브가 사용되고 있습니다.

공구대 실린더의 이동 속도는 핀치 롤이라고 불리는 주철편을 압송하고 있는 롤의 회전 속도와 동기시키기 위해 롤축에 세트된 태코제네레이터에서 지령 전압이 보내져 옵니다. 지령 전압은 서보 밸브에 보내지면, 가변 펌프의 사판 또는 사축각이 변위하여 공구대 실린더의 속도를 결정하게 됩니다.

이 사판 또는 사축각이 지령 전압과 같이 되어 있는가 어떤가는 사축각용 연결봉의 한끝에 부착된 차동 변압기의 발생 전압을 체크하는 것으로 확인됩니다. 이와 같은 피드백을 마이너 루프라고 부릅니다. 이 마이너 루프를 보충하는 의미에서 실린더의 복귀 회로에 오일 모터를 넣고 지령 전압대로의 유량이 흐르고 있는 것을 체크하면 더욱 확실하게 됩니다. 오일 모터축에 앞에서 설명한 태코제네레이터를 부착하고, 발생하는 전압을 피드백시키는 것입니다. 이와 같이 더욱 큰 회로에서의 피드백을 메인 루프라고 부르는 경우가 있습니다.

그림 4-20이 회로도이고, **그림 4-21**이 모식도입니다.

이와 같은 제어 방식은 실제의 대형 설비에서는 많이 사용되고 있습니다. 그

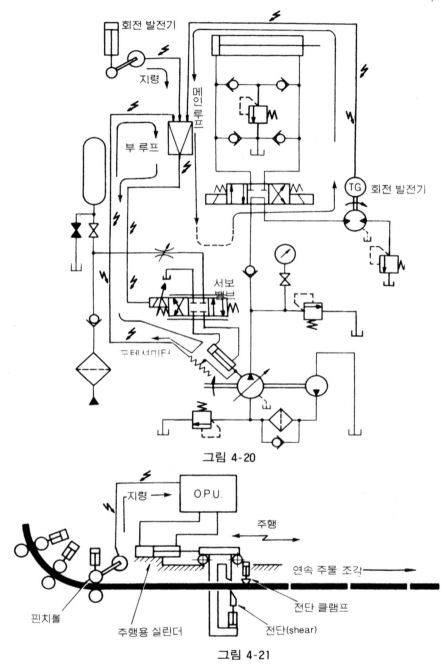

회전 발전기

지령

메인 루프

부 루프

회전 발전기

TG

서보 밸브

포텐셔미터

그림 4-20

지령 →   O.P.U.

주행

연속 주물 조각 →

핀치롤

주행용 실린더

전단 클램프

전단(shear)

그림 4-21

러한 것도 지령한 대로의 동작이 액추에이터에 전달되고 있는가 어떤가를 자동 적으로 체크하면서 작업이 진행되어 가는 것이므로 신뢰성은 보다 높아진 것이 되는 것입니다.

5. 물체를 차례로 움직이려면

"1. 내리고, 2. 타고, 3. 발차"란 교통 도덕의 슬로건의 하나이지만, 순서 바르게 하지 않으면 진행하지 않는 것은 전차나 버스만이 아닙니다.

예를 들면, 어떤 물체에 구멍뚫기 가공을 하려 할 때는, 우선 가공물(워크)을 소정의 위치에 부착하고, 힘을 가하여 고정(클램프)하고, 그 다음에 드릴을 이송하는 것이 순서인 것입니다.

만일 이 순서를 무시하고 구멍뚫기를 시작하면…, 드릴이 벗어나거나, 워크가 흔들려 작업이 전혀 안 될 것입니다. 즉, 구멍뚫기 작업을 하려는 경우, 작업의 순서는 반드시 정해져 있는 것입니다.

이와 같이 어떤 일을 하려는 경우, 정해진 순서에 따라, 몇 개의 움직임이 규칙 바르게 행해지지 않으면 일로서 성립되지 않는 일련의 움직임을 시퀀스 작동이라고 합니다.

그러면, 여기서는 유압과 시퀀스 작동의 관계에 대하여 설명하려고 합니다.

5·1 유압에 의한 시퀀스 제어

기름이나 전기로 교통정리

─ 유압 자동화의 챔피언 ─

기계의 자동화에 있어서, 절대 필요한 시퀀스 작동은 전기로 제어하고 유압으로 조작하는 방법이 일반적인 방법이라고 되어 있습니다. 그러나, 유압으로 실제로 일을 하는 것은 실린더나 오일 모터 등의 액추에이터이고, 드릴이나 절삭 공구인 것입니다. 그런데, 이들을 작동시키기 위한 유압의 작용이란, 도대체 어떤 구조로 되어 있는가를 설명하기로 합니다.

5·1·1 수동에 의한 시퀀스 제어

우선 처음에 구멍뚫기 작업을 하기 위한 기본적인 유압 회로를 짜 봅시다. 그

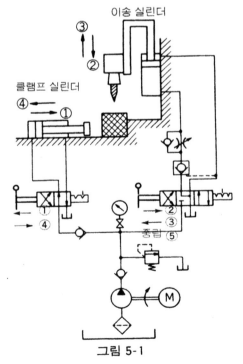

그림 5-1

림 5-1을 보십시오.

우선 동작 ①에서 워크를 클램프하고, 동작 ②에서 드릴로 구멍뚫기를 하며, 작업이 끝나면, 동작 ③에서 드릴을 복귀시키고, 동작 ④에서 클램프를 해제한다라는 시퀀스 작동을 하려고 하는 것입니다. 실린더 작동의 전환은 모두 매뉴얼 밸브로 하도록 되어 있습니다. 따라서, 이 회로에서는 시퀀스 작동은 오퍼레이터의 판단에 의해 행하여지는 것입니다. 이 작업에서는 작업의 진행 상태를 확인하면서 작업을 할 수가 있고, 작동의 변경도 임의로 할 수 있는 잇점이 있습니다.

그러나 그 반면, 실린더의 수가 많아, 복잡한 작동을 하는 경우나 실린더의 스피드가 대단히 빠른 경우 등은 오조작이나 조작의 지연이 생겨 확실한 시퀀스 작동을 시키기가 힘들게 됩니다. 그래서, 그런 때나 오퍼레이터가 위험한 위치에서 조작을 하는 것을 피하려 할 때에는 자동적으로 조작을 하는 방법을 생각해야 합니다.

5·1·2 압력에 의한 시퀀스 작동

유압에 의한 시퀀스 작동을 가급적 간단하게 자동화하는 방법을 생각해 봅시다. 그림 5-2를 보십시오.

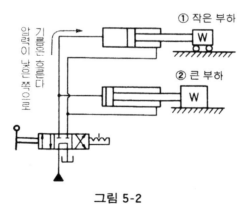

그림 5-2

이 회로에서는 같은 내경 치수의 2개의 실린더에 대소의 다른 부하가 걸리게 되어 있습니다. 이 회로에 압유를 보내면 어떨까요. 우선 실린더는 부하가 작은 쪽만이 먼저 작동하고 스트로크 끝에 도달합니다. 회로내의 압력이 올라가고,

다음에 부하가 큰 쪽이 작동을 시작합니다. 즉, 이 회로에서는 실린더에 압유를 보내는 것만으로 ①→②의 실린더의 시퀀스 작동이 행해집니다.

그런데 이 방법에서는 부하의 차가 실린더, 테이블 등의 미끄럼 운동 저항보다 크게 해야 합니다. 또, 실린더의 작동 순서를 바꿀 수 없다는 극히 한정된 조건에서밖에 사용할 수 없습니다.

이와 같이 유압의 원리만으로 시퀀스 작동을 할 수 있는 사양은 거의 없고, 부하의 크기는 여러가지이므로, 실린더 작동의 순서도 부하의 대소와는 관계없이 정해지는 것이 보통입니다. 따라서 유압에 의한 시퀀스 작동은 이제부터 설명하는 바와 같이 여러 가지 방법으로 컨트롤해야 합니다. 우선 회로의 압력을 이용하는 방법부터 설명합니다.

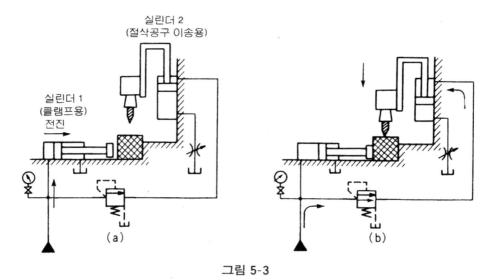

그림 5-3

그림 5-3을 보십시오. 이 회로에는 시퀀스 밸브가 세트되어 있습니다. 시퀀스 밸브는 세트압에 도달하지 않으면 기름을 통과시키지 않으므로, 그림(a)와 같이 실린더 ①이 작동하고 있는 동안은 실린더 ②는 작동하지 않습니다.

곧 실린더 ①이 워크를 클램프하여 움직이지 않게 되면, 회로내의 압력이 상승하여, 시퀀스 밸브의 세트압을 넘으면 그림(b)와 같이 시퀀스 밸브가 열려, 압유가 보내져 실린더 ②가 작동을 시작합니다. 이 때 실린더 ①이 워크를 클램프한 채인 것은 물론입니다.

이와 같은 원리로 시퀀스 밸브 대신에 프레셔 스위치로 압력의 상승을 취하여, 전기적으로 솔레노이드 밸브에 전함으로써 시퀀스 작동을 시킬 수도 있습니다. **그림 5-4**는 그 모양을 표시한 것입니다.

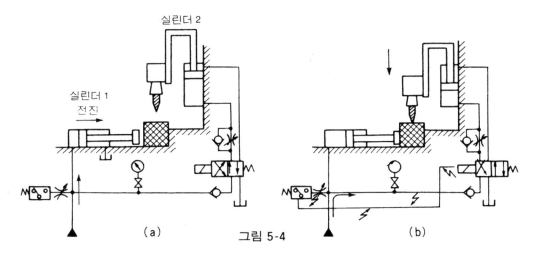

그림 5-4

이와 같이, 시퀀스 작동의 자동화를 압력에 의해서 컨트롤하는 방법은 실린더가 스트로크 끝에 도달하든가, 무언가에 맞부딪침으로써 일어나는 압력의 상승을 이용하는 것이므로, 클램프 장치나 록 기구 등과 같이, 우선 물체에 맞부딪치는 동작이 있고, 그것에 의해 다음 동작으로 시퀀스 작동을 하게 하는 경우에는 확실히 유효한 방법이라고 할 수 있습니다.

그러나 이 방법이라도, 비록 어떤 원인이건간에 회로의 압력이 시퀀스 밸브나 프레셔 스위치의 세트압 이상이 되기만 하면 제2의 실린더는 생각하지 않은 때도 거리낌없이 작동을 시작합니다. 특히 프레셔 스위치를 사용하는 경우, 댐퍼를 세트해 두지 않으면 움직이기 시작할 때의 순간적인 압력의 상승에 의해서도 솔레노이드 밸브가 작동하고, 작동 순서가 어긋나서 트러블을 일으킬 위험이 있는 것입니다. 따라서 뜻밖의 압력 상승이 예상될 때에는 다른 방법을 생각하여야 합니다.

5·1·3 위치에 의한 시퀀스 작동

압력에 의한 자동화에서는 소정의 위치까지 작동하지 않아도, 회로의 압력이 상승만 하면, 다음 작동이 시작되는 것을 알았습니다. 그래서 이번에는 일정한 위치까지 동작이 진행되고 나서, 비로소 다음의 작동이 시작되도록 위치에 따라서 시퀀스 작동을 컨트롤하는 유압 회로를 생각하여 봅시다. **그림 5-5**를 보십시오.

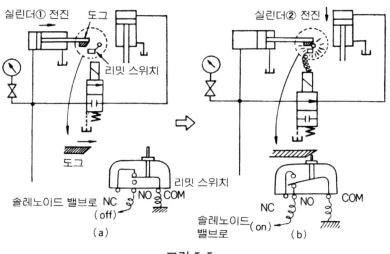

그림 5-5

그림에서 알 수 있는 바와 같이, 실린더 ①이 전진하여 소정의 위치에 도달하면 테이블에 부착되어 있는 도그가 리밋 스위치를 작동시켜, 솔레노이드를 작용시키므로, 압유는 실린더 ②에 보내져 자동적으로 시퀀스 작동이 행하여지는 것입니다.

이 방법에서는 도그와 리밋 스위치의 세트 위치만 정확하면, 이상압에도 영향받지 않는 확실한 시퀀스 작동이 됩니다. 또 그뿐만이 아니고, 실린더 작동은 전기적으로 다음의 작동을 지령하므로, 그것으로 전기적으로 작동하는 릴레이나 타이머와의 병용이 용이하며, 유압만으로는 곤란한 복잡한 시퀀스 작동이나, 인터록도 비교적 간단히 행할 수가 있는 큰 잇점이 있는 것입니다.

따라서, 리밋 스위치가 없는 자동화는 없다고 해도 좋을 정도로 유압 시퀀스 작동의 자동화에는 리밋 스위치를 사용하는 이 방법이 가장 많이 이용되고 있는 것입니다.

5·1·4 리밋 스위치를 사용하지 않는 경우

리밋 스위치는 만능인 것처럼 보이지만, 전기적 접점이 있기 때문에 물·기름· 절삭 부스러기 등이 관련되는 곳이나, 폭발성 가스가 발생하는 곳에서는 사용되지 않든가, 유압 밸브에 비해 수명이 짧은 약점이 있습니다. 더구나 이러한 경우는 방수·내유(耐油)·방폭 타입의 것을 사용하면 좋으므로, 리밋 스위치를 사용할 수 없는 환경·조건은 그다지 많지는 않지만, 만일 아무리해도 사용되지 못하는 경우에는 어떻게 하면 좋을까.

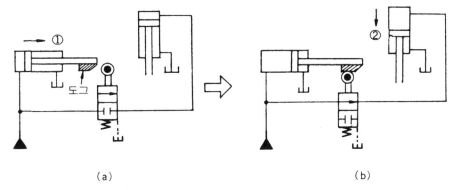

(a) (b)

그림 5-6

그림 5-6은 캠 조작 밸브에 의해서 시퀀스 작동을 하는 회로입니다. 이 방법은, 역시 위치에 의한 자동화의 컨트롤이므로, 확실하게 시퀀스 작동이 되는 점에서는 리밋 스위치를 사용하는 경우와 같습니다.

또, 이 캠 조작 밸브를 보조 전환 밸브로 하여, 하이드로 밸브를 작동시키도록 하면, 리밋 스위치에 의한 전기적 조작의 경우와 똑같이, 복잡한 움직임의 시퀀스 작동도 할 수 있고, 대용량의 회로에 사용할 수도 있는 것입니다.

그러나 이 회로에서는, 구조가 복잡하게 되어 많은 캠 조작 밸브가 필요하게 되면 배관도 복잡하게 되어, 배관 저항이 증가하므로, 배관 방법에는 충분히 배려할 필요가 있습니다. 전기적 조작을 하는 회로이면 배선만으로 충분한 것이므로, 이 점에서는 캠 조작 밸브 등은 매우 불리한 것입니다.

─── **수송 때의 용적 제한** ───

　사용자에게 제품을 납입하는 데는 제품을 포장하여 수송하여야 합니다.

　수송 방법은 여러 가지가 있지만, 트럭 수송의 경우는 그림과 같이 크기에 제한이 있습니다.

　그래서, 대형의 유압 플랜트나 대형의 기계 등의 설계에 있어서는, 기계의 성능을 해치지 않고 수송 가능한 유닛으로 분해할 수 있는 구조로 설계할 필요가 있습니다. 그것도 단지 스페이스 내에 들어갈 뿐만 아니라, 밸런스도 충분히 고려하십시오. 이것은 설계자로서의 마음가짐입니다.

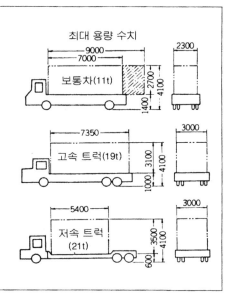

최대 용량 수치

보통차(11t)

고속 트럭(19t)

저속 트럭 (21t)

5·2   유압 시퀀스 작동의 기본 회로

위치·압력의 조합

유압 장치에 의한 시퀀스 작동 방법을 정리한 것이 다음 표입니다.

이 항에서는 이들의 시퀀스 작동을 짜넣은 기본적인 회로에 대하여 조사해 봅시다.

	유압에 의한 작동	전기에 의한 작동
압력에 의한 방법	시퀀스 밸브 (다이렉트 타입 밸런스 타입)	프레셔 스위치 +(릴레이) 솔레노이드 밸브
위치로 취해지는 방법	캠 조작 밸브 캠 조작 밸브+ 하이드로 밸브 (파일럿 회로)	리밋 스위치 +(릴레이) 솔레노이드 밸브

5·2·1   시퀀스 밸브를 사용하는 회로

그림 5-7은 압력에 의한 시퀀스 작용을 응용한 회로입니다.

매뉴얼 밸브를 우로 전환하면, 압유는 실린더 ①의 헤드측으로 흘러 피스톤을 하강시켜, 워크를 클램프하면, 유압이 상승하므로 시퀀스 밸브 A가 작동하고, 실린더 ②가 전진하여 절삭 작업을 합니다. 절삭 작업이 끝나고, 오퍼레이터가 매뉴얼 밸브를 좌로 전환하면 압유는 실린더 ②의 로드측으로 흘러 피스톤을 후퇴시킵니다.

후퇴가 끝나면, 유압이 상승하여 시퀀스 밸브 B가 작동하고, 압유는 실린더 ①의 로드측으로 흘러 실린더가 상승하여 클램프가 해제됩니다.

이와 같이 하여, 이 작업의 사이클이 완료됩니다. 이 회로에서는 매뉴얼 밸브에 의해 클램프의 누름과 해제 및 드릴 절삭과 복귀를 하고, 시퀀스 밸브는 클램프의 누름부터 절삭 동작을, 드릴의 복귀부터 클램프 해제를, 시퀀스 밸브는 하강에서 우행, 좌행에서 상승을 자동적으로 하고 있으므로, 반자동이라는 것이

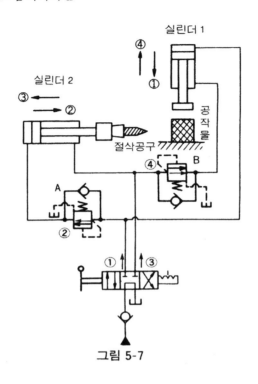

그림 5-7

됩니다.

또한, 이 회로에 세트되는 시퀀스 밸브는 실린더 복귀(A에서는 복귀, B에서는 클램프)의 경우, 복귀유는 자유 흐름이어야 하므로, 체크 붙이의 것을 사용해야 합니다.

5·2·2 리밋 스위치와 솔레노이드 밸브를 사용하는 회로

그림 5-8은 위치 검출에 의한 시퀀스 작용을 이용한 전기와 유압의 병용 회로이며, 유압의 시퀀스 작동 회로로서는 가장 널리 사용되고 있습니다.

우선, 푸시 버튼에 의해 솔레노이드 밸브의 SOL①을 작동시키면, 압유는 실린더 ①의 헤드측에 들어가 피스톤을 하강시켜 워크를 클램프함과 동시에 리밋 스위치 LS1이 작동하여 SOL④가 여자되므로, 압유는 실린더 ②의 헤드측에 들어가 피스톤을 전진시켜서 절삭 가공을 합니다.

절삭 가공이 끝나면, 리밋 스위치 LS2가 작동하여 SOL③이 여자되어, 밸브가 전환되어, 실린더 ②는 후퇴합니다. 후퇴 끝에는 리밋 스위치 LS3이 있으므로, 이것이 작동하여 SOL②가 여자되어, 압유는 실린더 ①의 로드측에 들어가 실린더를 상승시켜, 워크의 클램프를 해제하여, 이 작업의 사이클이 완료합니다.

이와 같이, 이 회로에서는 최초에 푸시 버튼 조작을 하면, 나중에는 리밋 스위치와 솔레노이드 밸브가 시퀀스 작동하여 완전히 자동적으로 작업의 1사이클을 완료할 수 있는 것입니다.

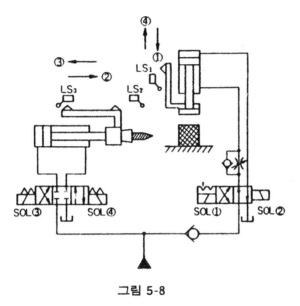

그림 5-8

또한, 이와 같은 사용법에서 주의해야 할 것은, 리밋 스위치의 고장이나 정전이 있어도, 그 상태를 유지하기 위해서는, 전환 밸브에는 더블 솔레노이드의 2위치 전환 밸브를 사용할 필요가 있는 것입니다.

5·2·3 파일럿에 의한 시퀀스 회로

전기를 사용하지 않고, 위치에 의한 시퀀스 작동을 반자동화하는 회로입니다. **그림 5-9**를 보십시오. 매뉴얼 밸브를 우로 전환하면 실린더 ①이 전진하여, 로드에 부착된 도그가 캠 조작 밸브를 밀어 내려 전환하므로 실린더 ②는 상승합니다.

그래서 매뉴얼 밸브를 좌로 전환하면, 실린더 ①이 후퇴하고 캠 조작 밸브가

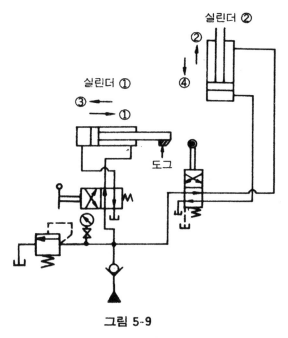

그림 5-9

스프링의 작용으로 원래로 복귀하므로, 실린더 ②는 하강합니다.

이것으로, 전기를 사용치 않고 시퀀스 작동의 반자동화가 된 것입니다. 그러나, 이 방법에서는, 실린더 ②를 작동시키기 위하여는 캠 조작 밸브와 실린더 ② 사이에 배관이 필요하며, 전기 배선에 비하면 공사가 곤란할 뿐만 아니라 코스트적으로도 불리하게 되는 것은 거의 틀림 없습니다.

그래서 좀더 연구한 것이 **그림 5-10**입니다.

이 회로는 클램프 실린더를 작동시킨 후, 테이블의 왕복 운동을 자동적으로 할 수가 있습니다.

매뉴얼 밸브를 우로 전환하면, 클램프 실린더가 전진하여, 클램프압에 의해 시퀀스 밸브가 열립니다. 압유는 2위치 4포트의 전환 밸브를 통하여 테이블 실린더를 우측으로 가게 합니다.

테이블 실린더 로드의 도그에 의해 파일럿 회로의 캠 조작 밸브는 전진 끝과 후진 끝에서 전환되어 테이블 실린더는 왕복 운동을 계속합니다.

또, 매뉴얼 밸브를 좌로 전환하면, 시퀀스 밸브가 닫혀 테이블 실린더는 정지하고, 클램프 실린더가 후퇴하여 클램프가 해제됩니다.

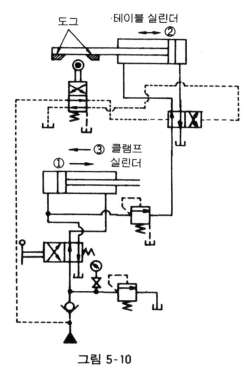

그림 5-10

이와 같이, 파일럿 전환 밸브의 파일럿 라인을 전환하도록 하면 배관은 소구경(小口徑)의 파이프로 좋으므로 용이하고, 코스트적으로도 훨씬 경제적으로 됩니다.

5·3 시퀀스 밸브의 문제점과 대책

밸브의 성격을 파악한다

─좋은 작용을 시키기 위하여─

기본 회로라는 것은 어디까지나 원칙이고, 그대로의 형태로 실제로 사용해서는 좀처럼 좋은 결과는 얻어지지 않습니다.

시퀀스 작용을 회로에 짜넣는 경우는 그 장치의 부하 조건이나, 사용하는 밸브의 정량적인 특성 등도 충분히 알아 두지 않으면, 사양과는 다른 작용을 하여 트러블이 생깁니다.

시퀀스 회로의 문제점은 많이 있으나, 여기에서는 그 중심이 되는 시퀀스 밸브에 대하여 설명하겠습니다.

5·3·1 릴리프 밸브의 세트압에는 여유가 필요

그림 5-11과 같은 회로를 짜고, 실린더 ①→②→③으로 시퀀스 작동을 시킬 경우, 보통의 프레셔 컨트롤 밸브(다이렉트형)이면, 밸브의 세트압을 P_2로 하면 P_2와 P_1의 차(P_2-P_1)는 $10\text{kgf}/\text{cm}^2$ 이상으로 해둘 필요가 있습니다. 그렇게 하면 실린더 ②를 움직이는 P_2의 세트압은 실린더 ①을 움직이기 위한 압력 P_1

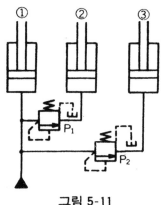

그림 5-11

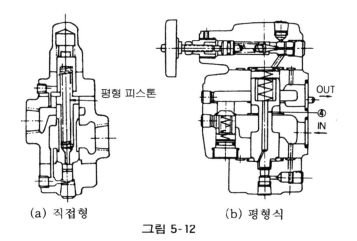

평형 피스톤

OUT

④

IN

(a) 직접형   (b) 평형식

그림 5-12

에 10kgf/cm^2 이상의 압력을 가해야 하므로, 실린더가 2개, 3개로 세트될 때는 프레셔 컨트롤 밸브의 세트압은 훨씬 높은 것이 됩니다.

그 점, 밸런스형 프레셔 컨트롤 밸브는 (P_2-P_1)의 값이 작아서 최소 3kgf/cm^{2}까지 취해지므로, **그림 5-11**과 같은 때에는 밸런스형을 사용해야 합니다.

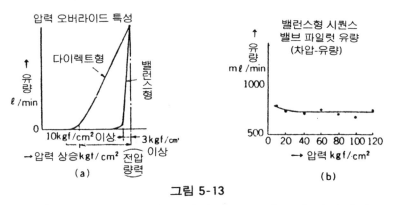

그림 5-13

그림 5-13의 (a)는 밸브의 압력 오버라이드를 비교한 것입니다. 또, 밸런스형 에서는 압력을 세트하기 위한 드레인이 필요한데, 그 양을 표시한 것이 그림(b) 입니다.

5·3·2 시간 지연과 대책

그림 5-14와 같은 회로에서, 실린더 ①이 워크를 클램프하고 있을 때, SOL① 이 동작하여, 압유는 프레셔 컨트롤 밸브를 통해서 실린더 ②가 작동합니다. 이

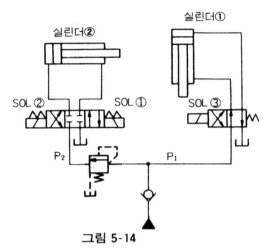

그림 5-14

때, 움직이기 시작하는 압력을 P_2라 하면 1차 압력 P_1이 프레셔 컨트롤 밸브의
작동 지연에 의해(그림 5-15) 어떤 시간 P_2까지 하강하여, 실린더 ①의 클램프
가 이완되는 일이 있습니다.

이 대책으로 **그림 5-16(a)**와 같이 체크 밸브를 추가하여 실린더 ①의 클램프
압을 **빠지지 않도록** 할 필요가 있습니다.

또, 그림(b)와 같이 탠덤 센터의 변환 밸브를 사용하면, 시퀸스 밸브의 스풀이
작동하고 있으므로, 이미 압력을 발생시키고 있는 상태로서, 시간 지연의 문제

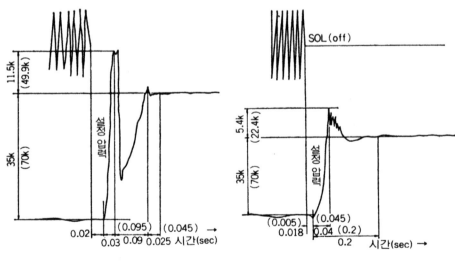

직접형 시퀸스 밸브 시간 지연   평형형 시퀸스 밸브 시간 지연

그림 5-15

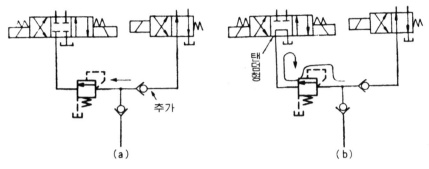

그림 5-16

가 생기지 않기 때문에 압력이 빠지는 현상을 막을 수가 있습니다.

5·3·3 시퀀스 회로의 스피드 제어

그림 5-17의 (a)와 같은 시퀀스 회로에서, 실린더 ①의 스피드를 변화시키려 하여 유량 제어 밸브를 세트한 경우, 유량을 교축함으로써 여분의 기름은 릴리프 밸브에서 도피하게 됩니다. 여기서 당연히 릴리프 세트압 쪽이 시퀀스 세트압보다 높으므로 프레셔 컨트롤 밸브가 열려 실린더 ②도 작동하고, 시퀀스 작동이 되지 않게 되어 있습니다.

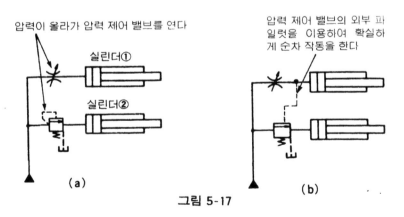

그림 5-17

이것은 보통의 프레셔 컨트롤 밸브를 그대로 사용하기 때문으로, 그림(b)와 같이 외부 파일럿 방식으로 하여 파일럿압을 유량 제어 밸브와 실린더 ① 사이에서 이끌면, 실린더 ①이 워크에 닿아 실린더 헤드 압력이 상승하지 않는 동안은 프레셔 컨트롤 밸브는 열리지 않으므로 시퀀스 작동이 되게 됩니다.

또한, 밸브의 컨트롤 방식이 바뀌었다 하여, 그 형식의 밸브를 구입할 필요는 없습니다. 프레셔 컨트롤 밸브에는 위뚜껑과 아래뚜껑의 방향을 바꾸는 것만으로 파일럿과 드레인의 접속 방법을 네 가지로 사용한다고 하는, 그 밖의 밸브에서는 흉내도 낼 수 없는 큰 특징이 있습니다. 이 특징을 충분히 활용하십시오.

5·3·4 전환 밸브에 의한 시퀀스 작동의 문제점

그림 5-18을 보십시오. 그림(a)는 리밋 스위치와 솔레노이드 밸브에 의해 전기적으로 작동시키는 시퀀스 회로이며, 실린더 ②의 부하가 가벼울 때, 실린더 ①이 전진 중에 실린더 ②가 움직이기 시작하며, 리밋 스위치를 떼어 시퀀스 회로를 어긋나게 하는 일이 있습니다. 이것은 실린더 ②용 솔레노이드 밸브의 내부 리크에 의해 실린더가 움직이기 시작하고, 이것에 의해 일어나는 트러블입니다(솔레노이드 밸브의 리크량은 압력차 70kgf/cm²의 경우로, 20~30m*l*/min 정도가 있습니다).

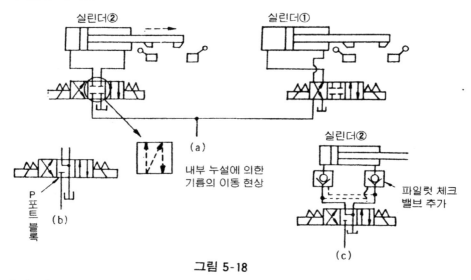

그림 5-18

그래서 내부 리크에 의한 오작동을 막기 위해서는 밸브의 리크량을 적게 하든가, 그림(b)와 같이 P포트 블록의 전환 밸브를 사용하는 방법이 있습니다. 또, 그 상태에서 실린더 부하에 의해 움직이기 시작할 우려가 있을 때에는 그림 (c)와 같이 파일럿 체크 밸브를 회로에 짜넣어, 위치 유지를 확실하게 하는 방법도 있습니다.

5·4 시퀀스 작동 응용 회로의 예

재료 이송의 자동화

― 확실한 연속 작동 ―

지금까지는 시퀀스 작동의 기본 회로에 대하여 설명하였으나, 여기서는 그들의 요소를 조합한 응용 회로의 예에 대하여 설명하기로 합니다.

5·4·1 연속 강철판 이송용 유압 장치

그림 5-20은 기계 프레스에 의해 형뜨기 블랭킹 작업을 하기 위해, 코일 모양의 강철판 재료를 연속적으로 이송하는 장치입니다.

그림에서 알 수 있는 바와 같이, 이동 그립 실린더, 고정 그립 실린더, 이송 실린더의 3개의 실린더를 프레셔 컨트롤 밸브와 솔레노이드 밸브로 시퀀스 작동시킴으로써 강철판을 연속적으로 보내려고 하는 것입니다.

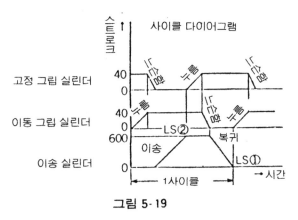

그림 5·19

작동 순서는 **그림 5-19**의 사이클 다이어그램에서도 알 수 있는 바와 같이,

㉠ 이동 그립 실린더 하강 ― 강철판 누름

㉡ 고정 그립 실린더 상승 ― 강철판 늦춤

㉢ 이송 실린더 전진 ― 강철판을 이송, 종단 맞닿음으로 정지

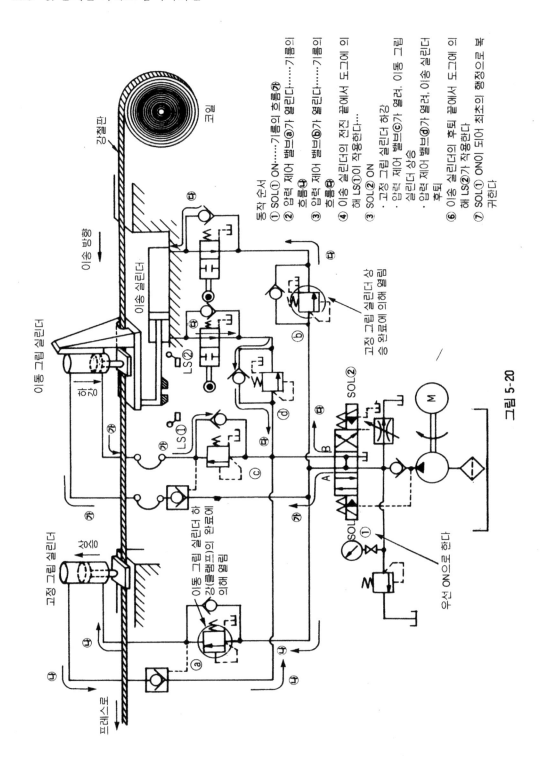

동작 순서
① SOL① ON……기름이 흐름 ㉮
② 압력 제어 밸브 ⓐ가 열린다……기름이
   흐름 ㉯
③ 압력 제어 밸브 ⓑ가 열린다……기름이
   흐름 ㉰
④ 이송 실린더의 전진 끝에서 도그에 의
   해 LS①이 작용한다……
⑤ SOL② ON
  · 고정 그립 실린더 하강
  · 압력 제어 밸브 ⓒ가 열려. 이동 그립
    실린더 상승
  · 압력 제어 밸브 ⓓ가 열려. 이송 실린더
    후퇴
⑥ 이송 실린더의 후퇴 끝에서 도그에 의
   해 LS②가 작용한다
⑦ SOL① ON이 되어 최초의 행정으로 복
   귀한다

코일

강철판

이송 방향

이송 실린더

이동 그립 실린더

하강

고정 그립 실린더 상
승 완료에 의해 열림

LS②

ⓑ

ⓓ

ⓒ

LS①

SOL②

B

A

SOL①

우선 ON으로 한다

M

이동 그립랭프의 완료에
의해 열림

고정 그립 실린더 하
강(클램프)에 의해 열림

상승

고정 그립 실린더

프레스로

그림 5-20

ㄹ 고정 그립 실린더 하강ー강철판 누름

ㅁ 이동 그립 실린더 상승ー강철판 늦춤

ㅂ 이송 실린더 후퇴ー후퇴 끝 맞닿음으로 정지

ㅅ 다시 ㄱ공정으로 돌아가서, 사이클 작동을 되풀이

로 되어 있습니다. 또 이송 치수의 정밀도를 가급적 올린다는 조건이 주어지고 있습니다.

그러면 장치의 작동 순서를 설명하겠습니다.

ㄱ 푸시 버튼에 의해 SOL①이 여자되어, 압유는 A포트로 보내집니다. 프레셔 컨트롤 밸브 ⓐⓑ가 닫혀 있으므로, 이동 그립 실린더가 하강하여 강철판을 누릅니다.

ㄴ 다음에 프레셔 컨트롤 밸브 ⓐ가 열리고, 고정 그립 실린더가 상승하여 강철판을 떼면, 프레셔 컨트롤 밸브 ⓑ가 열려 이송 실린더가 전진하여 강철판을 이송합니다.

ㄷ 이송 실린더의 도그가 전진 끝에 도달하여 리밋 스위치 LS①을 누르면 SOL②가 여자되어 압유는 B포트로 전환됩니다.

ㄹ 압유는 우선 고정 그립 실린더를 하강시켜 강철판을 누르고, 다음에 프레셔 컨트롤 밸브를 ⓒⓓ의 순으로 엽니다.

ㅁ 이동 그립 실린더의 상승에 의한 강철판의 개방

ㅂ 이송 실린더의 후퇴

로 순서 바르게 작동시킵니다.

이송 실린더의 도그가 후퇴 끝에서 리밋 스위치 LS②를 누르면, SOL①이 여자되어, 다시 최초의 행정으로 돌아갑니다. 나중에는 또 같은 사이클을 되풀이하여 강철판을 자동적으로 프레스의 블랭킹 공정으로 이송하는 것입니다.

회로에 세트해 있는 파일럿 체크 밸브는 그립 실린더의 파악이 다른 실린더의 작동 중에 늦추어지지 않도록 하기 위해서입니다. 또 이송 실린더의 스피드가 빠르므로, 정지 때의 쇼크에 의한 이송 스트로크의 오차를 적게 하기 위하여 디셀러레이션 밸브가 세트되어 있습니다. 디셀러레이션 밸브는 이송 실린더의 양 종단 가까이에서 도그에 의해 서서히 닫힘(閉)으로 전환되어, 정지 때의 쇼크를 방지함과 동시에, 이송 스트로크를 일정하게 하는 것입니다.

이 장치가 이와 같은 회로를 조합한 이유에 대하여 설명하면, 우선 시퀀스 밸브에 의한 시퀀스 작동을 선택한 것은, 이동 실린더와 고정 실린더가 어느 것이나 물체를 누르든가 느슨하게 하는 작용을 목적으로 하고 있으므로, 압력의 변화가 취해지기 쉽고, 확실한 시퀀스 작동이 행하여지기 때문입니다. 또 전체 행정의 시퀀스 작동은 리밋 스위치를 사용하여 위치에 의한 방법이 간단하고 확실한 것과, 전기에 의해 기계 프레스와의 연속 작동을 짜기 쉽기 때문입니다.

┌─ **유압 장치의 소음 레벨을 개략적으로 아는 방법** ─

유공압 협회가 유압 장치의 소음을 조사하였던 바, 일반 펌프 유닛의 소음 레벨 LdB(A)는 그림에 표시한 것과 같은 값이 되었습니다. 이것은,

$$L = 68 + 14 \log_{10}[kW]dB(A)$$

즉, 기름 동력 PQ/612 [kW]의 함수로 표시되어, 이 값의 ±5dB(A)의 범위에 들어가는 것을 알았습니다. 예를 들면, 기름 동력 11kW-4P의 전동기이면 83dB(A), 기름 동력 22kW-6P의 전동기이면 86dB(A)의 소음 레벨인 것을 알 수 있습니다.

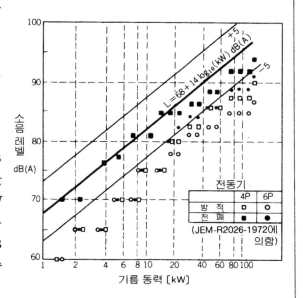

실제로 소음 레벨을 측정할 때는 측정 장소(암소음, 반사음의 영향)나 계기의 오차 등에 따라서 틀리므로, 소음 방지 대책을 생각하는 경우는 3~4dB(A) 정도의 여유를 보아야 합니다.

아래 표는 일본전기공업회(JEMR-2066)의 전동기 소음 레벨표입니다. 소음 대책의 목표로서 이용할 수 있습니다.

일본전기공업회: JEMR-2066, 전동기 소음 레벨표

	dB(A)																				
	개방형			전폐형				개방형			전폐형				개방형			전폐형		
kW	2P	4P	6P	2P	4P	6P	kW	2P	4P	6P	2P	4P	6P	kW	2P	4P	6P	2P	4P	6P
0.2	−	−	−	70	65	−	7.5	80	70	70	85	81	70	45	92	86	83	97	88	86
0.4	−	−	−	70	65	65	11	80	75	75	90	81	75	55	92	86	83	97	88	86
0.75	65	60	60	75	65	65	15	85	75	75	90	85	75	75	94	88	85	98	92	89
1.5	70	60	60	75	70	65	18.5	85	80	78	93	85	80	90	94	88	85	98	92	89
2.2	70	65	65	80	70	65	22	90	80	78	94	85	82	110	94	88	85	98	92	89
3.7	75	65	65	80	77	65	30	90	83	81	95	86	84	132	95	90	87	98	94	91
5.5	80	70	70	85	77	70	37	90	83	81	95	86	84	160	95	90	87	98	94	91

6. 물체에 진동을 주려면

일본과 같은 나라는 지진의 나라입니다. 언제나 지진의 공포에 시달리며 생활하고 있습니다. 안심하고 생활하기 위해서는, 우선 건물의 안전을 확실하게 할 필요가 있습니다. 건물의 안전, 그것은 안전하게 설계되고, 시험된 내진 구조입니다. 내진 구조를 연구하기 위해서는, 설계해서 만들어진 것을 실제로 시험해 볼 필요가 있습니다. 여기서 진동 시험의 필요가 나옵니다.

물체에 진동을 주는 데에는 편심 캠을 사용한 기계식, 전자파를 이용한 전자식, 전기 신호로 유압을 제어하는 전기-유압식, 도로의 파쇄에 사용되고 있는 유압 브레이커와 같이 압유를 공급하면 자동적으로 진동하는 전유압식 등으로, 많은 종류를 들 수 있습니다.

6·1   유압으로 진동을 준다(1)

일정한 진동을 준다

―진동에도 여러가지 있으므로―

진동을 준다고 해도, 용도에 따라서 여러 가지 진동이 있습니다. 일정한 간격으로, 일정한 압력, 유량을 주는 것에서부터, 지진의 슈미레이트와 같은 복잡한 진동까지 여러 가지 있습니다.

여기서는 간단한 일정 진동을 얻는 방법에 대하여 생각합니다.

6·1·1   4방향 전환 밸브를 사용하는 방법

그림 6-1을 보십시오. 이것은 4방향 전환 밸브를 사용하고, 이 밸브에 의해서 압유의 유로를 전환하는 것으로 액추에이터에 왕복 운동을 주는 방식입니다.

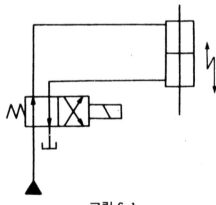

그림 6-1

비교적 진동수가 낮은 경우로, 특히 파형을 염두에 두지 않으면, 솔레노이드 밸브로 충분히 가능합니다. 이 경우는 쇼크가 작은 습식을 사용하는 편이, 수명, 소음, 쇼크의 점에서 유리합니다(기초편 제4장 참조).

단, 긴 기간에 걸친 사용의 경우에는, 릴레이, 리밋 스위치 등의 수명에 주의가 필요합니다.

전환 주파수는 전기적으로 가변으로 할 수 있지만, 전환 밸브의 최고 전환 횟수에 따라서 제한을 받으므로, 최고 2~4Hz 정도로 됩니다.

6·1·2 편심 캠을 사용하는 방법

그림 6-2는 솔레노이드 등으로 압유의 유로를 바꾸지 않고 기름의 토출량 자체를 변화시켜 진동을 주려고 하는 것입니다.

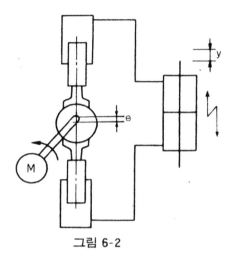

그림 6-2

그림에서, 편심량 e의 크기를 바꿈으로써 진동 변위 y의 값을 임의로 바꿀 수 있습니다. 또, 진동 주파수도 전동기 혹은 유압 모터의 회전수의 조정에 의해서 바꾸는 것이 가능하고, 최고 80~100Hz의 주파수를 얻을 수 있습니다.

이 방법에서는 비교적 스무스한 진동이 얻어집니다.

6·1·3 회전 밸브를 사용하는 방법

그림 6-3의 방법은 특수한 회전형 전환 밸브의 입력축을 회전시킴으로써 유로를 교대로 전환하여 진동을 발생시키는 것입니다. 회전형 전환 밸브의 사용은 최고 전환 횟수의 대폭적인 확대를 가능하게 하여, 현재 2000Hz 이상의 것이 개발되어, 실용화되고 있습니다.

그림 6-4를 보십시오. 이것은 회전형 전환 밸브와 실린더를 일체로 한 진동 발

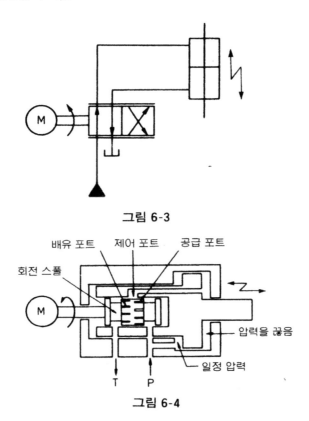

그림 6-3

그림 6-4

생기의 작동 원리도입니다.

회전 스풀의 중앙 랜드부 원주상에는 공급 포트 및 배유 포트의 2줄이 만들어져 있습니다. 지금 회전 스풀을 회전시키면 공급 포트와 배유 포트가 교대로 실린더의 제어 포트와 연통합합니다. 이 제어 포트는 실린더의 한쪽 유실(油室)과 연결되어 있고, 한편 실린더 반대쪽(왼쪽)의 유실에는 항상 공급 압력이 걸려 있습니다. 제어 포트에 압력이 걸리면 실린더의 왼쪽 압력을 이겨 실린더를 왼쪽으로 가게 합니다. 제어 포트의 압력이 빠지면 실린더의 왼쪽 압력에 의해서 실린더가 오른쪽으로 갑니다.

이 동작을 반복하기 때문에 회전 스풀의 회전에 따라서 실린더가 왕복 진동하게 됩니다. 회전 실린더의 공급 포트(배유 포트)의 수를 n이라 하면, 입력축 1회전당 n회 왕복 진동하게 됩니다.

━ 값싼 시퀀스 밸브? ━

시퀀스 작동에서 그림(a)와 같은 회로는 자주 사용되는 예입니다. 도그가 전환 밸브를 두드리면 시퀀스 앤드 체크 밸브에 압유가 흘러 밸브가 열려 실린더가 좌로 움직이는 회로입니다. 이와 같은 경우, 시퀀스 앤드 체크 밸브를 파일럿 체크 밸브로 바꾸어 보면 어떨까. 그림(b)가

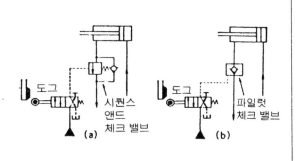

그것인데, 도그로 전환 밸브가 두드려지면, 압유가 파일럿 체크 밸브에 흐릅니다. 그러면 그 압력으로 밸브의 피스톤이 상승하여 실린더는 왼쪽으로 움직이게 됩니다.

저렴한 파일럿 밸브로, 시퀀스 앤드 체크 밸브를 대신시키려는 것입니다.

6·2 유압으로 진동을 준다(2)

전기-유압식 진동 발생기

6·2·1 전기-유압식 진동 발생기의 구성

전기-유압식 진동 발생기는 크게 나누어 그림 6-5와 같이, 전기 제어부, 진동 발생부, 유압 유닛의 3가지로 구성되어 있습니다.

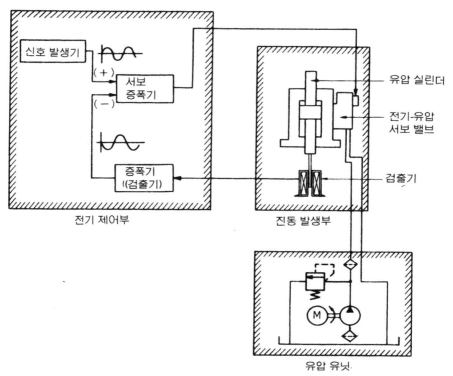

그림 6-5

그들을 다시 자세히 살펴보면 다음과 같이 됩니다.

(1) 전기 제어부(입력 신호와 피드백 신호를 비교 연산한다)

신호 발생기, 서보 증폭기, 피드백 검출기용 증폭기

(2) 진동 발생부(전기 신호를 기계 진동으로 변환한다)

전기-유압 서보 밸브, 유압 실린더, 변위(속도, 하중, 압력) 검출기

(3) 유압 유닛(진동 발생부에 압유를 공급한다).

전동기, 펌프, 탱크 등

6·2·2 작동 원리

그림 6-6에 전기-유압식 진동 발생기의 작동 원리도를 나타냅니다. 순서를 따라 설명합니다.

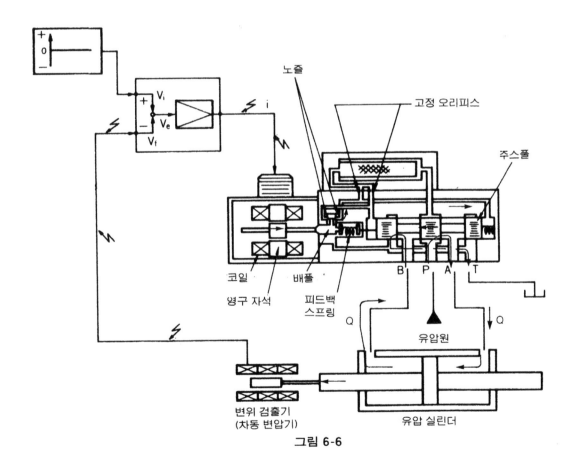

그림 6-6

① 우선 신호 발생기에서 Vi의 (＋)신호가 서보 증폭기에 주어집니다.

② 서보 증폭기는 그 입력 신호를 전류 i로 변환하여 전기-유압 서보 밸브에 공급합니다.

③ 서보 밸브의 코일에 전류 i가 흐름으로써 자력이 발생하여, 배플이 좌우 방향으로 움직입니다(이 경우, i에 의해서 오른쪽 방향으로 움직였다고 합시다).

④ 그 결과, 노즐 플래퍼 기구에 의하여 오른쪽의 노즐 배압력이 올라가고, 왼쪽의 노즐 배압력이 내려갑니다. 다시 말해서, 서보 밸브의 주스풀 양 끝에 압력차가 생긴 것이 되어, 주스풀은 왼쪽 방향으로 이동합니다.

⑤ 주스풀의 움직임은 피드백 스프링을 통해서 배플에 피드백됩니다.

⑥ 이 때 서보 밸브 P포트의 압유는 A포트를 통해 유압 실린더의 오른쪽으로 흘러 들어가, 유압 실린더는 왼쪽으로 이동합니다.

⑦ 유압 실린더의 이동량은 변위 검출기에 의해서 검출되어, (－)Vf의 신호로서 서보 증폭기로 피드백됩니다.

⑧ 그리고, 신호량 Vf와 Vi의 절대값이 같게 되었을 때, Ve가 0, Vi가 0으로 되어, 서보 밸브는 중립 상태로 되돌아오고, 유압 실린더는 Vi의 신호의 변위량만큼 움직이고 정지합니다.

⑨ 이와 같이 입력 신호(Vi)와 피드백 신호(Vf)는 서보 증폭기에서 항상 비교 연산되어 클로즈드 루프계를 구성합니다. 그러므로 사인파 모양의 입력 신호를 입력하면 유압 실린더는 사인파 진동을 하고, 랜덤한 신호를 입력으로 하면 유압 실린더는 입력의 랜덤 신호에 맞는 움직임을 하게 되는 것입니다.

6·2·3 전기-유압식 진동 발생기의 특징

전기-유압식 진동 발생기의 특징은 많이 있지만, 대표적인 것으로서 다음과 같은 것을 들 수 있습니다.

① 최종 출력부에는 유압의 큰 동력을 이용하고 있으므로, 가진력(加振力)이 크다.

② 진폭, 진동수를 자유로이 설정할 수 있다.

③ 진동파형이 사인파, 직사각형파, 3각파, 랜덤파 등으로 임의로 바뀐다.

④ 진동 방향은 상하, 수평, 경사로 임의로 할 수 있다.

⑤ 조작성이 뛰어나고, 신뢰도도 높다.

6·3 진동 발생기의 사용예

진동을 어떻게 발생시키는가

—진동 발생기의 여러 가지—

진동을 발생시키는 방법에 대하여 몇 가지의 예를 보여 주었습니다. 여기서는 전기-유압식, 전유압식 진동 발생기의 사용예에 대하여 설명합니다.

6·3·1 진동 시험기

자동차의 나쁜길 주행, 건축물인 경우의 지진, 항공기 날개의 충격이나 진동 등, 진동의 영향에 의한 사고를 미연에 방지하기 위해, 이들에는 미리 진동을 주어 시험할 필요가 있습니다. 이들 시험체에 주는 진동은, 진동수, 진폭, 진동파형 등을 여러 가지로 바꿀 필요가 있고, 또 큰 중량물을 시험하는 데는 가진력도 큰 것이 필요하게 됩니다. 이와 같은 것은 전기-유압식이 가장 자신있어 하는 것으로, 널리 이용되고 있습니다.

그림 6-7을 봅시다. 구성과 작동 원리는 6·2에서 설명한 내용과 거의 같게 되어 있습니다. 유압 실린더의 선단에 부착된 가대 위에 시험체를 세트하고, 함수 발생기에서 임의의 진동파형(전압)을 주면, 시험체는 입력 신호 파형에 따라서 진동하게 됩니다.

6·3·2 피로 시험기

그림 6-8을 봅시다. 이것은 자동차용 코일 스프링의 동적 피로 강도를 시험하는 피로 시험기에의 사용예를 나타내고 있습니다.

이 예를 보면, 피드백 검출기로서 하중 검출기(로드셀)가 사용되고 있습니다. 따라서 제어 대상은 스프링에 가해지는 하중이 되고, 이 하중의 크기, 가하는 방법(파형)을 임의로 바꿈으로써 모든 상태에서의 스프링의 피로 강도를 시험할

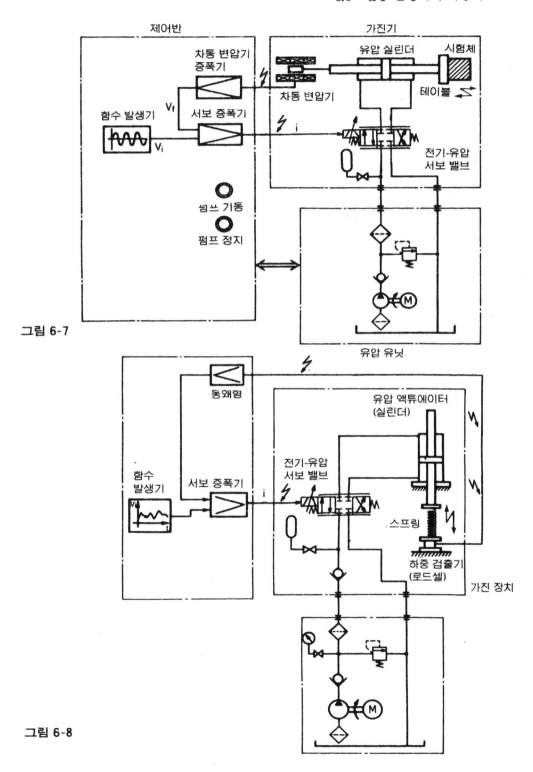

그림 6-7

그림 6-8

수 있는 것입니다.

그림 6-9는 철도용 차량의 피로 시험기의 사용예입니다. 정격 100[tf]의 제어 하중에 대하여 0.5~1% 이하의 정밀도를 얻을 수 있는 것입니다.

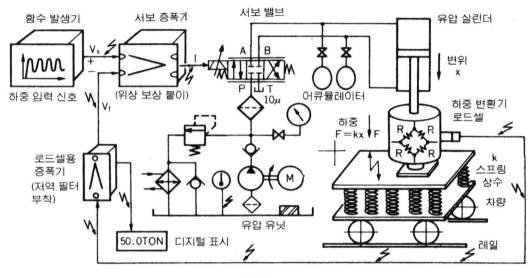

그림 6-9

이들 외에도, 진동, 피로 시험기의 응용예는 많이 있지만, 일반적인 것을 정리해 보면 다음과 같은 것을 들 수 있습니다.

○ 자동차, 차량의 부품 및 프레임의 피로 시험, 진동 슈미레이션
○ 일반 공업 재료의 피로 시험(철, 비철금속, 고무, 플라스틱 등)
○ 건축 구조물의 진동 슈미레이션 시험, 피로 시험
○ 선박의 선체 혹은 항공기의 동체, 날개 등의 피로 시험

6·3·3   파쇄기

공사 현장 등에서 볼 수 있는 파쇄기는, 대개의 경우 압축 공기를 사용하여 「다다다…」하고 큰 소리를 내며 콘크리트를 떼어내거나 하고 있습니다. 또 철 기둥을 지면에 푹 찌르는 말뚝 박기 기계 등 공사 현장은 소음의 집합체의 형태 입니다. 이와 같은 건축 현장 등에서 소음을 조금이라도 작게 하기 위해 유압이 사용되고 있습니다.

이 종류의 기계 진동을 유압으로 주는 데에는, 진동수가 높으므로 솔레노이드 밸브로서는 유효하다고는 할 수 없습니다. 그렇다고 서보 밸브로서는 비싸서 공사 현장에 적합하다고는 할 수 없습니다. 이와 같은 경우의 사용예로서 유압 브레이커가 있습니다.

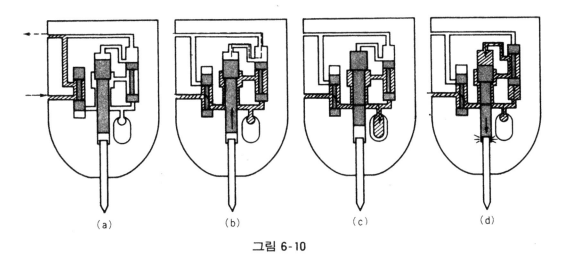

(a)　　　　(b)　　　　(c)　　　　(d)

그림 6-10

그림 6-10은 유압 브레이커의 원리도입니다. (a)에서는 바이패스 밸브가 열려 있으므로 펌프로부터의 압유는 그대로 탱크로 돌아와 피스톤은 아무 일도 못합니다. 바이패스 밸브가 닫히면 압유는 피스톤을 들어 올립니다((b)). 피스톤이 들어 올려지면, 다음에 압유는 어큐뮬레이터에 인도되어 축압(蓄壓)됩니다((c)).

어큐뮬레이터의 축압이 완료되면 셔틀 밸브가 열려 어큐뮬레이터에 축압되어 있던 기름이 피스톤을 밀어내기 때문에 방출됩니다. 그래서 피스톤은 밀려 나와 선단의 툴을 두드려 콘크리트 등을 파쇄합니다((d)). 압력이 내려가면 셔틀 밸브는 닫혀, 그림(b)로 돌아와, 또 같은 동작을 합니다. (b)→(c)→(d)→(b)를 1 사이클로 하는데, 이 속도는 1분 사이에 1200~1400회의 빠르기로 할 수 있는 것입니다.

7. 정전이라도 물체를 움직이려면

유압 펌프는 보통 교류 전동기로 움직이고 있습니다. 만일 작동 도중에 정전이 되면, 곤란한 일이 많은데 틀림 없습니다. 예를 들면, 그림과 같은 경우입니다.

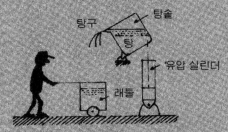

쇳물 남비를 유압 실린더로 경사시켜 레이들에 쇳물을 흘려 넣고 있을 때에 정전이 되면, 쇳물의 흐름을 멈출 수가 없습니다. 이런 일이 자주 일어나면 큰일이므로, 정전이라도 물체를 움직일 수 있도록 해두어야 합니다.

정전의 경우라도 물체를 움직이는 데는 다음과 같은 방법이 있습니다.

1) 어큐뮬레이터에 의해 움직인다.
2) 핸드 펌프에 의해 움직인다.
3) 전동기 대신에 엔진으로 움직인다.
4) 축전지에 의해 직류 전동기로 움직인다.
5) 기타, 기계적 방법으로 움직인다.

그러면, 이들의 방법에 대하여 여러 가지를 조사해 보기로 합시다.

7·1 어큐뮬레이터로 물체를 움직이는 방법

축압(蓄壓)의 활용

── 어큐뮬레이터는 기름의 배터리 ──

어큐뮬레이터에 의해, 정전일 때에도 물체를 움직일 수가 있습니다. 그렇다고 어큐뮬레이터는 정전을 위한 것뿐이 아니며, 종류는 여러 가지가 있고, 작용도 여러 가지입니다.

그러면, 우선 어큐뮬레이터의 종류와 작용에 대하여 조사해 보기로 합시다.

7·1·1 어큐뮬레이터의 종류와 용도

어큐뮬레이터는, 압유를 대비해 두고 필요에 따라 그 압유를 유효하게 방출할 수가 있습니다. 어큐뮬레이터는 그 구조에 따라, 스프링 하중식, 중추(重錘) 하중식, 공기 압축식으로 크게 나뉘어지나, 보통은 대부분 공기 압축식이 사용되고 있고, 그 가운데에서도 고무 자루형이 가장 많이 이용되며, 다음이 피스톤형, 직접형의 순으로 되어 있습니다.

어큐뮬레이터는, 1) 에너지의 보조, 2) 서지압(충격압)의 흡수, 3) 유체의 맥동의 감쇠, 4) 유체의 반송(트랜스퍼 배리어) 및 증압(增壓) 등의 목적에 사용되지만, 용도에 따라 용량과 사용 방법이 여러 가지로 다릅니다.

(1) 에너지의 보조

어큐뮬레이터는, 유압의 에너지가 부족한 경우, 그 몫을 보충할 수가 있습니다. 이것을 다시 분류하면

　(가) 긴급시(정전 등)의 유압원

　(나) 보조 유압원

　(다) 이송 및 클램프용

(라) 기름 누설의 보충

(마) 에너지의 축적

등이 됩니다.

즉, 작업 정지 때 등의 불필요한 압유를 어큐뮬레이터에 축압해 두었다가, (가)에서 (마)까지와 같은 방법으로 사용하며, 마치 매월 조금씩 저금해 두었다가 일단 유사시에 사용하는 것과 비슷합니다.

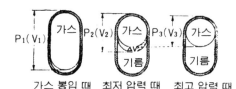

그림 7-1

고무 자루형 어큐뮬레이터는, 어큐뮬레이터 중에서는 가장 대표적인 형식의 것이며, 필요한 용량의 결정은 일반적으로 다음 식에서 구해집니다.

보일의 법칙에서

$P_1 V_1 = P_2 V_2 = P_3 V_3$ (등온 변화)

$$V_1 = \frac{\varDelta V \times P_2 \times P_3}{P_1 \times (P_3 - P_2)\eta} \quad \cdots\cdots\cdots\cdots\cdots\cdots\cdots\cdots\cdots\cdots\cdots\cdots\cdots ①$$

$P_1 V_1^n = P_2 V_2^n = P_3 V_3^n$ (단열 변화)

$$V_1 = \frac{\varDelta V \times P_2^{\frac{1}{n}} \times P_3^{\frac{1}{n}}}{P_1^{\frac{1}{n}} \times (P_3^{\frac{1}{n}} - P_2^{\frac{1}{n}})\eta} \quad \cdots\cdots\cdots\cdots\cdots\cdots\cdots\cdots\cdots ②$$

P_1: 고무 자루 가스 봉입 압력(최저 작동 압력의 70~90%가 적당) $[\text{kgf}/\text{cm}^2]$

P_2: 최저 작동 압력 $[\text{kgf}/\text{cm}^2]$

P_3: 최고 작동 압력 $[\text{kgf}/\text{cm}^2]$

V_1: 어큐뮬레이터(기체)의 용량 $[l]$

V_2: 최저 작동 압력 때의 어큐뮬레이터의 기체 용량 $[l]$

V_3: 최고 작동 압력 때의 어큐뮬레이터의 기체 용량 $[l]$

$\varDelta V$: $V_2 - V_3$ (어큐뮬레이터로부터의 필요한 기름의 방출량 $[l]$)

n: 폴리트로프 지수(1.41)

η : 효율(0.95)

등온 변화란, 누설 보상, 압력 유지 등의 비교적 긴 시간에 유량을 방출시키는 경우입니다. 단열 변화란, 긴급시의 유압원, 보조 유압원 등 1분 이내에 기름의 양을 방출시키는 경우입니다(액추에이터를 동작시키는 경우 등은 일반적으로 이 단열 변화로 보지 않아도 좋습니다).

또한, 최고 작동 압력과 최저 작동 압력은 다음과 같은 관계에 있습니다.

최고 작동 압력＝최저 작동 압력×K

K의 값은 일반적으로 표 7-1과 같습니다.

표 7-1

용 도	K의 값
동력의 보조용	1.25~1.5
압력의 보조용	1.2~ 1.25
서지압 흡수용	1.1~ 1.2

고무 자루에 봉입하는 가스에는 질소가스를 사용하여 고무의 노화를 방지합니다. 이와 같이 어큐뮬레이터에 기름을 축적하여 필요에 따라 방출하는 방법을 취하면 동력을 절약할 수가 있는 것인데, 이것을 구체적인 예로 설명하겠습니다.

[예 1]

적용 기종	유압 프레스
프레스에 필요한 출력	40tonf(40,000kgf)
램 스피드	5cm /sec
램 스트로크	20cm
사용 횟수	2분간에 1회
유압 펌프 압력	200kgf /cm^2
어큐뮬레이터 사용 범위 압력	130~200kgf /cm^2

이와 같은 프레스에서, 어큐뮬레이터를 사용하지 않은 경우와 사용한 경우와를 비교해 보면, **표 7-2**와 같이 됩니다.

표 7-2

	어큐뮬레이터가 없는 경우	어큐뮬레이터가 있는 경우
램의 크기	$\dfrac{40000}{200}=200\text{cm}^2 \fallingdotseq \phi\,160$ $\left(\text{필요 면적}=\dfrac{\text{필요한 하중}}{\text{펌프 압력}}\right)$	$\dfrac{40000}{130}=310\text{cm}^2 \fallingdotseq \phi\,200$ $\left(\text{필요 면적}=\dfrac{\text{필요한 하중}}{\text{어큐뮬레이터 최저사용압력}}\right)$
램의 용적	$200\times20=4000\text{cm}^3$ (램 면적×램 스트로크)	$310\times20=6200\text{cm}^3$ (램 면적×램 스트로크)
펌프 기름량	$200\times5=1000\text{cm}^3/\text{sec}=60l/\text{min}$ (램 면적×램 스피드)	$6200\div120\fallingdotseq52\text{cm}^3/\text{sec}=3.12l/\text{min}$ $\left(\text{램의 용량을 실린더 정지 시간 중 120초 간에 어큐뮬레이터에 축압되는 펌프 기름량을 구한다}\right)$
펌프 압력	$200\text{kgf}/\text{cm}^2$	$200\text{kgf}/\text{cm}^2$
펌프 소요 동력 (펌프 전효율 제외)	$\dfrac{60\times200}{612}=19.6\fallingdotseq22\text{kW}$ $\left(\text{동력}=\dfrac{\text{펌프 용량}\times\text{펌프 압력}}{612}\right)$	$\dfrac{3.12\times200}{612}=1.02\fallingdotseq1.5\text{kW}$

이상과 같이 유효 토출량 $6.2l$의 어큐뮬레이터를 사용하면 유압 펌프 소요 동력 22kW가 1.5kW로 충분하게 됩니다.

단, 펌프의 경우는 항상 압력 $200\text{kgf}/\text{cm}^2$에서 40tonf이지만, 어큐뮬레이터의 사용 압력이 $200\sim130\text{kgf}/\text{cm}^2$로 변화함으로써 유효 토출량 $6.2l$가 어큐뮬레이터에서 토출되기 때문에, 프레스 누르는 힘도 $62\sim40$tonf으로 변화하게 됩니다.

[예 2]

P_3: $200\text{kgf}/\text{cm}^2$

P_2: $130\text{kgf}/\text{cm}^2$

P_1: $91\text{kgf}/\text{cm}^2$ [$P_1(91\text{kgf}/\text{cm}^2)=$최저 작동 압력($P_2=130\text{kgf}/\text{cm}^2$)×70%]

$\varDelta V$: $6.2l$ (필요한 기름 방출량)

V_1:   (필요한 어큐뮬레이터의 용량)

이상과 같은 사양의 경우의 어큐뮬레이터의 용량을 구해 봅시다.

식 ②에 사양의 수치를 대입하면,

$$V_1 = \frac{6.2 \times 130^{\frac{1}{1.41}} \times 200^{\frac{1}{1.41}}}{91^{\frac{1}{1.41}} \times (200^{\frac{1}{1.41}} - 130^{\frac{1}{1.41}}) \times 0.95} = \frac{8384.8}{262.6} = 31.93 \ [l]$$

어큐뮬레이터의 필요한 용량의 계산값은 31.93l가 됩니다. 이 계산값보다 큰 것을 카탈로그에서 선택하면 되는데, JIS에서는 0.1l, 0.3l, 0.5l, 1l, 3l, 5l, 10l, 20l, 40l, 60l의 10종류가 있으므로, 이 경우에는 40l의 용량의 어큐뮬레이터를 사용하게 됩니다.

[예 1] [예 2]에서 검토한 내용에서도 알 수 있듯이 어큐뮬레이터는 에너지의 보조로서 이용되면서 장치의 제조 원가나 유지비 등의 경제성에서 보아, 자원 절약, 에너지 절약에 크게 공헌하는 것이라고 할 수 있습니다.

(2) 서지압(충격압)의 흡수

고압·고속의 유류(油流)를 사용하고 있는 회로에서, 밸브로 갑자기 회로를 닫거나, 실린더가 스트로크의 종단에 도달하거나, 또는 부하가 급격히 변동하거나 하면, 서지압이 발생합니다.

서지압은 기계에 진동을 유발하여 정밀도를 틀리게 하거나, 유압 기기의 파손을 일으키거나 하는데, 어큐뮬레이터에 의해 이 서지압을 흡수하여 진동을 막을 수가 있습니다. 이 경우, 서지압을 가급적 다른 기기에 전하지 않도록 하기 위해서는 어큐뮬레이터는 서지압의 발생원에 가능한 한 가까운 위치에 부착할 필요가 있습니다.

(3) 유체의 맥동의 감쇠

각종 유압 펌프는 시간에 따라 토출량이 변화하므로, 그것이 압력의 맥동이 되어 파이프내에 발생합니다. 그 때문에 실린더가 스무스하게 움직이지 않든가, 파이프나 기기가 진동하여 기름 누설이나 파손의 원인이 됩니다. 이 맥동은 피스톤 펌프(플런저 펌프)의 경우에 특히 많으며, 기어 펌프에서도 톱니수가 적든 가, 톱니의 형상이 나쁜 경우는 맥동이 커집니다.

어큐뮬레이터는 이들의 맥동을 흡수하여 진동·소음을 방지할 수가 있습니다.

이 경우, 맥동을 가급적 다른 기기에 전하지 않기 위해, 가능한한 펌프에 가깝게 하여 세트합니다.

그림 7-2는 어큐뮬레이터에 의해 맥동을 흡수한 효과를 나타낸 것입니다.

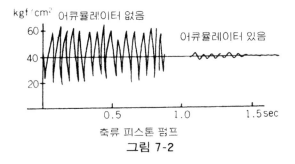

그림 7-2

(4) 유체의 반송(트랜스퍼 배리어) 및 증압

그림 7-3은 유압 펌프 유닛을 이용하여 특수 액체를 Ⓐ에서 Ⓑ로 압송(壓送)하기 위한 회로입니다. 매뉴얼 밸브를 좌로 전환하면 특수 액체는 어큐뮬레이터의 고무자루에 흘러 들어갑니다.

— 실린더 안의 녹막이 —

오른쪽의 그림을 봅시다. 이와 같은 회로에서, 실린더를 상승, 하강시킬 경우에 실린더의 헤드 쪽에는 기름을 넣지 않고 공기를 흡입시켜서 하는 일이 있습니다. 그럴 때에 곤란한 것이 실린더 안의 녹인데, 피스톤의 헤드측에 기름을 넣어 두면 녹의 발생이 훨씬 적게 되어 장기간 사용할 수가 있습니다. 장마 때의 토, 일요일의 연휴 전에 기계 표면에 기름을 발라 공기를 차단하는 것과 같은 이치입니다.

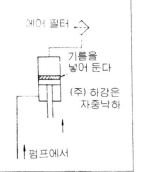

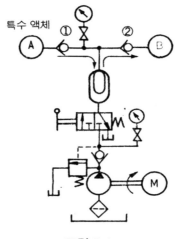

그림 7-3

다음에 매뉴얼 밸브를 우로 전환하면 펌프로부터의 압유가 어큐뮬레이터에 들어가 고무자루를 누릅니다. 방출된 특수 액체는 체크 밸브 ①에 의해 역류하지 않고 ②를 통하여 ⑧로 압송됩니다.

이상의 조작을 되풀이하면, 대량의 액체 수송이 됩니다. 또, 액체만이 아니고 가스의 경우는, 같은 조작을 함으로써 가스압을 증대시킬 수가 있으므로, 어큐뮬레이터에 질소가스를 충전할 때에도 이용되고 있습니다. 또 반송하는 유체나 가스의 성질에 따라 고무자루의 재질에 주의하여야 합니다.

7·1·2 어큐뮬레이터 회로의 여러 가지

(1) 안전 회로(1)

제7장의 처음에 첫물 남비의 예를 들어 설명하였는데, 이것에 대하여 어큐뮬레이터를 사용한 안전 회로를 생각해 봅시다.

그림 7-4를 보십시오. 펌프가 작동하고 있을 때는 토출된 압유는 매뉴얼 밸브에 의해 전환되어 실린더를 작동시킴과 동시에, 체크 밸브 ①을 통하여 어큐뮬레이터에 축유(蓄油)됩니다. 솔레노이드 밸브가 여자되어 닫혀 있으므로, 이 압유는 도망가지 못합니다. 또 축압이 완료되면 언로드 밸브가 작용하여 펌프를 언로드하므로, 동력이 절약됩니다.

정전이 되어 펌프가 작동하지 않게 되면 솔레노이드 밸브의 전기도 끊기므로,

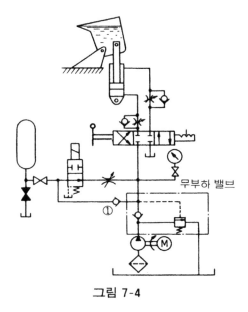

그림 7-4

스프링의 작용으로 밸브가 열려, 축압되어 있던 기름이 관로에 들어갑니다. 그 래서 매뉴얼 밸브를 열어, 실린더를 작동시킵니다.

(2) 안전 회로(2)

그림 7-5는 압연 롤을 유압 실린더로 꽉 누르는 회로입니다. 언로드 밸브의 세 트압까지 어큐뮬레이터에 축압하면 언로드 밸브가 열려, 펌프를 언로드로 하여 동력을 절약합니다. 또 기름 누설에 의해 압력이 내리면 언로드 밸브가 닫혀, 압

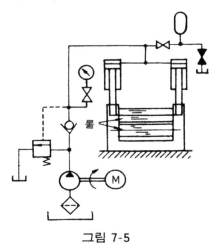

그림 7-5

유는 다시 세트압이 될 때까지 축압되는 것입니다. 압연 중의 롤에 이물이 들어간 경우에는 롤은 급격히 밀어 올려지는데, 밀어 올림으로 실린더에서 토출되는 압유는 어큐뮬레이터에 흡수되어 쇼크의 발생을 막습니다.

이물이 롤을 통과하면 어큐뮬레이터에 흡수된 압유가 방출되므로, 롤은 원 상태로 돌아갑니다.

(3) 압력 유지 회로

그림 7-6을 보십시오. 이 회로는 바이스의 조르기를 유압으로 하고 있는 것입니다. 압유의 누설에 의해 조르기가 늦추어지는 것을 막기 위하여 어큐뮬레이터를 사용한 예입니다.

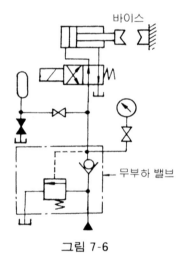

그림 7-6

펌프에서 토출된 압유는 바이스의 조르기가 끝나면, 어큐뮬레이터에 축압된 후, 언로드 밸브에서 도피합니다. 실린더는 어큐뮬레이터의 축압으로 유지되지만, 조르는 힘이 기름 누설 등으로 언로드 밸브의 세트압보다 낮아지면, 펌프가 작용하여 다시 축압을 시작합니다.

(4) 프레스 램 급속 이송 회로

그림 7-7은 프레스에 응용된 예입니다.

실린더는 대소 2개의 펌프로 고속 하강합니다. 실린더 끝이 워크를 누르면, 압력 스위치가 들어가, 솔레노이드 밸브가 ON이 되어, 저압 대용량 펌프가 어큐뮬레이터에 축압을 합니다. 워크 가압은 고압 소용량 펌프로 하는 것입니다.

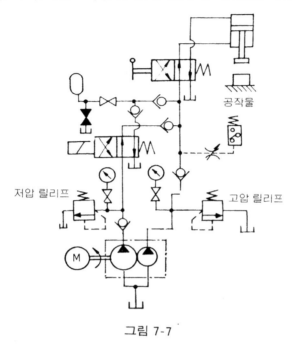

그림 7-7

가압이 끝난 곳에서 매뉴얼 밸브를 좌로 전환하면, 실린더에 부하가 없어지므로 실린더 내의 압력이 저하하여, 압력 스위치가 끊겨 솔레노이드 밸브가 OFF로 됩니다. 그래서 2개의 펌프의 압유와 어큐뮬레이터의 압유가 실린더의 로드측에 보내져 실린더를 고속 상승시키므로, 사이클 시간이 단축되는 것입니다.

(5) 서지압 흡수 회로

고압 고속 유류(油流)의 회로에서, P포트 블록의 전환 밸브를 전환할 때, 또는 실린더가 스트로크 엔드한 경우 등, 펌프로부터의 압유가 급정지되면 관로내에 서지압이 발생합니다.

서지압은 **그림 7-8**과 같이 어큐뮬레이터에 흡수되면 쇼크는 완화됩니다. 또 어큐뮬레이터 대신에 고압 고무 호스를 사용해도 상당한 효과가 있습니다.

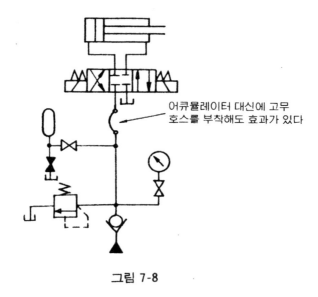

어큐뮬레이터 대신에 고무
호스를 부착해도 효과가 있다

그림 7-8

(6) 펌프의 대용 회로

그림 7-9는 대용량 펌프와 소용량 펌프 대신에 대소 2개의 어큐뮬레이터로 대
용시키는 회로입니다.

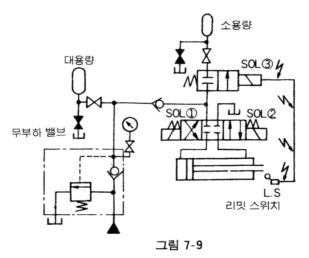

그림 7-9

　실린더의 급속 이송은 대용량 어큐뮬레이터로 하며, 스트로크 엔드에서 리밋
스위치에 의해 SOL③이 ON이 되면, 소용량 어큐뮬레이터로 가압 이송을 합니
다.

그 동안, 펌프는 대용량 어큐뮬레이터에 축압을 하며, 가압 시간이 긴 경우는 펌프가 축압을 끝내면 언로드 밸브에 의해 언로드됩니다. 또 소용량 어큐뮬레이터에의 축압은 워크를 바꿀 때(실린더 정지 때)에 행하여집니다.

(7) 속도 증가 회로

그림 7-10을 보십시오. 솔레노이드 밸브를 ON으로 하면, 펌프에서의 압유는 실린더 로드측에 흘러 들어가고, 동시에 파일럿 체크 밸브를 열므로, 실린더는 펌프에서의 토출량에 어큐뮬레이터에서의 방출 기름량이 가하여져 고속 상승이 됩니다.

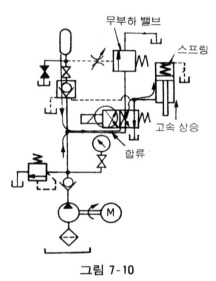

그림 7-10

솔레노이드 밸브를 OFF로 하면, 실린더측의 기름은 T포트에 연결되어 실린더는 스프링과 실린더의 자체 무게에 의해 하강합니다. 어큐뮬레이터의 축압은 실린더 하강 때 또는 정지 때에 행하여지며, 축압이 완료되면 언로드 밸브에 의해 펌프는 언로드됩니다.

(8) 응용예

그림 7-11을 보십시오. 이것은 용광로의 재료 삽입 벨의 개폐를 유압 실린더로 하는 회로도로, 벨이 열리면 광석과 코크스가 노(爐) 속에 떨어지도록 되어

있습니다.

어큐뮬레이터는 정전 때에 벨 개폐 1회분, 즉 실린더 1왕복분의 기름량과 닫힘(閉) 유지 30분간의 기름량이 축압되도록 되어 있고, 또 정전 때에는 SOL② 는 OFF로 되도록 설계되어 있습니다.

그런데, 정전이 되면, SOL②가 OFF로 되어 기름이 흘러, ①의 파일럿 체크 밸브를 열기 때문에 어큐뮬레이터의 축유에 의해, 일정 시간은 용광로의 가동을 계속할 수 있는 것입니다.

이 회로에서는 양축 전동 모터로 대소 2개의 펌프를 작동시키고 있고, 실린더 작동에는 2개의 펌프를 작동시키지만, 닫힘(閉) 유지 때는 소용량 고압 펌프만 을 작동시키고, 대용량 펌프는 언로드하여 동력을 절약합니다. 또한, 솔레노이 드를 제어하는 전원은 직류를 사용하여, 정전에 의한 영향을 적게 하고 있습니 다.

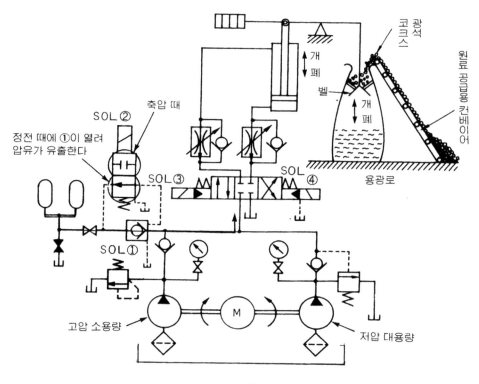

그림 7-11

7·2   어큐뮬레이터를 사용하지 않고 물체를 움직이는 방법

정전에도 강한 구동원

― 핸드 펌프, 엔진, 배터리 ―

교류 전동기가 정전 등으로 사용할 수 없게 되어도, 어큐뮬레이터가 전동기를 대신하여 작용해 줄 뿐만 아니라, 여러 가지로 유능한 작용을 해 줍니다.

그러나, 전동기를 대신하여 작용해 주는 것은 어큐뮬레이터뿐이 아닙니다. 그러면 그 외에는 어떠한 핀치 히터가 있고, 어떠한 작용을 해 주는가를 소개하기로 합니다.

7·2·1   핸드 펌프란 어떤 것인가

핸드 펌프란 문자 그대로 수동식 펌프로, 종류가 많고 구조도 여러 가지이며, 원리로서는 우물의 수동 펌프와 그다지 차이는 없습니다.

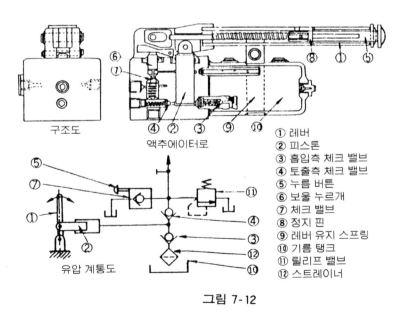

구조도

액추에이터로

유압 계통도

① 레버
② 피스톤
③ 흡입측 체크 밸브
④ 토출측 체크 밸브
⑤ 누름 버튼
⑥ 보울 누르개
⑦ 체크 밸브
⑧ 정지 핀
⑨ 레버 유지 스프링
⑩ 기름 탱크
⑪ 릴리프 밸브
⑫ 스트레이너

그림 7-12

그림 7-12의 유압 계통도를 보십시오. 레버 ①을 좌로 밀면, 피스톤 ②도 좌로 가고, 기름은 탱크 ⑩에서 스트레이너 ⑫, ③의 흡입측 체크 밸브를 통하여 실린더에 흡입됩니다.

다음에 레버를 우로 밀면, 기름은 실린더에서 밀려 나와, ③은 통하지 않으므로, 체크 밸브 ④를 통하여 액츄에이터에 보내지는 것입니다. 최고압은 릴리프 밸브 ⑪에 의해 세트하여 관로의 안전을 꾀합니다. 또 최후에 압력빼기를 할 때에는 푸시 버튼 ⑤에 의해, 볼 체크 ⑦을 열어 압유를 탱크로 되돌립니다.

핸드 펌프를 사용하는 경우에는 다음과 같은 주의가 필요합니다.

1. 펌프 부착 후에 처음 사용할 때에는, 펌프실 내와 배관 내의 공기는 완전히 빼 둘 것.

2. 압력 유지 성능이 몹시 나빠지므로, 기름 누설은 절대로 없게 할 것.

3. 크기 선정에 있어서는, 각 기기의 리크량 및 드레인량을 충분히 고려할 것. 그렇지 않으면 실제로 필요한 압력이 올라가지 않는 일이 있다.

7·2·2 핸드 펌프를 사용하는 회로

(1) 핸드 펌프를 사용하는 기본 회로

그림 7-13은 핸드 펌프에 의해 실린더를 작동시켜, 물체를 상하로 움직이기 위한 회로입니다. 핸프 펌프의 레버를 좌우로 왕복시키면 압유는 탱크에서 핸드 펌프의 실린더에 들어가, 다시 작동 실린더에 보내져 실린더를 상승시킵니다.

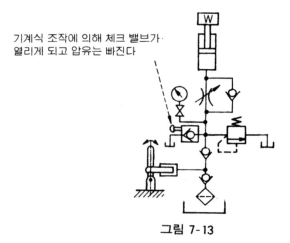

기계식 조작에 의해 체크 밸브가 열리게 되고 압유는 빠진다

그림 7-13

다음에 압력빼기 버튼으로 파일럿 체크 밸브를 열면, 압유는 탱크로 도피하므로, 실린더는 물체의 하중과 실린더의 자체 무게에 의해 하강합니다. 예를 들면, 유압 잭은 이 구조를 응용한 것입니다.

(2) 정전 때에 핸드 펌프를 사용하는 회로

앞의 안전 회로의 설명에서는 정전 때에 쇳물 남비를 조작할 경우, 어큐뮬레이터의 축압을 이용하는 방법을 설명했습니다.

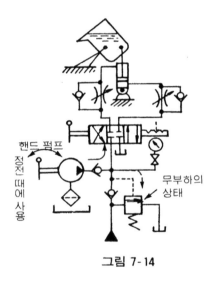

그림 7-14

여기서는, 같은 경우에 핸드 펌프를 사용하는 예를 생각해 보기로 합니다. 그림 7-14를 보십시오.

쇳물 남비를 조작하고 있는 동안에 정전이 되어, 펌프가 멈추어도 핸드 펌프에 의해 여유 있게 작업을 계속할 수 있는 것을 알 수 있을 것입니다.

(3) 핸드 펌프와 어큐뮬레이터의 조합 회로

그림 7-15는 석탄차의 털어내기 장치에 유압을 이용하고 있는 것입니다. 우선 석탄차의 도어의 갈고랑이를 벗기면, 도어는 석탄의 무게로 밀려서 열려, 실린더는 아래로 밀려 내려지므로, 실린더 헤드측의 기름은 체크 밸브를 통하여 어큐뮬레이터에 축압됩니다. 석탄의 털어내기가 끝나면, 축압된 기름이 실린더를

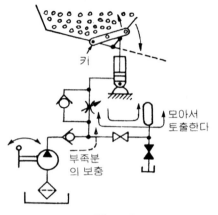

키

모아서
토출한다

부족분
의 보충

그림 7-15

상승시키므로, 도어는 자동적으로 닫힙니다. 어큐뮬레이터나 실린더의 기름 누설에 의해 압력이 저하했을 때는 핸드 펌프로 압력을 보충할 수가 있는 것입니다.

7·2·3 모터 대신에 엔진(가솔린, 디젤 등)을 사용한다

댐의 게이트 개폐든가, 해상에서의 유압 장치든가, 전기를 끌기 어려운 장소에서는 전동기 대신에 엔진을 사용합니다. 또, 정전에 대비하여 비상용으로 엔진이 사용되고 있는 경우도 있습니다.

엔진을 사용하는 경우는 다음과 같은 주의가 필요합니다.

1. 필요 동력에 대하여 엔진의 정격 출력이 120~150%가 되도록 엔진을 결정할 것.
2. 펌프의 회전수와 엔진의 정격 출력 회전수에 충분히 주의할 것.
3. 수동 시동으로 좋은가, 전기 시동이 좋은가, 또 전기 시동이라면 그 충전 방법을 어떻게 하는가 고려할 것.
4. 전동기와 달리, 연료의 공급이나, 회전수의 조정, 엔진의 시동 등, 작업이나 점검 항목이 많으므로, 메인터넌스를 고려한 위치에 설치할 것.

(1) 정전 때에 엔진을 사용하는 회로

정전 때에 핸드 펌프로 쇳물 남비를 조작하는 것은 **그림 7-14**에서 설명하였지만, 이번에는 엔진을 이용하여 봅시다. **그림 7-16**을 보십시오.

보통은 전동기로 펌프를 구동시키고 있으나, 정전이 되면 벨트를 걸어 엔진을 구동시키는 것입니다. 이 때, 펌프 내부의 베어링에 벨트의 인장에 의해 편하중(**偏荷重**)이 걸리지 않도록 풀리와 펌프 사이에 베어링을 설치해 둘 필요가 있습니다. 또 엔진을 시동하기 전에 스톱 밸브 ①을 열어 두면, 펌프는 언로드하므로, 엔진의 시동을 쉽게 합니다. 엔진 시동 후는 셔트하여야 하는 것은 물론입니다.

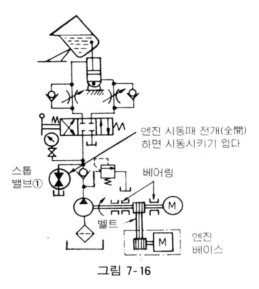

그림 7-16

마찬가지로, 엔진에 원심 클러치 등을 조합하면 스톱 밸브의 개폐의 필요도 없고 간단히 시동시킬 수 있습니다. 이 방법은, 보다 효과적이고, 보다 일반적이라고 할 수 있습니다.

(2) 엔진, 어큐뮬레이터, 핸드 펌프의 조합 회로

그림 7-17은 엔진, 어큐뮬레이터, 핸드 펌프를 조합하여 동력으로 하고 있는 회로입니다. 어큐뮬레이터는 엔진을 시동하기 위한 오일 모터 구동용으로서 사용됩니다.

엔진을 시동시킬 때에는 매뉴얼 밸브를 전환하여 어큐뮬레이터의 축압유에 의해 순간적으로 큰 힘을 오일 모터에 보냅니다. 오일 모터의 회전에 의해 엔진

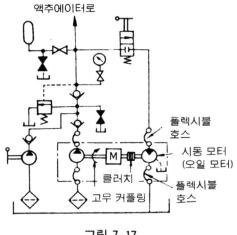

그림 7-17

은 시동되는 것입니다.

어큐뮬레이터의 축압은 엔진이 구동하고 있는 동안에 하도록 되어 있습니다. 또 운전 정지 중의 기름 누설에 의한 압력 저하는 핸드 펌프에 의해 보충합니다.

또한, 엔진은 진동이 심하므로, 붉은 선 안의 유닛은 탱크 유닛과는 따로 코몬 베이스로 짜 넣고, 펌프와 탱크는 브레이크 호스로 연결합니다.

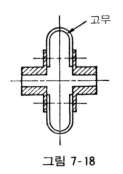

그림 7-18

펌프와 엔진의 커플링에는 펌프의 베어링을 진동에서 보호하기 위하여 고무 커플링(그림 7-18)을 사용하면 수명이 길어집니다.

7·2·4 직류 전동기를 사용한다

게이트의 개폐든가, 운반차와 같이, 이전하는 것 등에는 축전지에 의한 직류 전동기가 흔히 사용되는데, 이 방법은 역시 정전 때의 비상용으로도 유효하게 사용할 수가 있습니다.

직류 전동기는 축전지를 전원으로 하는 것이 보통이므로, 전동기의 마력에는 자연히 제약이 있어, 대마력의 전동기가 필요할 때는 직류 발전기를 사용해야 합니다.

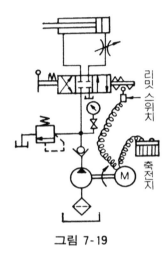

그림 7-19

축전지를 사용할 때는 쓸데 없는 전력을 소비하지 않도록 연구할 필요가 있습니다. 그림 7-19를 보십시오. 매뉴얼 밸브의 레버에는 연동의 도그가 부착되어 있고, 매뉴얼 밸브가 중립인 때에는 리밋 스위치가 OFF로 되어 전원을 끊어 축전지의 쓸데 없는 사용을 막고 있습니다.

7·2·5 그 밖의 방법으로 물체를 움직인다

이상, 교류 전동기를 사용하지 않고 동력을 얻는 방법에 대하여 여러가지로 설명했으나, 그 외에도 다른 동력 기계나 장치를 이용하는 방법이 몇 가지 생각됩니다.

그림 7-20은 정전 등의 경우에 수동 크레인을 사용하여 첫물 남비를 경전(傾轉)하는 장치입니다. 유압 회로에는 정전 때에 실린더의 로드측과 헤드측의 기름을 탱크에 개방하기 위한 스톱 밸브를 세트하고 있습니다.

또 그림 7-21은 추를 이용하는 방법으로, 정전 때에 추의 작용에 의해 실린더가 안전한 방향으로 작동되도록 해 두면 좋습니다.

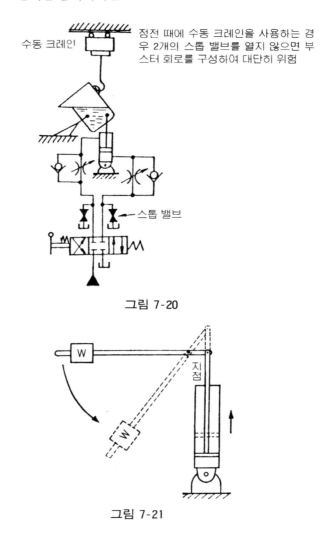

수동 크레인

정전 때에 수동 크레인을 사용하는 경우 2개의 스톱 밸브를 열지 않으면 부스터 회로를 구성하여 대단히 위험

스톱 밸브

그림 7-20

지점

그림 7-21

7·2·6   아아 정전이다!!   자 출진에 대비하여

제7장에 들어와서, 정전에서도 물체를 움직이는 것에 대하여 설명했으므로, 그 방법은 잘 알았으리라고 생각합니다. 그러나, 실제로 정전이 된 경우, 과연 잘 되어 갈까. 잘 생각해 봅시다.

정전 등은 자주 일어나는 것은 아니고, 또 일어나서는 대단히 곤란한 것입니다. 그러므로, 정작 정전!이 되었을 때에는 크든 작든 혼란을 일으키는 것입니다. 그 때문에 모처럼 설비한 정전용 대책도 잘 이용할 수 없는 경우가 있습니다.

그러면, 정전용 대책 설비를 어떻게 잘 이용할까인데, 우선 어큐뮬레이터에 대하여 설명하면, 모처럼 규정 압력까지 가스를 충전해 두었음에도 불구하고, 낮시간의 점검을 소홀히 한 탓으로 소정의 작동의 반밖에 동작하지 못했다는 문제가 있기도 합니다. 또, 엔진에서는 가솔린이 떨어져 있거나, 스타터용 배터리가 방전해 버린 것과 같이, 이것도 일상 점검을 소홀히 했기 때문에 모처럼의 설비가 사용되지 못한다는 문제가 일어납니다.

이와 같이 정전용 대책을 함과 동시에, 낮시간부터 항상 비상시를 생각하여 설비를 점검해 두는 것이, 비싼 설비를 유효하게 살리는 가장 중요한 일입니다.

소방법과 유압 기기

유압 탱크의 용량이 300*l* 이상이 되면 소방법의 적용을 받습니다. 지역에 따라서는 400*l* 이상부터 적용되는 경우도 있습니다.

소방법이 적용되면 탱크와 제1스톱 밸브의 재질은 단강제 또는 가단주물제의

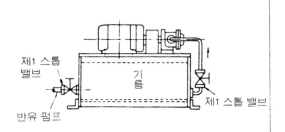

것이 필요하게 됩니다. 또 관련 전기 기기는 방폭형이 아니면 인가되지 않게 되므로, 전자기 밸브에 대해서는 특히 주의할 필요가 있습니다.

8. 물체의 움직임을 멈추어 두는 데는

「물체의 움직임을 멈추어 둔다? 간단하지 않은가」
라고 일반적으로는 생각되겠지요. 그러면 주변의 것으로, 자동차를 멈추어 두는 것을 생각해 봅시다.

짧은 시간, 예를 들면 신호 대기 정차라면 푸트 브레이크를 밟고 있으면 되기 때문에 아주 간단합니다. 주차할 때에는 기어를 로 또는 백으로 넣고, 사이드 브레이크를 잡아 당겨야 합니다. 주차한 장소가 급사면이면 차의 자주(自走)도 생각해서, 타이어에 "제동용 나무나 돌"이 필요하겠지요. 그러나, 기온이 −5℃ 이하가 되는 장소에서는 사이드 브레이크를 잡아당겨 두면, 브레이크 슈나 링크 기구가 동결하여 차를 움직일 수 없게 됩니다.

물체의 움직임을 멈추어 두고싶다……고 해도, 단 1~2초 멈추는가, 5분간인가, 1시간인가 또는 1일간 멈추어 두고 싶은 것인가… 절대로 움직여서는 안되는가, 조금이지만 움직여도 되는가… 멈추어 두고싶은 그 물체에 외력이 가해지는 일은 없는가…, 외력이 가해지지 않아도 자중 낙하의 우려는 없는가…

유압 기기에 의해 "물체를 움직인다"는 것은 비교적 간단하지만, 이와 같이 여러 가지 조건이 나오면, 유압 기기에 의해 "물체의 움직임을 멈추어 둔다"는 것은 대단히 어려운 일이 되는 것입니다.

8·1 기름 누설의 문제

회로도는 그대로 믿을 수 있을까

—기재되지 않는 기름 누설—

유체는 압력차와, 통과할 수 있는 면적이 있으면 흐르기 시작합니다. 만약 여기에 전혀 기름을 통과시키지 않는(기름 누설이 없는) 스풀형 밸브가 있으면, 그 밸브는 작동할 리가 없습니다.

밸브가 작동하려면 틈새가 필요하며, 틈새가 있고, 압력차가 있으면 기름은 새기 때문입니다.

유압 회로도에서는 선으로 이어져 있지 않은 한 기름은 흐르지 않도록 약속이 되어 있습니다. 전환 밸브로 차단되면, 그 방향으로는 기름은 흐르지 않으나, 역시 기름 누설은 있는 것입니다.

유압에서 "물체의 움직임을 멈추어 두는" 경우, 잘 되는가의 키를 쥐고 있는 것이, 이 기름 누설인 것입니다.

8·1·1 스풀형 밸브의 기름 누설

그림 8-1을 보십시오. 그림(b)는 스풀형 밸브의 단면도이며, 그림(a)는 그것을 JIS기호로 나타낸 것입니다.

JIS기호에 의하면, 전혀 기름을 통과시키지 않는 밸브라도 실제로는 소량의 기름 누설은, 아무리 하여도 피할 수가 없다는 것을 알 수 있습니다.

방향 제어 밸브나 압력 제어 밸브에는 이 스풀형의 것이 많으므로, 역시 기름은 새는 것으로 생각해야 합니다.

기름의 리크량은 기름이 새려는 곳의 압력차와 스풀의 외경에 비례하고, 스풀

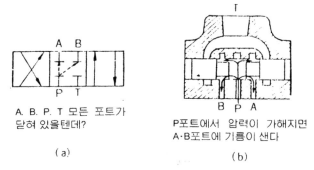

A. B. P. T 모든 포트가
닫혀 있을텐데?

(a)

P포트에서 압력이 가해지면
A·B포트에 기름이 샌다

(b)

그림 8-1

외경과 본체 내경의 틈새의 3제곱에 비례하며, 오버랩량과 기름의 점도(동점성
계수)에 반비례합니다.

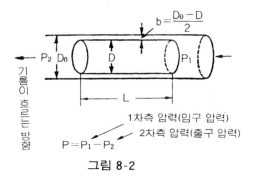

그림 8-2

이것을 계산식으로 하면

$$Q_E = 1.67 \times 10^9 \times \frac{Pb^3D}{\nu \cdot L} \quad \cdots\cdots\cdots\cdots\cdots\cdots\cdots\cdots\cdots\cdots\cdots\cdots ①$$

이 됩니다.

Q_E: 리크량 [ml /min]

P: 압력차 [kgf /cm^2]

D: 스풀의 외경 [cm]

L: 오버랩량 [cm]

표 8-1

온도 [℃]		0	10	20	30	40	50	60
[cSt] 동점성 계수	ISOVG 32 상당품	300	150	80	50	32	21	15
	ISOVG 56 상당품	700	300	150	85	55	35	23

ν: 기름의 점도 [센티스토크스 cSt]

b: 틈새 [cm]

그러면, 다음 예제에 대하여 실제로 계산해 봅시다.

[예제]

전환 밸브에서, 스풀 지름 32mm, 오버랩량 4mm, 압력차 70kgf/cm², 틈새 01mm(10μm), 기름의 점성도 32센티스토크스로 한 경우의 리크량의 계산은 다음과 같이 됩니다. (밸브 사이즈는 ³/₄ᴮ 상당품입니다.)

우선, 주어진 수치를 식 ①에 대입하면,

$$Q_E = 1.67 \times 10^9 \times \frac{70 \times 0.001^3 \times 3.2}{32 \times 0.4} = 29.2 ml/min$$

이것은 스풀이 본체의 중심에 있는 경우의 계산이지만, 만일 스풀이 편심하고 있을 때에는 식 ①에 다음의 식 ②를 곱할 필요가 있습니다.

$$1 + \frac{3\epsilon^2}{2} \quad \cdots\cdots\cdots\cdots ②$$

여기서, $\epsilon = e/b$

(e: 편심량 cm)

최대 편심량은 e=b가 되고, $\epsilon=1$이 되므로, 식 ②에 대입하면,

$$1 + \frac{3 \times 1^2}{2} = 2.5$$

식 ②에서 분명한 것과 같이, 같은 틈새라도 스풀의 위치에 따라, 최대 2.5배의 리크가 있게 됩니다.

다음의 식 ③은 스풀이 편심하고 있는 경우의 계산식입니다.

$$Q_E = 1.67 \times 10^9 \times \frac{Pb^3 D}{\nu \cdot L} \left(1 + \frac{3\epsilon^2}{2}\right) \quad \cdots\cdots\cdots ③$$

그러나, 실제로는 스풀과 본체의 열팽창이나, 먼지에 의한 막힘 등이 가해져 리크량은 계산값보다 작은 것이 일반적입니다.

그림 8-3은 스풀의 이동에 따라, 리크량이 변화하는 모양을 표시한 것입니다.

일반적으로 리크량은 시간의 경과와 함께 적어집니다. 그 일례를 **그림 8-4**에 나타냅니다.

또, 같은 틈새라도 작동유의 오염도에 의해서도 리크량은 변화합니다. 그 예

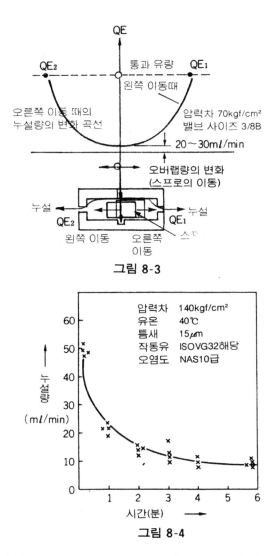

그림 8-3

그림 8-4

를 **표 8-2**에 나타내지만, 크기 5~15μm의 먼지가 리크량에 가장 크게 영향을 미 칩니다.

표 8-2

오염도	누설량 틈새	ml / min	
		13μm	23μm
NAS 8급		17	72
NAS 10급		4	41

유온 42℃
작동유 ISOVG 32 상당품
압력차 140kgf /cm²
측정 전환 1분 뒤의 30초간

8·1·2   포핏형 밸브의 기름 누설

포핏형 밸브는 체크 밸브나 로직 밸브로서 많이 사용되고 있습니다. 이 타입의 밸브는 구조도 간단하고, 기름이 새는 것처럼은 보이지 않지만, **그림 8-5**에서 알 수 있는 바와 같이, 역시 약간이기는 하지만 기름은 새는 것입니다.

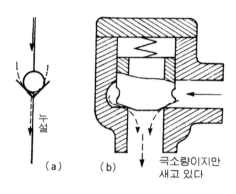

그림 8-5

즉, 밸브의 가공정밀도, 변형, 작동유 중의 비교적 큰 먼지 등에 의해 리크를 제로로 하는 것은 사실상 대단히 곤란하며, 일반적으로는 차압 $70kgf/cm^2$에서 $0.1ml/min$ 전후의 리크가 있다고 생각해야 합니다. 또한, 차압이 $15kgf/cm^2$ 전후의 저압일 때는 70이나 $140kgf/cm^2$ 등의 고압일 때보다 리크량이 많아지므로 주의가 필요합니다.

체크 밸브의 (내부) 리크를 없애기 위해, 체크 밸브에 나일론 볼 등을 사용하고 있는 것도 있습니다. 그러나 나일론 볼은 압력 $50kgf/cm^2$ 이상에서 사용할 수가 없습니다. 또 정전기가 일어나 먼지를 흡수하기 쉽고, 수명이 짧은 등의 결점이 있어, 실용적으로는 아직 더 연구할 문제입니다.

8·1·3   JIS기호는 분명히 보도록 하자

유압 회로도에서는, 밸브 작동에 필요한 외부 리크가 있을 때에는 짧은 점선으로 드레인(조작을 끝내고 탱크로 돌아오는 기름)으로서 반드시 그려서 나타내지만, 내부 리크에 대해서는, 작동에는 필요치 않은 것이므로, 회로도에는 그려서 나타내지 않습니다. 예를 들면, **그림 8-6**(b)와 같은 내부 드레인형의 드레

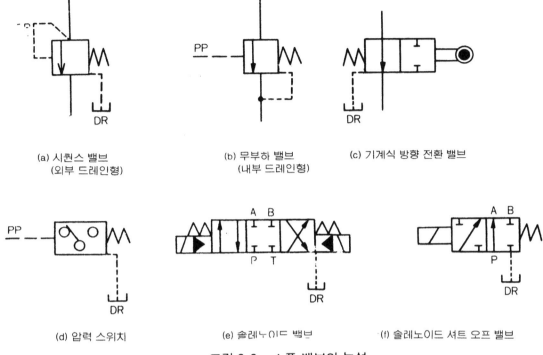

(a) 시퀀스 밸브
(외부 드레인형)

(b) 무부하 밸브
(내부 드레인형)

(c) 기계식 방향 전환 밸브

(d) 압력 스위치

(e) 솔레노이드 밸브

(f) 솔레노이드 셔트 오프 밸브

그림 8-6 스풀 밸브의 누설

인선은 그리지 않기로 되어 있습니다. 릴리프 밸브의 경우도 일반적으로 그리지 않습니다.

그러므로, 회로도의 JIS기호를 허술히 보고 밸브에 반드시 있는 내부 리크에 대한 주의를 태만하면, 회로도상에서는 움직이지 않는 실린더가 실제로는 움직인다는, 목적과는 틀린 결과가 되는 일이 있습니다.

8·2 로킹 회로

지레로도 움직이지 않는 로킹

— 확실한 정지와 고정 —

물체의 움직임을 멈추어 두려는 회로를 로킹 회로라고 합니다.

회로는 가급적 간단할수록 좋으나, 앞서 설명한 바와 같이 물체를 멈추어 둘 때의 조건은 여러가지이므로, 그 조건에 따라 어떤 밸브가 필요한가, 메카니칼 록(기계적 조르기)을 병용할 필요는 없는가 등, 여러 가지를 생각해야 하는 경우가 있습니다.

8·2·1 전환 밸브만에 의한 로킹 회로

가장 간단한 로킹 회로는 전환 밸브의 전환만으로 실린더를 록하려고 하는 방법입니다. 그러나, 스풀형 밸브는 리크가 있으므로,

1. 물체를 멈추어 두는 시간이 짧고, 다소나마 움직여도 좋은 경우

2. 큰 외력이 가해질 우려가 없는 경우.

등에 널리 이용되고 있습니다.

그림 8-7은 그 예이며, 클로즈드 센터의 전환 밸브가 사용되고 있고, 전환 밸

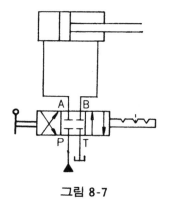

그림 8-7

브만으로 로킹되고 있습니다. 그러나, P포트에 압력이 가해지고 있으면 A·B포
트에 기름이 새어 압력이 발생합니다. 만약, 실린더의 부하가 작으면, 실린더의
로드측, 헤드측의 면적차로 생기는 힘(차동 회로)에 의해 실린더가 자주(自走)
합니다.

기름 누설을 적게 하는 데는 틈새를 작게 하는 것이 가장 유효하지만, 너무 작
으면 하이드로 록을 발생하거나, 장시간 사용에 의한 스풀이나 본체가 마모나
부식 때문에 누설이 많아집니다. 요컨대, P포트에서 A·B포트로 기름이 새지 않
도록 해 주어야 합니다.

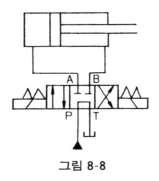

그림 8-8

그림 **8-8**은 탠덤 센터의 전환 밸브를 사용하는 예입니다. 중립 위치에서 펌프
가 언로드로 되므로, P포트와 A·B포트의 압력차가 적고, 따라서 기름 누설도
적으므로, 실린더는 우선 움직이지 않습니다. 그러나, 실린더에 외력이 가해지
면 움직입니다.

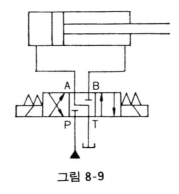

그림 8-9

또, 그림 **8-9**는 P·B블록의 전환 밸브이지만 P포트에 압력이 있어도 B포트에

만 압력이 발생하므로, 중립 위치에서는 실린더는 좌측 방향으로만 움직입니다. 그러므로, 이 방향을 안전측으로 해둠으로써, 트러블의 발생을 막을 수 있는 것입니다.

8·2·2 파일럿 체크 밸브에 의한 로킹 회로

전환 밸브에 의한 것만으로는 불충분하며, 다시 확실하게 실린더를 록하려고 할 때는 **그림 8-10**과 같이 파일럿 체크 밸브를 세트합니다.

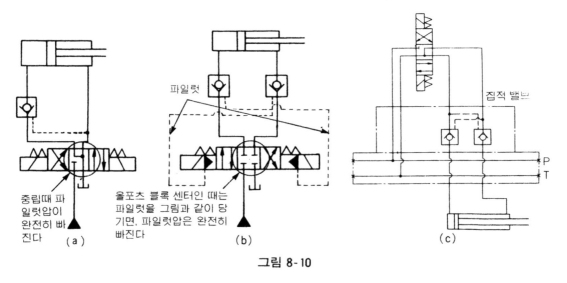

그림 8-10

그림(a)에서는 파일럿 체크 밸브가 1개, 그림(b)에서는 2개가 세트되어 있습니다.

이 회로에서 주의해야 할 것은 파일럿 체크 밸브의 파일럿 라인에 압력이 걸리지 않도록 해야 하는 것입니다. 만일 압력이 걸리면 파일럿 체크 밸브가 열려 기름이 통하여, 파일럿 체크 밸브를 회로 가운데에 넣은 의미가 없어질 우려가 있습니다.

또, 파일럿 체크 밸브의 록 압력이 140kgf /cm² 이상이거나, 유량이 많은 경우, 이대로는 파일럿 체크 밸브가 열릴 때에 쇼크가 나오므로, 파일럿 라인을 교축하거나, 디콤프레션형 파일럿 체크 밸브를 사용하거나 하면, 쇼크 방지 효과를 올릴 수 있습니다.

전환 밸브만의 로킹 회로에서 배관하지 않고 파일럿 체크 밸브를 추가하는 경우는 모듈 밸브 등의 집적 밸브를 사용합니다.

8·2·3 메카니칼 록의 방법

물체가 조금만 움직여도 안된다든가, 또는 장시간 멈추어 두고 싶은 때 등에는 유압 기기만으로 물체를 완전히 멈추어 두는 것은 어려우므로, 유압을 응용한 메카니칼 록을 병용합니다. 이 방법에도 여러 가지가 있으나, 일반적으로 스프링으로 록하고, 유압으로 언록(해방)하는 방법이 많이 사용되고 있습니다.

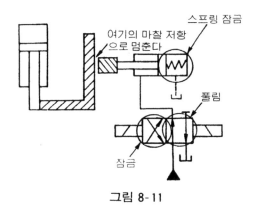

그림 8-11

그림 8-11은 움직이려고 하는 것을 직접 꽉 눌러, 마찰저항에 의해 움직임을 멈추는 방법입니다. 이 방법에서는 멈추어 두는 위치는 임의로 취할 수가 있으나, 힘은 작으므로 큰 힘으로 멈추어 두려 할 때는 **그림 8-12**와 같이 쐐기를 이용합니다.

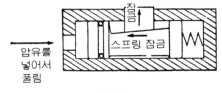

그림 8-12

멈추는 위치가 정해져 있고, 더구나 정밀도가 요구되는 경우, 예를 들면 인덱스나 트랜스퍼 등은 미리 가공해 있는 테이퍼 구멍이나 노치부에 테이퍼 핀이나 쐐기를 세트합니다.

 회전을 멈추어 두고 싶은 경우에는 자동차의 핸드 브레이크와 같은 방법에 의하는 것이 가장 간단하지만, 가장 큰 힘이 필요할 때는 자동차의 드럼 브레이크나 디스크 브레이크와 같이 하면 됩니다. **그림 8-13**이 각각의 약도입니다.

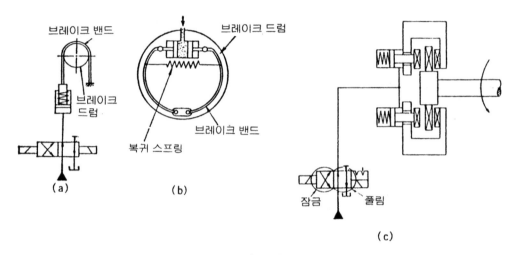

그림 8-13

8·3 자중 낙하를 방지하기 위해서는

중력을 무중력으로 한다

─ 카운터 밸런스의 이용 ─

인력은 모든 물체에 작용하며, 무게로 나타 낼 수가 있으나, 물체는 무거우면 무거울수록 위치 에너지가 큰 것이 됩니다.

이 에너지에 대항할 수 있는 힘으로 지탱해 주지 않으면, 물체는 자체 무게로 낙하하고 맙 니다.

그런데, 유압의 자중 낙하에는 기름 누설에 의한 느린 낙하와 자주(自走)에 의한 **빠른** 낙 하의 두 가지가 있습니다. 기름 누설을 적게 하거나, 파일럿 체크 밸브로 실린더에 배압을 걸거나, 또는 메카니칼 록을 사용하거나 하는 방식은 전항에서 설명한 대로입니다.

그런데, 낙하 에너지에 대항하여 자중 낙하 를 방지하는 데는 또 다음과 같은 방법이 있습 니다.

8·3·1 카운터 밸런스 밸브를 이용하는 방법

자중에 의한 자주(自走)는 위치 에너지에 의해 일어납니다. 지금 여기서, 실 린더 지름 ϕ80에 자중 1tonf의 자주에 의해 회로 내에 발생하는 압력을 계산해 봅시다.

ϕ80 ·············· 수압 면적: $A \doteqdot 50\text{cm}^2$

$1000\text{kgf}/50\text{cm}^2 = 20\text{kgf}/\text{cm}^2$

즉, 실린더는 $20\text{kgf}/\text{cm}^2$의 압력으로 자주한다고 생각해도 좋은 것입니다.

그래서 **그림 8-14**와 같이 카운터 밸런스 밸브를 세트하고, 실린더 로드측에 배압이 걸리도록 하면 됩니다.

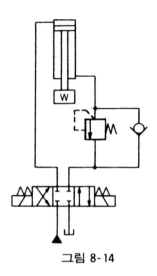

그림 8-14

또, 자주를 막고 기름 누설을 적게 하고 싶은 경우에는 카운터 밸런스 밸브와 파일럿 체크 밸브를 직렬로 세트합니다. 그림 8-15가 그 회로입니다만, 이 경우는 파일럿 체크 밸브의 OUT 포트에 배압이 걸리므로, 배압 허용형 외부 드레인 타입의 것을 사용합니다.

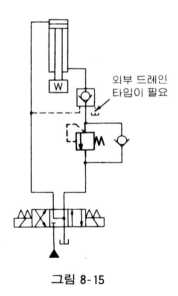

그림 8-15

그림 8-16은 하중 변동이 있어도 효율이 좋은 회로이지만, 진동이 발생하기 쉽기 때문에 제2장에서도 설명한 바와 같이 카운터 밸런스 밸브의 파일럿 라인

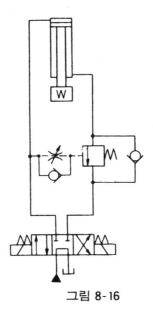

그림 8-16

을 교축할 필요가 있습니다.

8·3·2 밸런스 웨이트를 부착하는 방법

자중 낙하는 앞에서도 말한 바와 같이 무게에 의해 실린더에 압력이 발생하는 것에서 일어납니다. 만일, 압력이 발생하지 않으면, 기름 누설은 거의 없고, 자주도 없어집니다. 요컨대, 무게를 없애면 되는 것입니다.

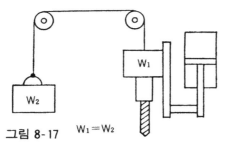

그림 8-17 $W_1 = W_2$

애드벌룬으로 매달아 올릴 수는 없지만, **그림 8-17**과 같이, 같은 무게의 것을 풀리나 스프로킷 휠과 체인 등으로 밸런스시키면 됩니다. 이 방법은 간단하며 확실하므로, 공작 기계 등에 널리 사용되고 있지만, 상승, 하강의 전환 밸브는 쇼크리스 타입으로 하고, 체인이나 벨트는 2개 이상으로 하여, 1개라도 끊어진 경우는 기계가 정지하는 인터록이 필요합니다.

8·4 로킹 회로에서 주의해야 할 것은

더욱 이것만의 배려를

― 인터록에서 시일 재질까지 ―

'로킹 회로란, 물체의 움직임을 로킹하는 것입니다. 유압적으로 바꾸어 말하면, 파이프 안의 기름을 밀폐하여, 누설하지 않게 됩니다.

그러나, 아무리 회로적으로 주의하여도 파이프를 파열시키거나 로킹 기구를 파괴시켜서는 「무엇을 하고 있는 것인가!」라고 말해도 어쩔 수 없습니다. "부처를 만들어 혼을 집어 넣지 않으면" 전혀 의미가 없습니다. 파괴되지 않는 안전 확실한 로킹에 대하여 충고합니다.

8·4·1 메카니칼 록에는 인터록을

메카니칼 록을 이용한 경우에 주의해야 할 것은, 록한 상태로 작동시켜서는 안된다는 것입니다. 무리하게 움직이면, 록 기구를 파괴시켜 버립니다.

안전을 꾀하기 위해서는 록 기구가 작용하고 있는가, 작용하고 있지 않은가를 검출하는 인터록이 필요합니다. 그림 8-18(a)의 리밋 스위치, (b)의 리밋 밸브가 인터록 작용을 합니다.

그림(a)에서는 로킹 실린더가 빠지면, 리밋 스위치로 전기 신호로서 표시되고, 그림(b)에서는 로킹 실린더의 후퇴로 리밋 밸브를 눌러, 처음 주실린더에 기름이 흐릅니다.

일반적으로는 인터록의 확인은 그림 8-18과 같이 위치로 잡지만, 누르고 있는 것을 압력으로 잡는 경우도 있습니다.

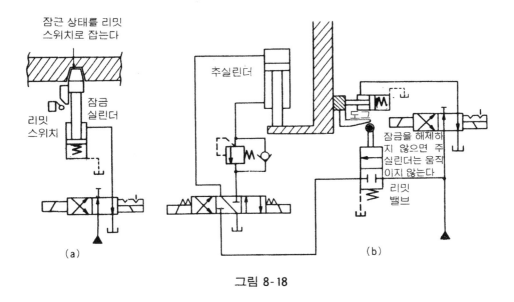

그림 8-18

8·4·2 쐐기나 테이퍼의 각도는 약간 크게

드릴을 드릴 섕크에서 빠지기 어렵게 하기 위해서는 테이퍼의 각도를 작게 합니다. 이것으로부터도 알 수 있는 바와 같이 쐐기나 테이퍼의 각도가 너무 작으면, 쐐기 효과가 지나쳐 유압을 가해도 언록하지 않게 되는 일이 있습니다.

이것은 각도가 작을수록 단위 면적당의 하중이 커지고, 더구나 로킹 시간이 긴 때는 온도 변화의 영향을 받아 점점 언록에 큰 힘이 필요하게 되는 일이 있기 때문입니다. 마치, 테이퍼 게이지로 가공 구멍의 테이퍼를 체크할 때, 뜨거운 워크가 냉각되는 데 따라 테이퍼 게이지가 좀처럼 빠지지 않게 되는 것과 같습니다.

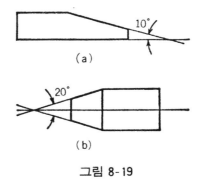

그림 8-19

그러므로, 쐐기에서는 10도 이상, 테이퍼에서는 20도 이상의 각도를 취할 필요가 있습니다. 그림 8-19는 그 참고도입니다.

8·4·3 온도차가 큰 환경에서 사용될 경우의 주의

온도차가 대단히 큰 환경에서는 로킹 회로에는 안전 밸브로서 릴리프 밸브(다이렉트형)와 리모트 컨트롤 밸브를 세트할 필요가 있습니다. 이것은 로킹 회로는 파이프 속의 기름을 밀폐하는 데에 틀림없기 때문입니다. 파이프와, 파이프 안에 충만되어 있는 기름을 동시에 가열하면, 파이프(강철)에 대한 기름의 열팽창률이 크기 때문에 파이프 안의 압력이 비정상으로 상승하기 때문입니다. 예를 들면, 배관이 옥외에 있으면 한여름의 직사 광선 아래에서는 60~80℃ 이상이 되어, 기름의 팽창에 의해서 파이프 파손으로 이어집니다. 그 때문에 릴리프 밸브 또는 리모트 컨트롤 밸브를 그림 8-20과 같이 부착하고, 그 세트압은 작동압의 1.5~2배로 해두면 이와 같은 트러블을 막을 수가 있습니다.

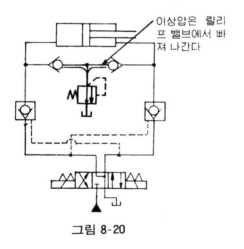

이상압은 릴리프 밸브에서 빠져 나간다

그림 8-20

8·4·4 실린더의 패킹 재질과 종류

패킹의 재질은 그것이 사용되는 상태(압력, 실린더의 작동 속도, 작동유, 온도 등)에 따라 다릅니다. 온도가 70℃ 이상인 경우는 바이톤계, -15℃ 이하부터는 실리콘 고무, -10~60℃에서는 니트릴 고무가 사용됩니다. 또 가죽 패킹도 고압에는 대단히 효과적입니다.

종류로는 O링, U패킹, V패킹, L패킹 등이 좋고, 또 메카니컬 록을 병용하는 것에서는 피스톤 링도 이용하는 일이 있습니다(기초편 제8장 참조).

로킹 회로에서는, 자주 온도라든가 외력에 의해서 이상압으로 되는 일이 있고, 로킹의 의미도 포함하여 단단히 시일을 할 필요가 있습니다. 압력적으로 2배 이상의 안전을 보는 쪽이 좋습니다. 표 8-3은 패킹의 종류입니다.

표 8-3

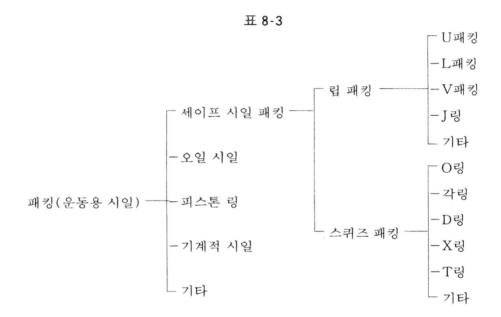

8·4·5 릴리프 밸브로 안전을 꾀한다

비정상적인 외력을 받을 우려가 있을 때는 다시 생각해야 합니다. 이와 같은 경우에는, 이상압이 발생하여 실린더나 배관을 파손하는 일이 있기 때문입니다. 이것에서는 무엇 때문에 로킹 회로를 짜고 있는가 알 수 없어, 파손해 버리면 모두 없어집니다. 비정상적인 외력을 실린더로 멈출 필요가 있으면, 그대로 각 부분을 강하게 해 두는 것이 중요합니다.

비정상적인 외력은 특별한 경우이고, 이 안전을 유지하기 위해 회로에 릴리프 밸브를 부착합니다. 또 반대측의 진공을 보충하기 위해 체크 밸브를 부착해 두면 안심할 수 있습니다.

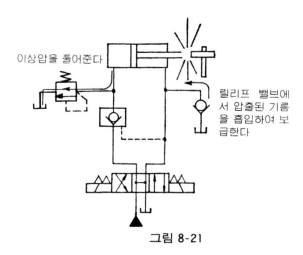

그림 8-21

이렇게 함으로써 릴리프 밸브에 안전 밸브의 작용을 시키고 있으므로, 비정상적인 외력이 가해져도 그 충돌에 의해서도 이상 압력은 발생하지 않아, 장치를 파손시키는 일이 없습니다. 그림 8-21은 그 회로의 일례입니다.

9. 물체에 가하는 힘을 바꾸는 데는

혼자서는 도저히 움직일 수 없는 큰 물체라도 2명, 3명으로 인원수를 늘려 가면 운반할 수가 있습니다. 또, 같은 인원수라도 어린이와 어른은, 어른 쪽이 무거운 것을 운반할 수 있습니다.

유압 기기에 있어서도 그것과 마찬가지입니다. 즉 인원수를 정하는 것이 유압 실린더의 크기가 되고, 또 사람을 보내는 작용을 하는 것이 펌프이며, 물체가 가볍거나 무거움에 따라 운반하기 위해 필요한 사람을 정하는 것이 압력 제어 밸브입니다.

이와 같이, 회로 내의 압력을 여러 가지로 바꿈으로써 힘을 바꾸어, 크고 작은 어떤 일도 기민하게 처리시킬 수 있는 것입니다.

자세히 말하면, 유압에서의 힘이란 피스톤을 누르는 힘이며, 피스톤을 누르는 힘, 즉 출력은 실린더 면적×압력이므로, 압력을 바꾸면 힘은 어떻게라도 바꿀 수가 있는 것입니다.

9·1   힘을 바꾸는 유압 기기

주역은 2사람

─릴리프 밸브와 리듀싱 밸브─

유압 회로상에서 압력을 제어하는 작용을 하는 기기의 대표적인 것에, 이 릴리프 밸브와 리듀싱 밸브(감압 밸브)가 있습니다. 예를 들면, 주회로상의 압력을 릴리프 밸브로 설정하고, 주회로에서 갈라진 회로(분기 회로)의 압력을 주회로의 압력보다 낮은 압력으로 사용하고 싶을 때 등, 리듀싱 밸브를 사용하여 분기 회로의 압력을 설정해 두면, 동시에 대소 2개의 일을 할 수 있는 것입니다.

이와 같이, 릴리프 밸브와 리듀싱 밸브를 잘 조합하면 여러 가지 일에 활용할 수가 있어, 능률이 좋은 일을 할 수가 있습니다.

또 원격 조작을 할 수 있는 릴리프 밸브와 리듀싱 밸브는 리모트 컨트롤 밸브와 병용하여 사용하면, 유압 기기를 조작하기 어려운 위치에 있을 때라도 리모트 컨트롤로 간단히 압력을 조정할 수 있으므로 대단히 편리합니다.

9·1·1   작용이 틀리는 릴리프 밸브와 리듀싱 밸브

릴리프 밸브와 리듀싱 밸브에서는 작용이 틀립니다. 2개의 밸브 구조를 보기만 해도 스스로 알게 됩니다(자세한 것은 기초편 제4장을 보아 주십시오).

릴리프 밸브는 회로 압력을 항상 일정 상태로 유지하기 위해, 여분의 기름을 탱크에 도피시키는 작용을 합니다. 즉, 회로압을 릴리프 밸브에 의해 설정해 두면, 비록 회로압이 세트압보다 높아져도 기름은 압력 설정용 스프링을 밀고 열어서 탱크로 흐릅니다. 또, 회로압이 세트압 이하로 복귀하면, 스프링의 힘에 의해 릴리프 밸브는 닫히게 되어, 항상 세트압 이상으로 되는 것을 막고 있는 것입니다.

그런데, 리듀싱 밸브에서는 입구측(1차측)과 출구측(2차측)의 통로는 최초 열려 있기 때문에, 기름은 자유로이 이 밸브를 통하여 실린더로 흐릅니다. 실린더가 목적지에 가서, 점점 압력이 상승하여, 최초에 설정한 압력이 되면, 출구측과 입구측의 통로는 닫혀져, 그 이상의 압력이 피스톤에 걸리는 것을 방지합니다.

릴리프 밸브와 리듀싱 밸브에는 이와 같은 작용의 차이는 있으나, 물체에 가하는 힘을 바꾼다는 점에는 틀림이 없습니다.

9·1·2 릴리프 밸브와 리듀싱 밸브의 압력 제어 범위

압력 제어 범위 $0 \sim 70\,kgf/cm^2$, $0 \sim 140\,kgf/cm^2$라는 것처럼 써 있는 것을 가끔 보게 되는데, 실제로는 $0\,kgf/cm^2$라는 압력 제어는 할 수가 없습니다. 그것은 관로 저항(管路抵抗)이나 밸브 내의 저항으로 아무래도 어떤 압력이 걸리기 때문입니다. 따라서, 표준품으로서의 릴리프 밸브나 리듀싱 밸브의 압력 제어 범위는 일반적으로 다음과 같이 되어 있습니다.

$8 \sim 70\,kgf/cm^2$

$35 \sim 210\,kgf/cm^2$

고압으로 하는 것은 그 때의 사양에 따라 여러 가지로 할 수 있습니다. 저압 쪽은 유량에도 의하지만, 릴리프 밸브의 경우, 다이렉트형을 사용하여 최저 설정 압력은 $0.5\,kgf/cm^2$ 정도까지, 리듀싱 밸브 최저 설정 압력은 $1\,kgf/cm^2$ 정도로 되어 있습니다.

9·1·3 릴리프 밸브는 어떤 때 사용되는가

우선, 회로압을 항상 일정하게 유지하고, 회로 압력 설정용으로서 사용됩니다. 그림 9-1을 보십시오. 이것은 정용량형 유압 펌프의 출구에 부착하여, 회로 내의 압력을 이 릴리프 밸브로 설정하여, 압력이 그 이상이 되는 것을 방지합니다.

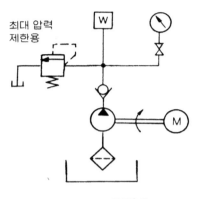

그림 9-1

그림 **9-2**는 릴리프 밸브를 안전 밸브로서 부착한 예입니다. 이 회로도에 의하면, 실린더 헤드측의 기름이 체크 밸브에 의해 역류가 방지되고 있습니다. 따라서, 실린더에 걸리는 부하 W가 변동할 때, 실린더 헤드측의 기름이 압축되어 압력은 급격히 상승합니다. 이 비정상적인 압력 상승을 막기 위해 안전 밸브로서 사용한 것입니다.

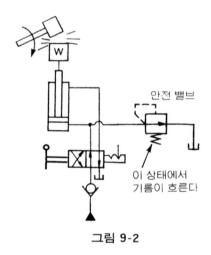

그림 9-2

9·1·4 리듀싱 밸브는 어떤 때 사용되는가

주회로의 최대 압력을 제한하는 것은 릴리프 밸브입니다. 그런데, 유압 장치에서는 회로를 주회로에서 분기하여 사용하는 일이 자주 있습니다. 이와 같은 회로를 분기 회로라 하고, 이 분기 회로의 압력 제어에 사용되는 것이 리듀싱 밸브입니다.

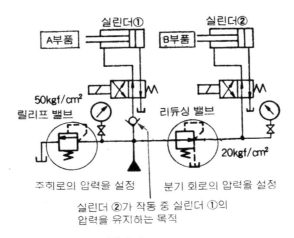

그림 9-3

그림 **9-3**을 보십시오. 여기서는 2개의 실린더를 사용하여 Ⓐ부품, Ⓑ부품을 가공하기로 합니다.

Ⓐ부품, Ⓑ부품을 가공할 때의 실린더 ①, 실린더 ②에 요구되는 출력은

Ⓐ부품을 가공할 때 실린더 ① 출력 1,000kgf 압력 50kgf/cm²

Ⓑ부품을 가공할 때 실린더 ② 출력 400kgf 압력 20kgf/cm²

로 합니다.

그런데, 여기서 문제가 되는 것은, Ⓐ부품을 가공하는 경우는, 실린더 ①의 압력은 50kgf/cm²로 좋으나, Ⓑ부품을 가공할 때에는 실린더 ②의 압력을 20kgf/cm²로 하지 않으면 안된다는 점입니다.

주회로의 최대 압력 제한용 릴리프 밸브에서, 가하는 힘을 50kgf/cm² 또는 20kgf/cm²로도 바꿀 수가 있으며, 바꾼 압력은 양쪽의 실린더에 그대로 가해집니다. 또 비록 분기 회로에 릴리프 밸브를 넣어 주회로 압력의 50kgf/cm²보다 낮게 20kgf/cm²로 압력을 설정하였다 해도, 분기 회로뿐만 아니라 주회로 압력도 릴리프 밸브가 낮은 쪽의 압력 설정값 20kgf/cm²로 됩니다. 즉, 각 실린더에의 압력은 동일(20kgf/cm²)하며, 각각 다른 압력으로 나눌 수는 없습니다.

그래서, 이와 같은 때에 분기 회로에 리듀싱 밸브를 넣으면, 동시 작동을 시키

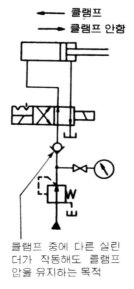

그림 9-4

면서 각각의 실린더에의 가압력(加壓力)을 바꿀 수가 있는 것입니다. 실제의 사용예로서는, 공작 기계 등의 클램프나 척 회로에 많이 사용되며, **그림 9-4**와 같은 회로에서 사용되고 있습니다. 또, **그림 9-5**(a)는 1방향만의 압력 제어, 그림 (b)는 압력을 전환할 수 있는 경우의 회로예입니다.

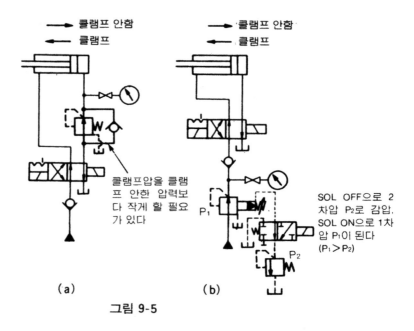

(a)   (b)

그림 9-5

리듀싱 밸브는 실린더 작동 중에는 입구측과 출구측의 통로는 열려 있으므로, 입구측 압력, 출구측 압력은 같고, 함께 실린더 작동 압력으로 됩니다(또한, 감압측 실린더의 작동 도중에는 주회로 압력이 내리므로, 실린더의 유지 압력이 내려서는 안되는 장치에서는 **그림 9-3, 4, 5**(b)와 같이 체크 밸브를 넣어 압력이 내리는 것을 방지하여야 합니다).

실린더에 부하가 생겨 리듀싱 밸브의 세트압 20kgf /cm²로 되면, 입구측과 출구측의 통로는 파일럿압의 작용에 의해 닫히고, 출구측 압력은 세트압으로 유지됩니다. 그때, 리듀싱 밸브가 감압 작동하기 때문에 필요한 기름량이 드레인으로서 파일럿부에서 1*l* /min정도 배출되므로, 손실 유량으로서 계산에 넣을 필요가 있습니다.

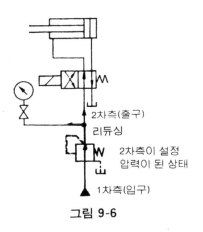

그림 9-6

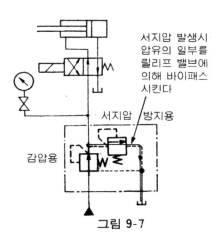

그림 9-7

그런데, 여기서 리듀싱 밸브를 사용했을 때에 주의해야 할 일이 있습니다. 그 것은 실린더에 물체가 닿은 순간, 리듀싱 밸브의 작동 지연이라는 현상에 의해 출구측 세트압이 입구측 압력, 즉 릴리프 밸브 세트압 가까이까지 오른다는 것 입니다. 이 순간적으로 생기는 비정상적인 압력 상승을 서지 압력이라 합니다. **그림 9-6**과 같은 회로에서는 이 서지 압력을 정면으로 받기 때문에 **그림 9-7**과 같이 리듀싱 밸브의 출구측에 릴리프 밸브를 설치합니다. 이렇게 하면, 릴리프 밸브는 안전 장치용으로서 과부하 방지 작용을 하므로, 서지 압력의 발생을 감 소시킬 수가 있습니다.

그러면, **그림 9-6**과 같이 리듀싱 밸브만을 사용했을 때와, **그림 9-7**과 같이 리 듀싱 밸브의 출구측에 서지 압력 방지용으로서 릴리프 밸브를 부착했을 때의 압 력과 시간의 관계를 그림으로 표시해 봅시다.

그림 9-8은 리듀싱 밸브만을 사용했을 때입니다. 실린더가 스트로크 끝에 도 달할 때, 압력은 리듀싱 밸브의 세트압을 훨씬 넘어 릴리프 밸브의 세트압에 가 깝게 됩니다. 그런데, **그림 9-9**를 보면, 거의 압력은 리듀싱 밸브의 세트압을 넘 지 않고, 또 약간의 시간으로 세트압으로 돌아가고 있습니다.

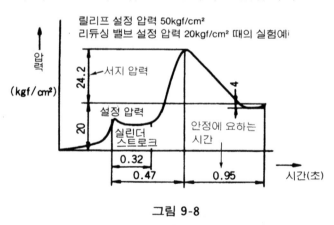

그림 9-8

9·1·5 압력 원격 조작용으로서 릴리프 벤트의 이용

릴리프 밸브 핸들이 조정하기 어려운 위치에 설치되어 있을 때, **그림 9-10**과 같이 리모트 컨트롤 밸브(원격 조작 밸브)와 릴리프 밸브를 병용하여, 조작하기

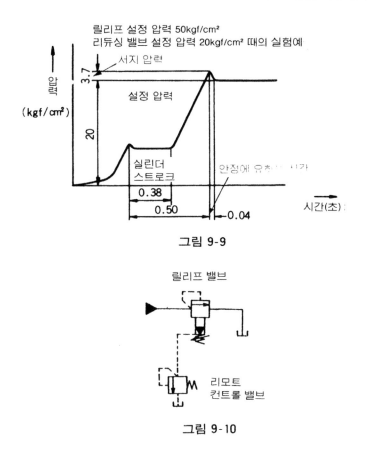

그림 9-9

그림 9-10

섭도록 릴리프 밸브의 벤트와 리모트 컨트롤 밸브를 연결합니다.

이와 같이 하면, 리모트 컨트롤 밸브에 의해 원격 조작을 할 수가 있으나, 압력 제어 범위는 릴리프 밸브의 세트압까지만 바꿀 수가 있습니다. 이와 같은 작용을 여러 가지로 연구하면, 압력을 2단으로 바꿀 수도 있습니다. 이것은 프레스 등에 자주 사용됩니다. 예를 들면, 가압 공정에서는 물건을 가압할 만큼의 고압을 필요로 하지만, 복귀측은 램을 올릴 만큼의 저압으로 좋은 것입니다(고압인 채로 해두면 상승 끝에서 고압이 발생하므로, 그것에 견딜 수 있는 구조로 만들어야 합니다. 그러면 가격면에서도 높고 에너지면에서도 로스입니다).

또, 물건을 프레스할 때, 최초는 70kgf /cm²로 일정 시간 가압하고 나서, 다시 140kgf /cm²로 가압하는 경우도 자주 있습니다.

이와 같은 때, **그림 9-11**과 같은 회로를 사용합니다. 즉, 릴리프 밸브와 솔레

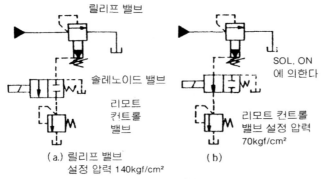

(a.) 릴리프 밸브
설정 압력 140kgf/cm²

(b)

그림 9-11

노이드 밸브와, 리모트 컨트롤 밸브를 병용하여 사용하는 방법입니다.

우선, 솔레노이드 밸브를 ON으로 하면(그림 9-11(b)), 회로압은 리모트 컨트롤 밸브의 세트압이 되므로, 릴리프 밸브의 세트압 범위 내라면, 압력은 어떻게라도 바뀝니다. 다음에 솔레노이드 밸브를 OFF로 하면, 릴리프 밸브의 벤트는 닫히고, 회로 압력은 릴리프 밸브의 설정값(그림 9-11(a))으로 되는 것입니다. 이와 같이 하여, 압력을 2단으로 바꾸면, 대소의 힘을 유효하게 사용할 수가 있습니다.

이 생각을 진척하면, 여러 가지 압력 제어가 됩니다. 예를 들면, 작업을 정지하는 경우 등과 같이, 압력을 전혀 필요로 하지 않을 때에는 펌프를 언로드(무부하)로 하면 되는 것이므로, 그림 9-11의 솔레노이드 밸브를 그림 9-12와 같은 형식의 것과 바꾸어 봅니다.

이와 같이 하면 대소의 힘을 얻는 것은 물론, 다시 작업 정지 때에는 무부하로 할 수도 있는 것입니다.

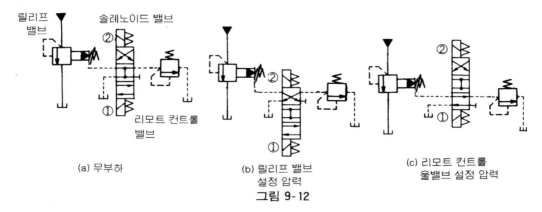

(a) 무부하

(b) 릴리프 밸브
설정 압력

(c) 리모트 컨트롤
울밸브 설정 압력

그림 9-12

9·1·6 리듀싱 밸브의 원격 조작

리듀싱 밸브의 원격 조작도 기본적으로는 릴리프 밸브의 원격 조작과 다름이 없습니다. 그림 9-13과 같이 리모트 컨트롤 밸브와 리듀싱 밸브를 병용하여 조작하기 쉽도록 리듀싱 밸브의 파일럿과 리모트 컨트롤 밸브를 연결합니다. 이와 같이 하면 리모트 컨트롤 밸브에 의해 원격 조작이 되지만, 역시 압력 제어 범위는 리듀싱 밸브의 세트압까지만 바꿀 수가 있습니다.

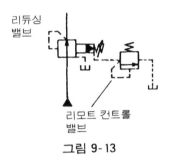

그림 9-13

이와 같은 작용을 여러 가지로 연구하면, 압력을 2단으로 바꿀 수가 있습니다. 그림 9-14를 보십시오. 리듀싱 밸브와 솔레노이드 밸브, 그리고 리모트 컨트롤 밸브를 병용합니다.

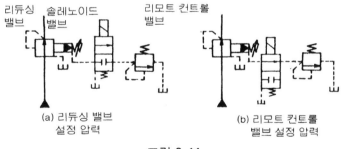

(a) 리듀싱 밸브 설정 압력   (b) 리모트 컨트롤 밸브 설정 압력

그림 9-14

우선, 솔레노이드를 ON(9-14(b))으로 하면, 리듀싱 밸브의 출구측 압력은 리모트 컨트롤 밸브의 세트압으로 감압할 수가 있습니다. 솔레노이드 밸브를 OFF로 하면, 리듀싱 밸브의 벤트는 닫히므로 리듀싱 밸브의 세트압으로 감압할 수 있는 것입니다.

9·1·7 응용 회로를 만들어 보자

릴리프 밸브, 리듀싱 밸브의 용도를 여러가지 조사해 보았으나, 여기에서 실제로 유압 프레스 회로에 응용해 봅시다.

그림 9-15의 회로도를 보아 주십시오.

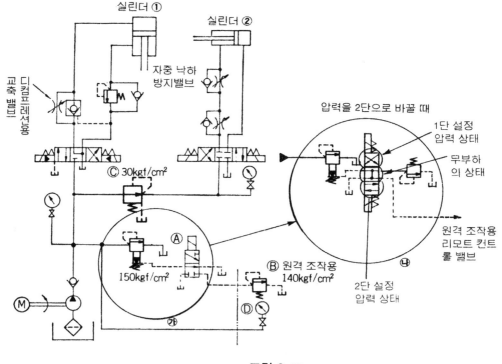

그림 9-15

실린더 ①은 부품을 프레스할 때에 사용하고, 실린더 ②는 실린더 ①이 프레스하는 부품을 보내는 데에 사용된다고 합니다. 부품을 프레스할 때의 압력은 140kgf/cm², 부품을 보내는 압력은 30kgf/cm²로 하면, 각각 실린더 ①과 실린더 ②에 가해지는 압력은 다릅니다.

또, 유닛 설치 장소가 프레스 본체 상부에 있고, 조작자는 유닛에서 떨어진 곳에서 가압력을 가감합니다. 따라서, 릴리프 벤트를 이용하여 리모트 컨트롤 밸브에 의한 원격 조작을 할 필요가 있는 것입니다.

우선 솔레노이드 밸브 Ⓐ를 ON으로 하면, 리모트 컨트롤 밸브 Ⓑ에 의해 주회로 압력이 조정됩니다. 압력계 ⑩는 리모트 컨트롤 밸브 ⑬에 의한 압력 설정값을 조작자가 읽기 위해, 주회로에서 프레스 하부로 이끌어 리모트 컨트롤 밸브 ⑬ 가까이에 부착했습니다. 또한, 압력계 눈금 ⑩는 램 출력(ton수 눈금)과 압력 눈금을 병기한 것이 편리합니다.

더욱이 작업 정지 시간 중은 펌프에 무리를 걸지 않아, 동력의 절약, 발열의 방지를 꾀할 목적으로 펌프를 언로드시키기 위해 조작상 편리하도록 릴리프 벤트의 언로드 방식을 채택하였습니다.

또, 실린더 ①에 필요한 압력은 주회로 압력보다 낮게 할 필요가 있기 때문에, 실린더 ②의 회로에 리듀싱 밸브 ⓒ를 사용하여 감압합니다.

물체를 프레스할 때에 압력을 2단으로 바꾸어 사용하는 경우에는 (가)의 부분을 (나)와 같이 바꾸면 됩니다.

9·1·8 기계식 프레스에의 응용

프레스에는 유압을 이용한 유압 프레스와 기계적으로 움직이는 기계식 프레스가 있습니다.

프레스 기계에 유압을 이용하는 방법은 **그림 9-15**에서 유압 프레스 회로를 만들어 본 것처럼, 우선 전동기로 유압 펌프를 회전시켜서 기름을 보내고, 이 기름을 실린더에 보내서 실린더 램을 상하시킵니다. 이 실린더가 내려갈 때, 재료를 눌러 모양을 바꾸는 것인데, 재료의 굳고 무름에 따라 누르는 힘을 바꾸어 주어야 합니다.

이 힘을 바꾸는 작용을 하는 것이 릴리프 밸브이며, 과부하 압력이 되었을 때는 릴리프 밸브에서 기름을 도피시켜, 유압 기기는 물론 기계 부분이 파손하는 것을 막습니다.

그런데, 기계적 프레스에서는 전동기에 의해 플라이휠을 회전시켜 그 회전을 직선 운동으로 바꾸어 램을 상하시킵니다.

만일, 철형(鐵型)의 세팅 불량이 있든가, 재료 한개를 넣는 것을 잘못하여 두 개 넣든가 하면 어떻게 될까요. 이것은 큰일입니다. 프레스 기계의 램은 상하하는 거리가 정해져 있으므로 스트로크 하사점(下死点) 부근(슬라이드가 아래에서 위로 방향을 바꾸는 부근)에서는 프레스 기계의 능력 이상의 힘이 발생하고, 그 힘 때문에 프레스 기계의 약한 곳이 파손되게 됩니다. 이래서는 기계로서 위험하여 사용하지 못합니다. 따라서, 이와 같은 파손을 막기 위해서는 과부하 안전 장치가 필요합니다.

그래서, 유압 장치를 사용하여 기계 프레스를 파손에서 막는 것을 고찰해 보십시다.

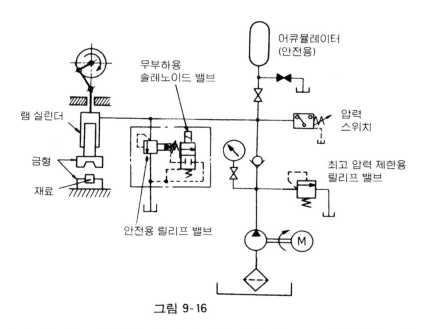

그림 9-16

그림 9-16의 회로를 보십시오. 실린더의 출력이 재료를 변형시키는 데 필요한 압력이 되도록 릴리프 밸브를 세트해 둡니다. 그런데 프레스 기계의 특성상, 부하가 걸리는 방법이 충격적이고, 또 그 위치가 스트로크 하사점 부근인 때가 많으므로, 급속히 램을 내려 주어야 합니다. 램을 내리는 데는 회로내의 기름을 릴리프 밸브로 탱크에 도피해 주지 않으면, 안전 장치로서의 의미는 없는 것입니다.

그러나 일반 릴리프 밸브는 0.2～0.3초 정도의 작동 지체가 있습니다.

이 작동 지체가 원인으로 기계가 파손되는 일도 있습니다. 그래서 이 회로에는 안전용으로서 어큐뮬레이터를 넣습니다. 즉 프레스 능력 이상의 압력이 되면 실린더내의 기름은 어큐뮬레이터에 흡수되어, 실린더 램이 내립니다.

물론 이 때에는 회로내의 압력이 오르므로, 프레셔 스위치가 민감하게 언로드용 솔레노이드 밸브에 신호를 보냄과 동시에, 유압 장치를 정지시키는 신호, 프레스 기계를 비상 정지시키는 신호를 보냅니다.

그런데, 프레스 기계는 비상정지가 걸려도 순간적으로 멈출 수가 없기 때문에 실린더에는 약 25mm 전후의 도피 스트로크를 붙입니다. 또, 언로드용 솔레노이드 밸브에의 신호가 보내지면, 안전용 릴리프 밸브의 벤트가 탱크에 이어져 회로내의 기름은 안전용 릴리프 밸브를 통하여 탱크에 도피시킬 수가 있는 것입니다.

9·2   고장 원인과 그 대책

압력의 오르내림이 고민의 원인

─미묘한 릴리프 밸브와 리듀싱 밸브─

릴리프 밸브와 리듀싱 밸브… 말로 하면 그
저 그런것 같지만, 유압 장치 속에 있어서, 실
로 중요한 작용을 하고 있습니다. 만일 이들이
고장이 나면 유압 장치는 아무런 쓸모도 없을
뿐만 아니라, 기계 자체를 파손시키는 일조차
있습니다.

9·2·1   릴리프 밸브의 소음

그림 9-17의 회로에서, 벤트 라인의 솔레노이드 밸브를 OFF로 언로드시킬 때
는 문제가 없지만, 솔레노이드 밸브를 ON 상태로 했을 때, 릴리프 밸브가 삐이
하는 소음을 내는 수가 있습니다.

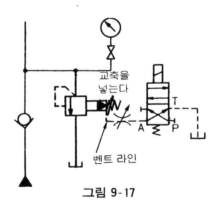

그림 9-17

【원인 1】 릴리프 밸브의 벤트 포트와 솔레노이드 밸브의 포트와의 배관 길이
가 짧을 때에는 문제가 적지만, 이것이 길어지면 문제도 일어나기 쉽게 됩니다.
즉, 기름이 들어가는 용적(배관내에서의)이 작을 때는 괜찮으나, 이것이 커지면
소음(삐이 하는 소리)을 내기 쉽게 되는 것입니다. 일반적으로 이 소음은, 배관

용량, 유량, 압력, 유온(점도) 등에 의해 영향을 받습니다.

예를 들면, 가는 파이프로 짧을 때와, 굵은 파이프로 짧을 때를 비교하면, 굵은 파이프 쪽이 문제가 일어나기 쉽고, 또 같은 파이프 지름이라도 길면 길수록 용적도 커지기 때문에 역시 그만큼 문제도 일어나기 쉽게 됩니다. 또, 파이프의 굵기의 변화가 큰 경우도 소음을 발생하는 경향이 있습니다.

【원인 2】 릴리프 밸브에 붙어있는 니들 밸브가 **그림 9-18**(a)와 같이 축심에 직각으로 평균하여 닿고 있을 때는 좋으나, 이것이 (b)(c)와 같이 축심에 비스듬이 또는 편심하여 마모해 있으면, 여기를 고속으로 흐르는 기름 때문에 밸브가 진동하여 문제가 생깁니다.

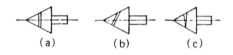

(a)   (b)   (c)

그림 9-18

【원인 3】 릴리프 밸브의 니들 밸브를 누르고 있는 스프링의 양쪽 끝면이 직각인 것도 중요합니다.

그림 9-19

예를 들면, **그림 9-19**와 같이 스프링의 중심선이 휘어 있을 때 등, 이것이 트러블의 원인이 됩니다.

그 대책ㅡ

우선, 첫째로 니들 밸브가 마모해 있는가 아닌가, 또 니들 밸브를 밀고 있는 스프링이 피로해 있지 않은지를 조사해 보는 것이 중요합니다. 그들에 이상이 있을 때에는, 우선 정상의 니들 밸브나 스프링과 교환합니다.

그래도 아직 삐이 하는 소리가 날 때에는 릴리프 밸브의 벤트 포트에 가급적 가까운 곳에 교축을 넣습니다. 교축을 벤트 라인의 중간에 넣든가, 솔레노이드 밸브 가까이에 넣어서는 효과는 그다지 기대할 수 없습니다. 그러나, 벤트 포트를 너무 교축하면, 언로드 때 잔압(殘壓)이 높아져 열발생의 원인으로도 되므로, 너무 교축하는 것은 바람직하지 않습니다. 따라서, 교축할 때는 소음, 진동이 없어질 정도로 해두어야 합니다. 교축은 구멍이 굵고, 긴 교축이 좋을 것입니다. 너무 가는 교축이면 먼지 등이 막힐 우려가 있고, 릴리프 벤트의 기능을 잃어 무부하 때에도 잔압이 크게 남기 때문입니다.

9·2·2 릴리프 밸브의 충격 방지

그림 9-20의 회로에서는 솔레노이드가 OFF로 릴리프 밸브가 언로드로 됩니다. 이 때, 큰 충격이 발생합니다. 이와 같이 고압에서 급격히 언로드할 때, 쇼크가 크고 심한 진동이 일어나는 일이 있습니다.

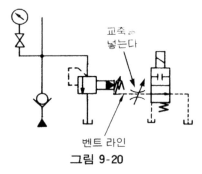

그림 9-20

【원인 1】 그림 9-21을 보십시오. 충격의 원인은 고압에서 급격히 압력을 내리기 때문입니다. 따라서 충격을 방지하기 위해서는 압력을 서서히 떨어뜨리면 됩니다. 즉, 고압에서 언로드까지의 시간이 문제가 되는 것이므로, 그 시간을 바

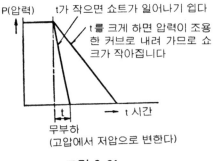

그림 9-21

꾸는 방법을 생각하면 됩니다.

그 대책—

벤트 포트에 교축을 넣어 고압 때의 벤트 유량을 교축하면, 배관 저항이 늘어나므로 언로드에 요하는 시간은 조금 길어지고, 쇼크는 작아집니다. 교축 유량을 적게 하면 할수록 쇼크는 작아지지만, 그 대신 언로드 때의 잔압이 높아져, 열발생의 원인으로도 됩니다. 잔압을 전혀 원치 않는 경우에는 **그림 9-22**와 같은 쇼크레스 밸브를 사용하면, 충격을 방지할 수 있음과 동시에, 무부하일 때에도 잔압이 남지 않습니다.

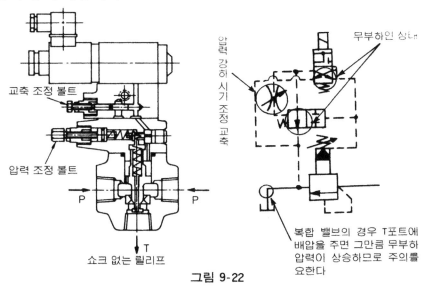

그림 9-22

고압에서 무부하시킬 때는 솔레노이드 밸브를 OFF로 하면 쇼크레스 스풀(전환 밸브)은 스프링의 힘과 파일럿 압력에 의해 무부하측으로 전환되어, 기름은 탱크로 도피하여 압력은 내려갑니다. 이 때, 스풀은 교축 밸브의 조정에 의해 압력 강하 시간을 조정할 수 있는 기구로, 언로드시에 발생하는 쇼크를 발생할 수 있습니다. 이 기구는 그 밖의 압력빼기 회로에도 응용할 수도 있습니다(기초편 제4장 **그림-15** 참조).

9·2·3 작동 지연

그림 **9-23**의 회로에서는 주회로를 언로드에서 고압으로 전환할 때에 작동 지

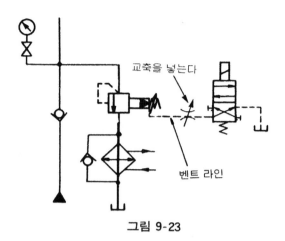

그림 9-23

연이 일어나는 일이 있습니다.

【원인】 릴리프 밸브의 탱크 포트에는 쿨러가 부착되어 있으므로, 릴리프된 기름이 그 쿨러를 흐를 때 저항이 있기 때문에 탱크 포트에 배압이 걸립니다. 이 배압이 **그림 9-24**의 밸런스 피스톤을 상부로 밀어올리는 방향으로 작용하고 있는 것입니다.

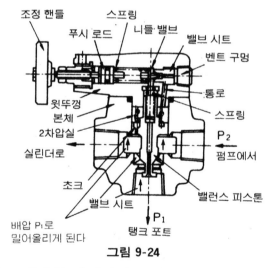

그림 9-24

여기서 솔레노이드 밸브를 여자하면 밸런스 피스톤이 내리지만 탱크 포트에 걸려 있는 배압 때문에 복귀하는 시간이 늦어지는 것입니다.

그 대책—

쿨러에 의한 배압이 밸런스 피스톤을 상부로 밀어 올리는 방향으로 작용하고 있으므로 동등한 힘을 하부로 밀어내리는 힘으로서 작용시키면 좋은 것입니다.

그림 9-23의 벤트 포트에 교축을 넣어 임의로 교축하면 2차압실에도 배압으로서 작용합니다. 즉, 이와 같이 하여 상하의 배압을 밸런스시켜 밸런스 피스톤이 내릴 때의 시간의 지연을 없게 하면 됩니다.

(P_1=P_2든가 P_1<P_2로 한다)

9·2·4 압력 불안정

【원인 1】 그림 9-24의 밸런스 피스톤의 초크 부분에 먼지가 막힌다. 밸런스 피스톤과 밸브 시트에 이물이 물려 들어간다.

【원인 2】 니들 밸브의 마모나 시트부에의 닿음이 안정되어 있지 않다.

【원인 3】 기름 중에 에어의 혼입이 있다.

【원인 4】 펌프의 성능 열화

그 대책 —

우선 처음에 작동유의 오염을 조사하고, 그림 9-24의 릴리프 밸브의 밸런스 피스톤에 먼지가 막혀 있는가를 조사한다. 만일, 작동유가 오염되어 있으면 필터를 청소하든가 새로운 기름과 바꾸어 주십시오. 만일, 또 피스톤 구멍에 먼지가 막혀 있으면 제거합니다. 니들 밸브가 마모되어 있으면 바꾸어 주십시오. 또, 기름 속에 에어가 혼입되어 있으면, 탱크에 정상적인 기름량이 들어 있는가를 조사하고, 부족한 경우에는 주입합니다. 그리고 나서, 펌프의 석션 필터에 먼지가 붙어 있지 않은지, 또 흡입관의 접속부나 펌프의 샤프트 시일 부분에 그리스를 칠하고, 에어를 빨아들이는가도 조사해 볼 필요가 있습니다.

9·2·5 리듀싱 밸브의 2차압 불안정

리듀싱 밸브로 감압된 2차압이 변동하여 안정되지 않는다.

【원인 1】 그림 9-25의 리듀싱 밸브의 주피스톤 중앙의 작은 구멍에 먼지가 막혀 있다.

【원인 2】 니들 밸브의 이상 마모 및 니들 밸브의 밸브 시트에의 자리잡음이 불안정하다.

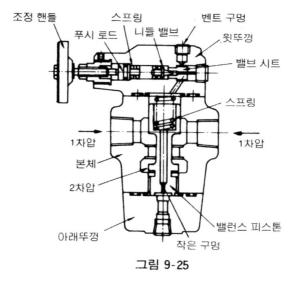

조정 핸들　　스프링　　벤트 구멍
푸시 로드　　니들 밸브　　윗뚜껑
밸브 시트
스프링
1차압　　　　　　　　　　　1차압
본체
2차압
밸런스 피스톤
아래뚜껑
작은 구멍

그림 9-25

【원인 3】 드레인 포트에 배압이 걸려 있다.

그 대책—

【원인 1】에 대해서는 밸런스 피스톤 중앙의 작은 구멍에 먼지가 막히면, 2차압이 변동하므로 반드시 먼지를 제거합니다. 완전히 막혀 버리면, 주피스톤은 막힌 채로 되어 2차측 압력은 세트압에 관계없이 일정한 낮은 압력으로·되고 맙니다. 그런데 반쯤 막힌 상태에서는 감압 작동이 완만하게 됩니다.

또, 리듀싱 밸브의 드레인량은 약 1ℓ/min이지만, 주피스톤에 먼지가 막히면 드레인량이 적어지므로 드레인량을 측정해 보고, 비정상으로 적은 경우에는 의심해 볼 필요가 있습니다.

【원인 2】 니들 밸브의 이상 마모가 있으면 새로운 것과 교환하여 주십시오. 또, 작동유도 더러워져 있지 않은지를 조사하고, 더러워져 있으면 바꿉니다. 니들 밸브의 밸브 시트에의 자리잡음이 불안정한 경우에는, 니들 밸브를 꺼내서 고쳐 조립합니다. 또 조절봉을 수회 밀어 주면 고쳐지는 경우가 있습니다.

【원인 3】에 대해서는, 다른 밸브의 복귀유와 리듀싱 밸브의 드레인이 합류하고 있는가 아닌가 배관을 조사하고, 합류하고 있는 경우에는 드레인 배관을 단독으로 탱크에 되돌립니다.

9·2·6 리듀싱 밸브의 서지압에 의한 악영향

그림 9-26을 보십시오. 스폿 용접용 회로입니다. 이 회로에 있어서, 용접 실린더에 접속되어 있는 전극의 가압력을 일정하게 하고 일정 시간 통전하면, 스폿 용접이 됩니다. 그런데, 어떤 규정 압력 이상이 되면 용접이 고르지 못하든가, 전극을 파손하는 일이 있습니다. 더구나, 서지 압력에 의해 안정하기까지의 시간 지체가 있기 때문에 사이클 시간을 길게 해야 합니다.

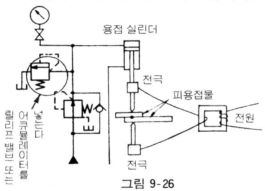

그림 9-26

이와 같이, 특히 서지 압력에 의한 악영향이 있을 때에는 9·1·4에서 설명한 것과 같이 서지 압력을 방지하기 위해 리듀싱 밸브의 2차측에 릴리프 밸브를 넣든가, 서지 압력을 흡수시키기 위해 어큐뮬레이터를 넣든가 합니다.

작동유 ➡ 작동수로?

기름은 물에 녹지 않는 것으로 정의하고 있는 것이 많지만, 최근의 유압 기기에 사용하는 작동유는 이 기름의 정의 자체를 바꾸어야 한다고 생각됩니다.

이것은 1980년 국제공작기계 전시회에도 95%의 물을 함유한 유압 작동유가 출품되었습니다. HWBF라고 부르는 것으로, High water base fluids의 약어이며, 고함수기 작동유로 번역되고 있습니다. 작동유라기보다는 작동수라 해도 좋을 정도로 물이 함유되어 있으므로 값이 싼 것은 물론입니다. 곧 현재 사용하고 있는 유압장치에 사용하는 것은 아니지만(방청이나 점도, 알칼리성 등 때문에) HWBF에 적당한 기기도 개발되고 있고, 무엇보다도 작동유의 결점인 탄다!라는 것이 해소되므로, 에너지 절약면에서도 앞으로 일사천리로 개발되어 갈 것으로 생각합니다.

그렇다면 유압기기는 말할 것 없이, 수압기기가 될지도 모르며, 여러가지 방면에 영향을 줄 것입니다. 하지만 하이드로릭스라는 것은, 애초 수압인 것이므로 원래로 되돌아왔다고 할 수 있을지도 모르지만.

10. 저압 펌프로 고압을 얻는데는

　유압에 의한 자동화는 나날이 끊길 사이없이 진전되고 있고, 오늘날에는 고압, 고속, 소형화의 시대로 들어가고 있습니다.

　그중에서 펌프도 역시 그 요망에 응하도록 여러 종류의 고압 발생 펌프가 개발되어 시장에 보내지고 있습니다.

　그런데 단압기계(鍛壓機械) 등과 같이 실린더의 최종 행정에만 고압이 필요한 경우도 많고, 그 때문에 전연 고압 대용량 펌프를 사용하지 않고도 저압 펌프를 유효하게 이용하면 충분히 그 기계의 기능을 발휘시킬 수가 있습니다.

　이 장에서는 저압 펌프로 고압을 얻는 방법 및 고압화에 따르는 문제점에 대하여 설명합니다.

10·1   어떻게 하면 고압이 얻어지는가

10의 힘으로 100의 힘을

─ 파스칼의 원리는 살아 있다 ─

〈밀폐되고, 게가가 정지한 유체의 일부에 가해진 압력은 유체의 모든 부분에 그대로 전해진다〉 파스칼의 원리

이 원리를 잘 살려서 저압 펌프로 고압을 얻으려는 것입니다.

10·1·1   증압기의 구조

그림 10-1을 보십시오. 피스톤이 붙은 용기 속에 물이 들어 있고, 용기는 피스톤에 의해 밀폐되어 있다고 합시다. 이 피스톤 위에 추 W[kgf]를 올려 놓은 경우, 그 추 W[kgf]에 평형하는 압력이 액체에 발생합니다. 그리고 추 W[kgf]와 액체의 압력 P[kgf/cm²]와 피스톤의 단면적 A[cm²]의 곱이 같아져서 정지하는 것입니다. 이것을 식으로 나타내면 다음과 같이 됩니다.

$$W[kgf]=P[kgf/cm^2] \times A[cm^2]$$

따라서, 압력이 일정해도, 그 압력을 받는 피스톤의 단면적을 크게 하면, 당연히 발생하는 힘이 크게 되어 무거운 추를 들어 올릴 수 있습니다.

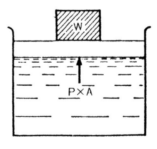

그림 10-1

그림 10-2를 보십시오. 큰 피스톤부와 작은 피스톤부의 출력이 서로 힘 F로 평형되어 있다고 합니다. 그래서 큰 피스톤의 면적을 A, 작용하는 압력을 P로

하고, 작은 피스톤 면적을 a, 압력을 p로 하면, 지금 피스톤에 걸리고 있는 힘 F
는

$$F=P \times A=p \times a$$

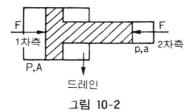

그림 10-2

이므로, 작은 피스톤에 걸리는 압력은

$$p=P\left(\frac{A}{a}\right)$$ ··· ①

라는 식으로 표시합니다.

그래서 가령 $P=10\,kgf/cm^2$, $A=10cm^2$, $a=1cm^2$로 하여 봅시다. 식 ①에 이
들의 값을 대입하면

$$p=10 \times \frac{10}{1}=100[kgf/cm^2]$$

가 됩니다. 즉 $10cm^2$의 면적에 $10kgf/cm^2$의 압력이 걸려 있을 때 반대쪽의
$1cm^2$의 면적에 $100kgf/cm^2$의 압력이 걸리면, 정확히 균형이 잡히게 되는 것입
니다. 바꾸어 말하면, 큰 면적에 걸리는 압력이 작아도 상대측의 피스톤 면적이
작으면 큰 압력이 발생되는 것으로, 피스톤 면적비(A/a)가 크면 그 면적만큼
작은 피스톤에 큰 압력을 발생시킬 수 있는 것입니다.

이 원리를 이용하여 만들어진 것이 증압기(부스터)입니다. 실은 저압 펌프로
고압을 얻으려는 것은, 이 증압기(增壓器)를 잘 활용하려고 하는 것입니다.

10·1·2 증압기의 종류와 작용

(1) 단동형 증압기

그림 10-2를 다시 한번 보아 주십시오. 이것은 증압 실린더라고도 하며, 주로
1회의 왕복 운동만으로 고압유를 1회만 보내는 것이기 때문에 단동형 증압기라
하고, 프레스 등의 단압기계(鍛壓機戒)에 사용됩니다. 증압비는 보통 3～10 정

도입니다.

이 단동형 증압기는 모든 증압기의 기본이 되는 것이므로, 단동형 증압기의 용량은 어떻게 정하는가 하는 것에 대해서는 절을 바꾸어 설명하겠습니다.

(2) 연속형 증압기

단동형 증압기에서는 고압유를 보내는 것이 1왕복 1회(즉 이송 행정뿐)이기 때문에 가공 공정이 긴 단압기계 등에 사용한 경우, 기름의 양이 부족할 때가 있습니다. 그런 때에 연속적으로 고압유를 보내주는 증압기가 필요하게 되는 것입니다.

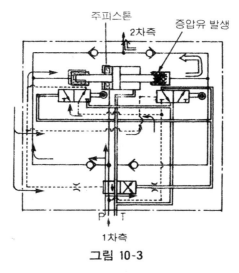

그림 10-3

그림 10-3을 보십시오. 체크 밸브, 파일럿 전환 밸브를 단동형 증압기의 본체에 짜넣고, 주피스톤의 행정 끝에서 자동적으로 파일럿 전환 밸브를 반대쪽으로 전환하고 주피스톤을 연속 왕복 운동시킴으로써 고압유를 연속적으로 보내려고 하는 것입니다. 현재 시판되고 있는 것 중에는 증압비 3~5정도의 것도 있습니다.

사용상 아무래도 토출되는 기름은 간헐적이 되어, 맥동이 커지는 경향이 있습니다.

(3) 공기 - 유압 증압기

지금 설명한 두 종류의 증압기(단동형·연속형)는 1차측, 2차측 모두 기름이었으나, 이 공기 - 유압 증압기는 1차측에 공기 압력($3\sim5kgf/cm^2$)을 보내, 피스톤을 움직여 2차측에서 고압유를 토출시키려는 것입니다. 뒤에 자세히 설명하겠습니다. 또 증압기는 압력 변환기라고도 불리며, JIS 기호로 **그림 10-4**와 같이

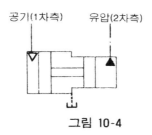

공기(1차측)　유압(2차측)

그림 10-4

표시합니다.

10·1·3 단동형 증압기 용량의 결정

〈기름은 압축성 유체이다〉 즉, 기름은 압력을 올리면, 약간이지만 압축되어 용적이 작아집니다. 압축하는 압력에 대하여 용적이 감소하는 비율을 압축률이라 하고, 이 압축률은 압력, 온도, 기름 자체의 상태(공기의 혼입률) 등에 따라 변합니다.

이것을 엄밀하게 계산에 넣지 않으면, 특히 증압기에서는 목표의 압력을 낼 수가 없어 큰 실패가 되고 맙니다.

이 기름의 압축성에 대해서는 기초편 7·1·8에서 설명했으나, 다시 한번 복습해 봅시다.

$$\text{압축률 } \beta[cm^2/kgf] = \frac{1}{V_0} \cdot \frac{(V_0 - V)}{(P - P_0)}$$

V_0: 처음의 부피 $[cm^3]$

V: 압력 P일 때의 부피 $[cm^3]$

P_0: 처음의 압력 $[kgf/cm^2]$

P: 가한 압력 $[kgf/cm^2]$

라는 식으로 표시됩니다. 압축률은 기름의 종류에 따라서 다르고, 공기를 거의

포함하지 않은 상태에서는 **표 10-1**과 같이 됩니다. 그러면, 이 압축률(압축성)에 대하여 어떻게 생각하면 좋은지 구체적으로 설명하기로 합니다.

표 10-1

기름 종류 압축률	β [cm² /kgf]
광유계 작동유	$6{\sim}7{\times}10^{-5}$
인산에스테르계 작동유	$3.3{\times}10^{-5}$
쿨·글라이콜계 작동유	$2.87{\times}10^{-5}$
W/O 에멀젼계 작동유	$4.39{\times}10^{-5}$

　그림 10-5를 보십시오. 대기압하에서의 기름의 양(그림 a)은 고압력 아래에 두면(그림 (b)) 기름의 압축분만큼 적어집니다. 이것을 반대로 말하면, 기름을 압축하면 압력을 발생하므로, 펌프로 압력을 발생시킨다는 것은 기름을 펌프로 보내면서 펌프로 압축하고 있는 것이 됩니다.

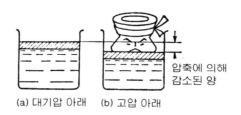

(a) 대기압 아래　　(b) 고압 아래

그림 10-5

　따라서, 기름의 용량은 압축된 것만큼 적어지므로 증압기를 사용하고 있는 단압 기계 등에서는 실린더의 실제 용적 이상으로 기름을 보낼 필요가 있습니다. 그렇게 하지 않으면 소정 압력까지 압력이 오르지 않기 때문에 출력 부족이라는 문제가 일어납니다.

　지금, 대기압하에서의 용적과 어떤 압력 P에 있어서 실제로 필요한 기름의 양과의 관계를 식으로 표시해 봅시다.

$$Q = V_0 + \underbrace{V_0 \beta P}_{\text{기름의 압축분}}$$

　　Q: 압력 P에서의 실제 필요 기름량 [cm³]

　　V_0: 대기압하에서의 용적 기름량 [cm³]

P: 최종 압력 $[kgf/cm^2]$

β: 기름의 압축률 $[cm^2/kgf]$

이 됩니다. 즉, 윗식의 $V_0\beta P$가 압축 기름량입니다.

압축 기름량을 계산할 경우, 압축률을 어떻게 취하는가가 문제입니다. 기름만일 때에는 표 10-1에 나타낸 대로, 광유계 작동유는 $\beta=6\sim7\times10^{-5}cm^2/kgf$이지만, 실제로는 공기의 혼입(기름이 대기 중에 놓인 상태에서, 약 10% 혼입되어 있습니다) 등 때문에 $\beta=1\times10^{-4}cm^2/kgf$로 계산해 주십시오.

그러면 실제로 증압기를 사용할 경우의 기름의 필요량을 구하고, 그만큼의 기름을 보내기 위한 증압기의 필요 스트로크를 계산해 봅시다.

[계산예]

그림 10-6을 예로 들읍시다. 증압기는 단동형(실린더형)으로, $\phi160\times\phi65$(증압비 6:1)로 하고, 가압 실린더는 $\phi270$, 스트로크는 60mm로, 그 가운데 10mm는 가압 스트로크로 합니다. 단, 메인 압력은 $70kgf/cm^2$, 파일럿 체크 밸브의 출구측에서 실린더까지의 배관내 용량을 $2,000cm^3$, $\beta=1\times10^{-4}cm^2/kgf$로 합니다.

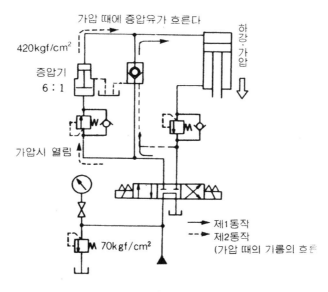

그림 10-6

a) 가압 스트로크에 요하는 기름량

$$Qs=\frac{\pi}{4}(27)^2\times1=575\ [cm^3]$$

b) 가압되었을 때의 압축 기름량

ⅰ) 실린더 및 배관내 기름량(겉보기 기름량)

$$\overset{\text{실린더 면적}}{\overbrace{V_0=\underset{\text{실린더 직경[cm]}}{\frac{\pi}{4}(27)^2}}}\times\underset{\text{실린더 전스트로크[cm]}}{6}+\underset{\text{배관내 기름량[cm}^3]}{2000}=3450+2000=5450cm^3$$

ⅱ) 가압 때의 압력(발생시키는 고압)

P=(메인 압력)×(증압비)=70×6=420 [kgf/cm²]

ⅲ) 압축 기름량

Qp=V₀(실린더 및 배관내 기름량)×βP(압축률×가압 때의 압력)

$$=5450\times10^{-4}\times420=230\ [cm^3]$$

이것으로 고압력 420kgf/cm²를 발생시키기 위해 압축되는 기름의 양을 알았습니다. 이 양(감소분)을 가한 기름을 보내 주어야 합니다. 즉, 증압기의 2차측 스트로크를 크게 할 필요가 있습니다. 그 스트로크는 가압 스트로크에 필요한 기름량에, 압축되어 감소하는 기름량을 가한 기름(증압기 필요 기름량)을 보내는 스트로크입니다. 즉,

c) 증압기 필요 기름량

Q=Qs(가압 스트로크에 요하는 기름량)+Qp(압축 기름량)

=575+230=805 [cm³]

d) 증압기 필요 스트로크

증압기의 2차측 면적은 $A_2=\frac{\pi}{4}(6.5)^2=33.2[cm^2]$이므로, 증압 실린더의 필요 스트로크(St)는

$$St=\frac{Q}{A_2}=\frac{805}{33.2}=24.3\ [cm]$$

가 됩니다. 겉보기 기름량만으로는 필요 스트로크는 가압 실린더의 스트로크분의 기름량(575cm³)을 33.2cm²로 나눈 것(575÷33.2) 17.3cm로 좋지만, 압축에 의한 감소분의 기름을 보내기 위해 24.3cm의 스트로크가 필요한 것입니다. 엄밀

히 말하면, 증압된 압력에 의한 실린더 튜브나 배관의 팽창 및 기계 프레임의 신장에 의한 기름의 증가분도 증압 실린더의 스트로크에 가할 필요가 있습니다.

　[주]　여기서 계산할 경우에 주의해야 할 것은 실린더내 기름량만을 겉보기 기름량으로 하여 압축 기름량을 계산하면, 기름량 부족을 초래하여 필요 압력을 얻을 수 없는 것입니다. 왜냐 하면, 파일럿 체크 밸브에서 실린더까지의 배관내의 기름량도 압축되기 때문입니다. 따라서, 이 배관내의 기름량도 잊지 말고 대기압 하에서의 용적 기름량(겉보기 기름량)으로 계산에 넣으십시오. 이들로부터 증압기는 실린더 가까이에 가지고 가서 불필요한 압축 용량을 감소시키는 것이 증압 회로의 포인트입니다.

10·1·4 증압 회로의 여러 가지

(1) 실린더 사용의 경우

그림 10-7을 보십시오. 솔레노이드 밸브의 SOL①에 여자하면 펌프에서 토출되고 있는 저압유는 파일럿 체크 밸브를 통하여 실린더를 밀어 내립니다. 한편, 증압기의 피스톤은 이 저압유에 의해 후퇴합니다.

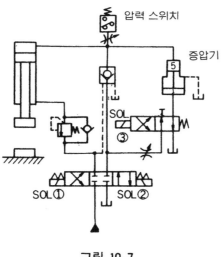

그림 10-7

실린더의 선단이 가공물에 닿아 압력 스위치(PS)의 세트 압력까지 주회로의 압력이 상승하면 압력 스위치가 작용하여 SOL③에 여자합니다. 그러면 펌프에서 토출되어 오는 기름은 증압기에 들어가 증압 피스톤을 밀어 2차측에서 주회로 압력의 5배의 압력을 발생시켜, 그 고압유가 실린더 헤드측에 작용하여 큰 압력이 얻어지는 것입니다.

(2) 오일 모터 사용의 경우

오일 모터를 2개 이상 직결하여 증압 작용을 하게 할 수 있습니다. 그림 10-8을 봅시다. 파일럿 체크 밸브 ①이 닫혀 있을 때는 펌프로부터의 기름은 오일 모터 ①⑪를 통해 실린더에 공급됩니다. 다음에 파일럿 체크 밸브 ①을 닫고, 모터 ①의 출구측을 대기에 해방하면, 모터 ①은 모터 ⑪에 힘을 주는 작용을 하게 됩니다.

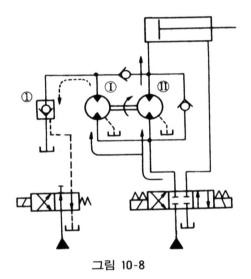

그림 10-8

즉 실린더에 보내지는 기름량은 모터 ①을 통해 탱크로 도피한 양만큼 감소하지만, 감소한 기름량은 모터 ①에 직결된 커플링을 통하여 모터 ⑪를 돌리게 되어, 모터 ⑪의 출구측 압력을 올리는 것입니다. 만약 모터 ①과 모터 ⑪의 용량의 비가 1:1이면 모터 출구측만은 모터 입구측 압력의 2배까지(단, 효율을 무시했을 때), N:1이면 (N+1)배까지 승압이 가능하게 됩니다.

감속 운전이 가능하고 콤팩트로 할 수 있으므로, 실린더 방식의 증압기보다 편리하지만, 아까운 곳에 250~300kgf/cm² 이상의 고압에서는 가격, 성능, 내구성에 있어서 증압기에는 적합하지 않습니다. 일반적으로는 펌프에 70kgf/

cm^2 정도의 저압 펌프를 사용하고, 최고 압력 $210kgf/cm^2$ 정도까지의 증압기로서 이용됩니다. 그러나, 오일 모터를 다련(多連)으로 하는 예는 분류 밸브로서 사용되는 경우가 많고, 이 경우는 증압 작용을 일으키지 않도록 과부하 릴리프 밸브 등의 부착이 중요하게 됩니다(제4장 물체의 움직임을 동조시키려면 참조).

10·2   디콤프레션

쇼크를 막는다

— 고압유를 대기압에 개방할 때의 주의 —

지금까지는 저압에서 여하히 고압을 발생시키는가에 대해 생각해 왔으나, 그러나 고압이 되면 될수록 문제도 많이 발생합니다.

그 문제의 하나에, 전환 밸브의 전환에 의해 고압유를 탱크로 복귀시킬 때의 쇼크의 문제가 있습니다.

여기서는 이 쇼크를 막기 위한 압력빼기에 대하여 설명하겠습니다.

10·2·1   쇼크 발생의 원인

유압 회로 중, 조작 과정에 있어서 쇼크가 발생하는 일이 자주 있습니다. 그 원인은 유압적으로 생각하면 압력, 유량의 급격한 변화에 의한 것입니다. 압력의 경우, 급격히 오르내릴 경우에 생깁니다.

여기서는 급격히 내려가는 경우에 대하여 생각해 봅시다.

유압 회로 내에서 압축되어 있던 기름(증압기나 증압 회로에 의해 고압으로 된 기름)이 전환 밸브 등을 전환했을 때, 대기압하에 급격히 방출되어 순간적으로 팽창하기 때문에 유압계에 쇼크음이나 진동이 발생합니다.

그림 10-9의 풍선을 예로 하여 생각해 봅시다. 크게 부풀은 풍선을 바늘로 찔

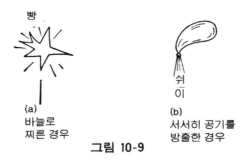

(a)
바늘로
찌른 경우

(b)
서서히 공기를
방출한 경우

그림 10-9

러 터뜨리면 큰 소리를 냅니다. 이것은 내부의 압축 공기가 급격히 방출되기 때문에 나는 소리입니다.

그러면, 이 쇼크를 방지하기 위해서는 어떻게 하면 될까요. 그림 10-9의 (b)를 보십시오. 이 풍선과 같이 아가리를 풀어서 압축 공기를 서서히 대기압으로 방출하면 큰 소리는 나오지 않습니다. 유압의 경우도 마찬가지입니다. 즉 고압유의 압력을 서서히 빼어 압력이 내린 곳에서 대기압으로 전환 밸브를 전환하면 쇼크도 없고 소리도 나지 않는 것입니다. 이것을 압력빼기(디콤프레션)라고 합니다.

10·2·2 압력빼기를 하는 방법(디콤프레션 회로)

(1) 디콤프레션 붙이 파일럿 체크 밸브에 의한 방법

그림 10-10(a)를 보십시오. 이것은 보통의 파일럿 체크 밸브입니다. 이와 같이 보통의 파일럿 체크 밸브는 체크 밸브와 파일럿 피스톤으로 되어 있습니다. 작동은 파일럿 피스톤에 의해 체크 밸브를 밀어 올려 기름을 역류시키는 것입니다. 그런데, 디콤프레션 붙이 파일럿 체크 밸브에서는 체크 밸브 내부에 또 한개의 작은 체크 밸브를 내장하고 있습니다. 그림 10-10(b)가 D·C붙이(디콤프레션

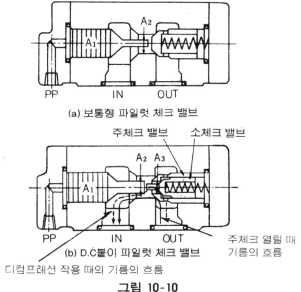

(a) 보통형 파일럿 체크 밸브

(b) D.C붙이 파일럿 체크 밸브

디컴프레션 작용 때의 기름의 흐름

주체크 열릴 때 기름의 흐름

그림 10-10

붙이) 파일럿 체크 밸브입니다.

여기서 D·C붙이 파일럿 체크 밸브의 작동을 설명하겠습니다. 우선 **표 10-2**를 보십시오.

표 10-2

종류　　　　　　　　　　면적비	A_2 / A_1	A_3 / A_1
보통형 파일럿 체크 밸브	0.45~0.60	―
D·C붙이 파일럿 체크 밸브	1	0.02~0.05

보통형 파일럿 체크 밸브에서는 파일럿 피스톤 A_1과 체크 밸브 A_2와의 면적비가 0.45~0.60 정도입니다. 즉 이것은 주회로 압력의 45~60%의 파일럿 압력으로, 체크 밸브가 열리는 것을 표시하고 있습니다.

그런데 D·C붙이 파일럿 체크 밸브에서는 파일럿 피스톤(A_1)과 체크 밸브 면적(A_2)의 면적비는 1, 파일럿 피스톤과 작은 체크 밸브(A_3)의 면적비는 0.02~0.05 정도입니다. 따라서, 최초에는 약한 파일럿압으로(주회로 압력의 2~5%) 개구 면적이 작은 체크 밸브가 우선 열리고, 출구측 기름의 압축성에 의해 축압된 기름은 교축되면서 조금씩 방출됩니다. 그리고 주회로의 압력과 같아졌을 때

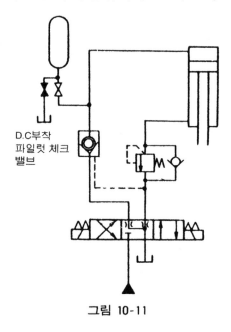

D.C부착
파일럿 체크
밸브

그림 10-11

비로소 주체크 밸브가 열립니다.

그림 10-11, 그림 10-12는 D·C붙이 파일럿 체크 밸브를 짜넣은 실제 회로입니다. 일반적으로 압축 기름량이 큰 압력빼기일 때에 사용됩니다.

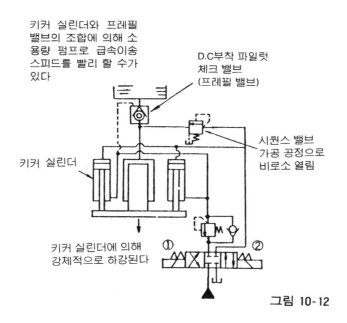

키커 실린더와 프레필 밸브의 조합에 의해 소 용량 펌프로 급속이송 스피드를 빨리 할 수가 있다

D.C부착 파일럿 체크 밸브 (프레필 밸브)

시퀀스 밸브 가공 공정으로 비로소 열림

키커 실린더

키커 실린더에 의해 강제적으로 하강된다

① ②

그림 10-12

(2) 프레셔 스위치와 전자 전환 밸브에 의한 방법

그림 10-13을 보십시오. 실린더 헤드측에 프레셔 스위치, 교축 밸브, 전자 전환 밸브를 부착합니다.

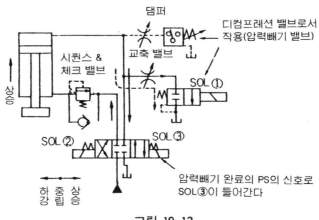

댐퍼

디컴프레션 밸브로서 작용(압력빼기 밸브)

교축 밸브

시퀀스 & 체크 밸브

상승

SOL ①

SOL ② SOL ③

압력빼기 완료의 PS의 신호로 SOL③이 들어간다

하 중 상 강 립 승

그림 10-13

우선, 주전자 전환 밸브를 SOL②를 여자하여 실린더를 하강, 가압시킵니다. 가압 종료 후 SOL②를 끊음과 동시에 SOL①을 여자합니다. 그러면 실린더 헤드측에 있는 압축유는 교축 밸브를 통하여 서서히 탱크로 흘러 점점 압력이 내려갑니다. 규정된 어떤 압력이 되면, 프레셔 스위치 PS가 작용하여 SOL③을 여자하여 실린더를 상승시키는 것입니다.

(3) 체크 밸브와 교축 밸브에 의한 방법

그림 10-14를 보십시오. 실린더 헤드측에서 펌프 라인을 걸쳐서 체크 밸브, 교축 밸브가 부착되어 있습니다. 즉 가압이 끝났을 때에 전환 밸브를 중립으로 하고, 압축유를 교축하면서 서서히 펌프 라인을 통하여 탱크에 복귀시켜, 압력이 내려간 곳에서 전환 밸브를 전환하려는 것입니다.

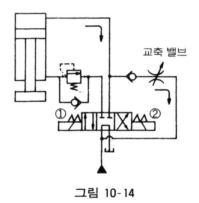

그림 10-14

그림 10-15도 마찬가지로 체크 밸브와 교축 밸브를 사용한 것입니다. 작동 순서는, 우선 SOL②를 여자하여 가압합니다. 가압 종료 후 SOL②를 끊고 SOL①에 여자하는데, 그 전에 가압했을 때에 시퀀스 밸브가 가압력 때문에 열려 있어 SOL①에 여자해도 주전환 밸브의 파일럿 압력이 발생하지 않고 중립 상태로 되어 있기 때문에 실린더는 상승하지 않습니다.

중립 상태 사이에, 체크 밸브, 교축 밸브에 의해 서서히 압력이 저하하여 시퀀스 밸브의 세트 압력 이하로 내려가면 닫혀, 파일럿 압력의 발생에 의해 비로소 주전환 밸브가 전환되어 실린더가 상승하는 것입니다.

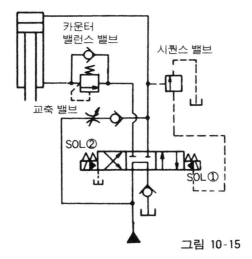

그림 10-15

(4) 릴리프 밸브와 교축 밸브에 의한 방법

밸런스형 릴리프 밸브는 벤트를 해방함으로써 압력 라인을 언로드할 수 있다는 것은 알고 있을 것입니다. 이 성질을 이용하여 디콤프레션용으로서 회로에 짜넣는 것입니다.

그림 10-16을 보십시오. 가압측에 부착한 밸런스형 릴리프 밸브의 벤트 회로가 교축을 통하여 펌프 라인에 접속되어 있습니다. 더구나 주솔레노이드 밸브는 중립 위치에서 탱크로 바이패스하는 탠덤 센터형을 사용하고 있습니다.

우선 SOL②를 여자하면 실린더는 하강하여 가압합니다. 이 때, 릴리프 밸브

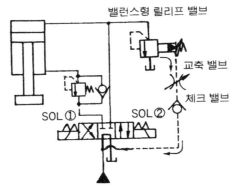

가압 종료 후, 중립에서 압력배기로 된다.
따라서 상승으로 전환해도 쇼크는 발
생하지 않는다

그림 10-16

의 벤트 회로에는 압력이 가해져 온로드 상태로 되어 기름은 도피하지 않습니다.

가압이 끝나면 SOL①을 끊고, 주전환 밸브를 중립 위치로 복귀시킵니다. 이 중립 위치에서는 실린더 헤드측의 압력이 교축 밸브를 통하여 서서히 언로드 상태로 되므로 가압 라인의 압축유는 서서히 탱크로 복귀하는 것입니다. 가압 라인의 압력이 저하하고, 압축유가 방출해 버리면, 후에는 SOL②를 여자하여, 실린더를 상승시켜도 쇼크는 발생하지 않습니다.

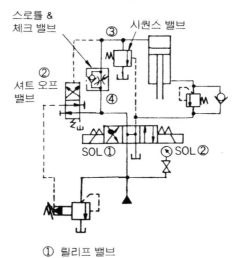

① 릴리프 밸브

그림 10-17

그림 10-17의 회로를 보십시오. 우선 SOL②를 여자하면, 실린더는 가압 상태로 됩니다. 그 때, ②의 셔트오프 밸브는 가압력 때문에 열립니다. 그러면 ①의 릴리프 벤트가 실린더 헤드측의 압력과 같은 압력이 됩니다.

가압이 끝난 후, SOL②를 끊고 SOL①을 여자하면 실린더는 곧 상승할 것이지만, 그러나 ②의 셔트오프 밸브가 열려 있기 때문에, ①의 릴리프 밸브는 언로드되어 있어, 실린더를 상승시킬 만큼의 압력을 발생시킬 수가 없습니다.

한편, 압축유는 ④의 스로틀 앤드 체크 밸브를 통하여 탱크 라인에 흘러 서서히 압력이 저하해 갑니다.

압력이 저하하여 ②의 셔트오프 밸브의 세트압 이하로 되면, 비로소 ①의 릴리프 밸브가 온로드로 되어 실린더를 상승시키는 것입니다. 즉 ②의 셔트오프

밸브로 압력빼기의 인터록을 취하고 있으므로, 아무리 빨리 전자 밸브를 SOL②
에서 SOL①에 여자해도 가압력이 빠지지 않는 한 실린더를 상승시키는 압력이
발생하지 않는 것입니다.

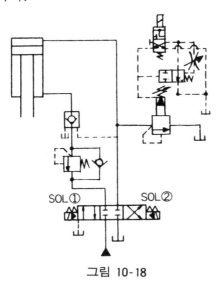

그림 10-18

그림 10-18은 그림 10-16과 비슷하지만, 릴리프 밸브의 벤트 라인에 솔레노이
드 밸브 및 벤트 타이머(벤트 유량을 0에서 모두 열 때까지 1~3초간 정도로 조
정할 수 있다) 밸브의 조합에 의한 회로입니다. 특히 대형의 유압 장치로 대출력
의 것, 예를 들면 스크랩 프레스 등의 유압 회로에 자주 사용되어 큰 효과를 발
휘하고 있습니다(자세한 것은 9·2·2 릴리프 밸브의 충격 방지의 항을 보십시
오).

10·2·3 회로상 주의해야 할 것

(1) 전환 밸브의 전환 속도를 느리게 한다

고압이 되면 기름의 압축성 때문에 전환할 때 쇼크가 발생하고, 그 쇼크를 해
결하는 방법으로서 디콤프레션 회로를 취한다는 것을 설명한 것입니다. 또 고압
대용량이 되면 유량에 의한 쇼크도 크고, 주전환 밸브의 전환 속도를 느리게 하
여 쇼크의 발생을 적게 해줄 필요가 있습니다.

그래서 전환 속도를 느리게 하는 데는 어떠한 방법이 있는가를 설명하겠습니

다.

(a) 타리 밸브를 사용하는 방법

정격 용량이 큰 밸브에서는 **그림 10-19**와 같이 파일럿 라인에 스로틀 앤드 체크 밸브(타리 밸브)를 넣어 주전환 밸브의 전환 속도를 느리게 하고, 또 주밸브에 테이퍼를 취하여 서서히 기름을 흐르게 합니다. 자세한 것은 제2장에서 설명한 바와 같습니다.

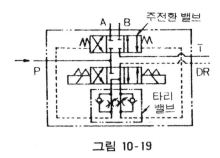

그림 10-19

타리 밸브는 미터인보다 미터아웃 쪽이 쇼크를 없애기 쉬우므로, 보통은 미터아웃의 타리 밸브가 표준으로 되어 있습니다.

(b) 파일럿 압력을 감압하는 방법

그림 10-20의 (a)를 보십시오. 파일럿 압력은 주회로에서 취하고 있습니다(내부 파일럿의 경우도 같습니다). 따라서, 만일 주회로 압력이 없는 경우에는 타리 밸브 전후의 차압이 크기 때문에 파일럿 유량이 많이 흘러 주전환 밸브가 빨리

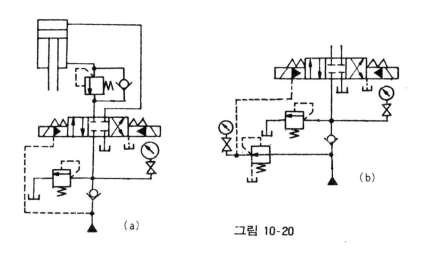

(a)   (b)

그림 10-20

전환됩니다. 또 고압에 견디는 솔레노이드 밸브가 필요하게 됩니다.

압력과 유량의 관계는 **그림 10-21**을 보십시오. 유량은 단면적과 $\sqrt{2g\dfrac{P}{\gamma}}$ 의 곱에 비례하므로, 압력이 높을수록(P의 값이 클수록) 유량은 많습니다. 그 때문에 주전환 밸브의 전환 속도가 빨라지면 쇼크가 나옵니다.

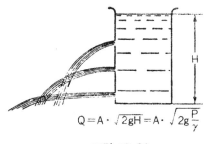

$$Q = A \cdot \sqrt{2gH} = A \cdot \sqrt{2g\frac{P}{\gamma}}$$

그림 10-21

그러므로 고압의 경우에는 **그림 10-20**(b)와 같이 파일럿 라인에 감압 밸브를 넣어 압력을 내려, 파일럿 유량을 적게 하여 변환 속도를 느리게 하도록 하면 됩니다.

이것은 또 감압됨으로써, 파일럿용 솔레노이드의 내압도 작은 것으로 족하게 되고 값도 싸게 됩니다.

(2) 배관 서포트

고압이 되면 전환 쇼크 외에 배관의 팽창이나 기계의 강성 등 때문에 배관이 느슨해져 기름 누설이나 진동이 일어납니다.

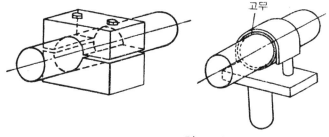

그림 10-22

이와 같은 것을 미연에 방지하기 위해 **그림 10-22**와 같이 알루미늄 다이 캐스트나 합성 수지제의 튼튼한 배관 서포트를 할 필요가 있습니다. 또, **표 10-3**에 배관 서포트 간격의 권장예를 나타냅니다.

표 10-3

배관 지름	배관 서포트 간격		비 고
	L₁	L₂	
$\sim{}^3\!/_8{}^{\mathrm{B}}$		1m 이하	
${}^1\!/_2{}^{\mathrm{B}}\sim1{}^1\!/_4{}^{\mathrm{B}}$		1.5m 이하	
$1{}^1\!/_2{}^{\mathrm{B}}\sim2{}^1\!/_2{}^{\mathrm{B}}$	500mm	2m 이하	
$3^{\mathrm{B}}\sim4^{\mathrm{B}}$		2.5m 이하	
$5^{\mathrm{B}}\sim$		3m 이하	

(3) 시일재의 체크

고압이 되면 약간의 기름 누설도 기름이 안개 모양으로 되어 인화하기 쉬운 상태로 됩니다. 그 때문에 시일재에 대해서는 충분한 검토가 필요합니다. O링을 예로 들어 설명하기로 합니다.

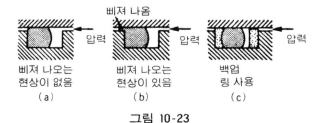

그림 10-23

그림 10-23을 보십시오. 저압에서는 압력유에 꽉 밀릴 뿐이지만(a), 고압이 되면 삐어져 나오는 현상을 일으켜, (b)와 같이 O링이 파손되고 맙니다. 이들의 문제를 해결하는 데는, O링 자체의 경도가 높은 것을 사용하든가, 또는 (c)와 같이 백업 링을 병용합니다.

백업 링의 재질은 사용 압력에 따라 적당한 소성 변형을 일으키는 것이 사용됩니다. 일반적으로는 테플론, 나일론, 데를린, 연질 금속 등이 흔히 사용됩니다.

O링의 고무의 경도는 비어져 나옴 현상과 깊은 관계가 있습니다. 압력이나 사용 조건에 따라 각각 다르지만, 보통 100kgf/cm² 이하의 고정용으로서는 경도 Hs70도(스프링 경도 JISA), 100kgf/cm² 이상에서 Hs90도의 것이 사용되고 있습니다.

(4) 배관 재료의 체크

고압이 되면 강관의 선정도 대단히 중요한 점이 됩니다. 일반적으로 유압에 사용되는 강관으로서는 **표 10-4**의 것이 있습니다. 또 이들의 강관(배관용 강관 SGP를 제외)의 강도를 나타내는 데에 스케듈수가 자주 사용됩니다. 사용 압력과 강관의 허용 인장 응력을 알면 필요한 스케듈수에 따라서 관의 주요 치수의 개요를 구할 수 있습니다. 안전율에 대해서는 압력 변동에도 의하지만, 약 5정도는 바라는 것입니다. 스케듈수의 구하는 방법은 다음식에 의합니다.

표 10-4

분 류	규격 명칭	규격 번호	재질 기호
탄소강	배관용 탄소강 강관	JISG3452	SGP
	압력 배관용 탄소강 강관	JISG3454	STPG
	고압 배관용 탄소강 강관	JISG3455	STS
	고온 배관용 탄소강 강관	JISG3456	STPT
	유압 배관용 탄소강 강관	JOHS 102	OST
합금강	배관용 합금강 강관	JISG3458	STPA
스테인레스강	배관용 스테인레스강 강관	JISG3459	SUS-TP

$$\text{스케듈수} = \frac{P}{\sigma_a} \times 10 = \frac{2000\eta(t-\alpha)}{D+K(t-\alpha)}$$

P: 내압 [kgf/cm²]

σ_a: 관의 허용압력 [kgf/mm²]

D: 관의 내경 [mm]

t: 관의 두께 [mm]

η: 이음매 효율(이음매 없는 강관=1)

K: 상수(=1.2)

α: 부식 여유 [mm]

자세한 것은 기초편 8·1·4 관 및 배관 방식의 선정법을 참조하십시오.

(5) 왜 고압을 사용하는가

고압을 이용하는 잇점은 기기 자체를 콤팩트로 할 수 있다는 것입니다. 즉, 같은 출력이면, 압력이 높으면 면적은 작아도 되고, 면적이 작으면 유량은 적어도 되기 때문입니다.

또 밸브나 파이프를 흐르는 유체의 압력 손실로 생각하면, 고압으로 되면 압력 손실의 주회로 압력에 대한 비율은 상대적으로 작은 값이 되어, 출력에 대한 압력 손실의 영향이 작아집니다.

예를 들면, 회로 압력이 70kgf/cm²이고, 압력 손실이 10kgf/cm²라 하면, 압력 손실은 회로 압력의 약 14.7%가 됩니다. 그런데 압력 손실이 10kgf/cm²라도 회로 압력이 210kgf/cm²이면, 약 4.8%가 됩니다. 같은 압력 손실에서도, 고압으로 하면 주회로 압력에 대한 압력 손실의 비율은 적어져, 압력 손실은 크게 취하여 설계할 수가 있다는 것이 됩니다.

그러므로, 같은 사이즈의 밸브에서도 저압으로 사용하는 경우보다 고압인 경우 쪽이 많이 흐르게 할 수 있습니다(주; 밸브에는 전환되는 유량에 제한이 있는 경우가 있으므로, 주의해 주십시오).

그러면 고압으로 할수록, 펌프, 밸브, 액추에이터 등이 소형이 되고, 가격이 싸게 되는 것이 아닌가 생각될 것입니다. 그러나 고압이 되면, 펌프, 밸브, 액추에이터의 내압의 점 등으로 코스트가 비교적 높게 되는 경우가 있습니다.

또 실린더 등은 로드의 좌굴 강도의 점에서, 어떤 힘을 내는 데는 그 나름의 로드의 굵기가 필요하여, 별로 적게 할 수 없습니다.

현재, 고압에서는 350~700kgf/cm²가 실용화되고 있는데, 코스트, 안전성, 수명, 시장성 등으로 보아 210kgf/cm²까지가 경제적인 압력이라고 할 수 있습니다.

11. 용량 1의 펌프로 용량 10의 일을 시키려면

용량 1의 펌프로 용량 10의 일을 시키려고 해도 바로 정면에서 짜서는 잘 될 리가 없습니다. 거기에는 "에너지 보존의 법칙"이 있기 때문입니다.

보통 평지에 정지해 있는 자동차를, 엔진을 걸지 않고 달리게 할 수는 없을 것입니다. 그러나, 언덕길에 멈추어 있는 자동차라면, 지구의 인력을 이용하여, 전연 안될 이야기도 아닙니다.

유압에 있어서도, 인력을 잘 이용하는 방법이 있습니다. 또, 압력의 차를 이용하여 물체를 움직이는 방법도 있습니다.

그러면, 작은 용량의 펌프에 큰 일을 시키는, 아뭏든 좋은 방법에 대해 설명하기로 합시다.

11·1   프리필 회로

작은 펌프로 대량의 기름이 보내진다

─프레스와 뗄 수 없는 프리필 회로─

디프 드로잉 프레스에서는, 프레스의 램은 우선 고속 하강하고, 다음에 지연 이송으로 프레스를 하고, 그것이 끝나면 고속 상승합니다.

램은 램 자신의 자중으로 고속 하강하는 것이지만, 실린더에는 그만큼의 대량의 기름을 보충해 주어야 합니다.

그러나, 이 경우의 기름은 압력이 있는 기름일 필요는 없고, 단지 실린더에 흡입되면 좋은 것이므로, 필요한 기름은 프레스 상부의 탱크에서 흡입되면 좋은 것입니다. 이것이 프리필 회로입니다.

"프리필"이란, "충만하다"라는 의미의 말로, 프리필 밸브는 서지 밸브라고 불리며, 이 도움에 의해 소용량의 펌프나 밸브로 대용량의 기름을 구사합니다. 즉, 용량 1의 펌프에 용량 10의 일을 시킬 수가 있으며, 대형 프레스나 인젝션 머신의 고속화는 프리필 밸브 없이는 생각할 수 없습니다.

11·1·1   프리필 밸브의 작용

여기서는 350톤의 수직형 디프 드로잉 프레스의 회로에 대하여 생각해 봅시다. 주실린더 관계의 사양은 다음과 같은 것으로 합니다.

가압력 ················· 350 [tonf]

고속 하강 속도 ······ 5~9 [m/min]

저속 하강 속도 ······ 1~3 [m/min]

가압 하강 속도 ······ 0.66 [m/min]

고속 상승 속도 ‥‥‥ 9 [m/min]

사용 압력‥‥‥‥‥‥‥180 [kgf/cm²]

주실린더 내경 ‥‥‥ φ500 [mm]

이 프레스 회로의 중심이 되는 펌프의 용량을 계산하여 봅시다.

가압 하강의 경우는

$$Q_1 = A \cdot V_1 (면적 \times 속도)$$

$$= (50)^2 \times \frac{\pi}{4} \times 66 \times 10^{-3} \fallingdotseq 129l/\min(180kgf/cm^2의\ 압력\ 필요)$$

고속 하강의 경우는

$$Q_2 = A \cdot V_2$$

$$= (50)^2 \times \frac{\pi}{4} \times 900 \times 10^{-3}$$

$$\fallingdotseq 1750l/\min(10\sim20kgf/cm^2의\ 압력으로\ 좋다)$$

그런데, 저압용의 1750l/min이라는 대용량을 만족하는 펌프는 대규모로 되고, 밸브류나 파이프 등도 4~5″ 상당의 큰 것이 되므로, 코스트가 높아 실용적이 아닙니다.

이와 같은 경우야말로 프리필 밸브를 사용하는 것으로 문제는 해결됩니다.

그림 11-1이 키커 실린더[주 11-1]를 병용하여 프리필 밸브를 이용한 디프 드로잉 프레스의 회로입니다.

프레스의 실린더는 로드에 램이나 프레스 상형 등이 붙어 있어, 상당한 중량이 있으므로, 램은 자중에 의해 고속 하강됩니다. 로드가 움직인 만큼의 기름은 프레스 상부의 탱크에서 흡입시키려고 하는 것입니다.

하강 속도는 자중의 크기와 관로(管路)의 저항에 의해 바뀌지만, 교축 밸브를 조절하여 적당한 스피드를 정할 수가 있습니다. 탱크는 주실린더보다 높은 곳에 놓이는 것이 보통인데, 이것은 기름이 흡입되기 쉽도록 하기 위해서입니다.

램이 하강하면 실린더 내가 마이너스압이 되므로, 기름은 대기압에 의해, 프리필 밸브를 통하여 실린더로 흘러 들어갑니다.

램이 급속 하강해서 어떤 점까지 오면, 파일럿용 솔레노이드 밸브가 전환되어, 프리필 밸브가 닫히므로, 가압용 고압 펌프에 의한 압유가 실린더에 보내져 가압 이송이 시작됩니다.

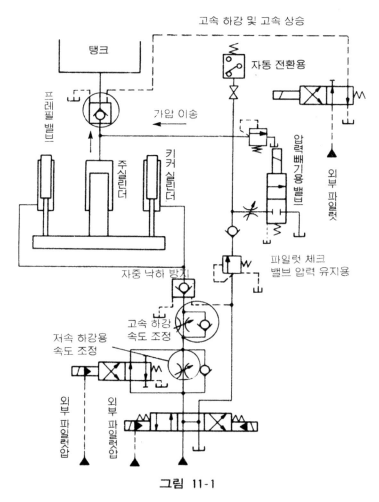

그림 11-1

그런데, 가압이 끝나고 주전환 밸브가 전환되면, 램과 일체로 되어 있는 상승 용 키커 실린더가 작용하여, 주실린더가 상승하기 시작합니다. 동시에 프리필 밸브 개폐용 파일럿 밸브도 전환되므로, 램이 들어 올려짐과 동시에 주실린더 내의 기름은 파일럿압에 의하여 열린 프리필 밸브를 통하여 다시 탱크로 되돌아 갑니다.

프리필 밸브를 통과하는 기름량은 1750l/min이란 큰 것이므로, 여기에는 대 용량의 밸브가 필요하지만, 상승시의 키커 실린더에 필요한 용량이 작으면, 그 외의 부분에는 129l/min의 기름량만이 흐르기 때문에, $1 \sim 1\frac{1}{4}''$ 정도의 용량의 것으로 충분히 기능을 만족시킬 수 있는 것입니다.

11·1·2 프리필 밸브의 구조

프리필 밸브에도 여러 가지의 종류가 있지만, **그림 11-2**는 가장 일반적인 프리필 밸브입니다.

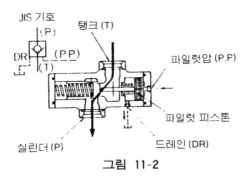

그림 11-2

포트 P는 실린더에, 포트 T는 탱크에 접속되어 있고, 파일럿압 P·P가 밸브의 파일럿 피스톤에 유도되고 있습니다. 파일럿압이 작용하면, 주밸브의 체크 밸브가 밀려 열려, 탱크에서 실린더로(상승 때에는 실린더에서 탱크로) 기름이 흐릅니다.

이 때의 기름의 유속은 0.8~1m/sec 정도로, 다른 밸브류의 경우보다 밸브를 통과하는 유속은 작게 설계되어 있고, 구경이 크므로. 단시간에 대량의 기름을 보내 실린더를 충분히 "프리필"할 수가 있는 것입니다.

다음에 프레스 이송에 들어갈 때는, 솔레노이드 밸브가 전환되면 파일럿압이 도피하므로, 스프링의 작용으로 주밸브가 닫혀 탱크와 실린더 사이의 유로가 차단됩니다. 이 경우, 주밸브와 시트면에서 기름 누설이 있어서는 안됩니다.

고속이 요구되는 기계에서는, 급속 이송이 끝나고 가압이 시작될 때까지의 시간, 즉 프리필 밸브의 주밸브가 닫힐 때까지의 시간을 단축해야 하므로, 파일럿 작동 피스톤을 작게 하든가(작게 하면 파일럿압을 고압으로 해야 한다), 스프링을 강하게 하여 주밸브의 복귀를 빨리할 필요가 있습니다. 또, 밸브에 작용하는 배압을 적게 하는 뜻에서, 파일럿 배관이나 드레인 파이프 굵기에 대해서도 생각하여야 합니다.

11·1·3   프리필 밸브의 종류

프리필 밸브에는, 이 밖에 주실린더에 부착하는 것, 탱크에 부착하는 것, 주밸브의 개폐 작동을 실린더에 의해 복동하는 것 등, 여러 가지 종류가 있습니다.

그림 11-3은 주실린더에 직접 부착하는 것으로, 대형 프레스에 잘 사용되고 있습니다. 상부는 곧 탱크에 개방되고 있으므로 도중의 배관이 전혀 불필요하며, 저항도 적은 것이 특색입니다. 작동 피스톤은 복동식이며, 로드와 주밸브는 일체로 되어 있습니다.

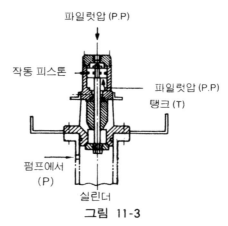

그림 11-3

그림 11-4는 탱크 부착형의 것입니다. 주밸브는 스프링의 작용에 의해 항상 열려 있고, 파일럿압이 작용했을 때에 닫히도록 되어 있습니다.

그림 11-5는 디콤프레션 붙이 프리필 밸브로, 압력빼기를 겸한 것입니다. 이

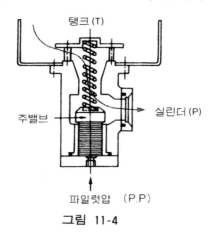

그림 11-4

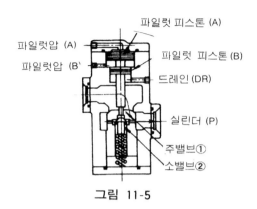

파일럿 피스톤 (A)

파일럿압 (A)

파일럿압 (B`

파일럿 피스톤 (B)

드레인 (DR)

실린더 (P)

주밸브①

소밸브②

그림 11-5

것은 가압이 끝나고, 상승으로 옮길 때에, 우선 파일럿압(A)에 의해 작은 밸브 ②가 열려 압유를 도피시켜, 압력을 내리고 나서 파일럿압(B)으로 주밸브 ①을 열어, 실린더의 기름을 탱크로 복귀시키려는 것으로, 대형 프레스 등, 대용량의 기름을 사용하고 있는 경우, 이와 같이 압력빼기를 하고 나서 상승으로 옮기므로, 전환에 의한 쇼크를 방지할 수 있는 것입니다.

11·1·4 프리필 회로의 응용예

전항까지에서 알 수 있는 바와 같이, 프리필 밸브는 대량의 기름을 흐르게 하든가, 차단하는 파일럿 체크 밸브의 일종으로, 프리필 회로에 짜넣어져, 실린더가 고속 작동하는 것을 돕고 있습니다.

먼저 든 **그림 11-1**에서는 단동 키커 실린더를 사용하고 있었으나, **그림 11-6**은 디프 드로잉 프레스에 복동 키커 실린더를 사용하고 있는 프리필 회로의 예입니다.

이 경우는, 주실린더는 가압, 키커 실린더는 고속 하강과 가압 및 고속 상승의 양쪽에 사용되고 있습니다. 따라서, 키커 실린더가 작동하고 있는 동안은 프리필 밸브가 열려 탱크와 주실린더 사이에 대량의 기름을 통과시키고, 가압 때에는 파일럿용 솔레노이드에 의해 프리필 밸브가 닫혀, 주실린더에는 펌프로부터의 압유를 보내는 것입니다.

그림 11-7은 전단 프레스용, **그림 11-8**은 600톤의 호트 프레스용 회로예로, 어느것이나 이중 실린더를 사용하고 있습니다.

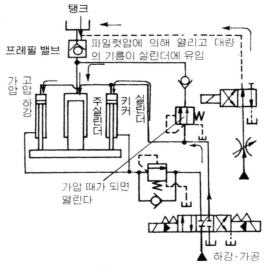

그림 11-6

그림 11-7을 보십시오. 압유는 처음 2중 실린더의 지름이 작은 부분(A)에 들어가 피스톤이 고속 하강하고, 동시에 SOL③이 작동하므로 프리필 밸브가 열려, 대량의 기름이 실린더의 지름이 큰 부분(B)으로 흘러 들어갑니다.

이렇게 하여 일정한 곳까지 고속 하강하면, 리밋 스위치에 의해 SOL④가 작용하여, 프리필 밸브가 닫혀 시퀀스 밸브 ⑤가 열려 압유는 실린더 전체에 보내

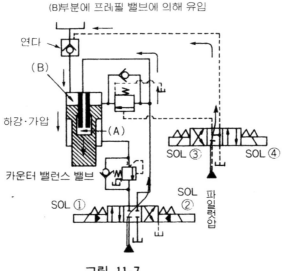

그림 11-7

져 가압 이송이 됩니다. 가압 이송이 끝나면, SOL①과 SOL③이 작용하여 프리
필 밸브가 열려 고속 상승으로 옮깁니다.

그림 11-8에서는 10개의 실린더 가운데 4개가 이중 실린더이며, 그 작은 실린
더에 의해 6개의 주실린더를 고속 상승시키도록 연구되어 있습니다. 주실린더에
의 기름은 프리필 밸브를 통하여 공급되고, 압력이 오르면 시퀀스 밸브를 열어
주실린더에 압유가 들어가 600톤으로 가압을 합니다.

이것으로 프리필 회로는 이해했을 것으로 생각하지만, 프레스와 같이 자중 낙
하를 이용할 수 있는 것에밖에 사용하지 못하는 것은 아닙니다. 수평형의 것에
서도 고속 이송용 실린더로 주실린더의 프리필 밸브를 열리게 함으로써 똑같이
고속으로 작동시킬 수 있습니다.

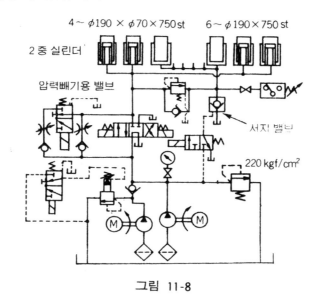

그림 11-8

11·2 차동 회로

적은 기름으로 급속 이송을 할 수 있다

─차동 회로의 구조와 응용─

일을 하고 있지 않은 동안은 소용량 펌프로도 대용량 펌프와 같은 급속 이송, 급속 복귀를 하고 싶다는 것은 프레스에 한하지 않습니다. 프리필 회로를 응용하고 있는 것은 대형 프레스가 대부분입니다.

그런데, 대용량의 펌프를 사용하지 않는 것은 물론, 대규모의 부속품이나 설비를 사용하는 일도 없이, 대단히 간단하게 급속 이송, 급속 복귀가 될 수 있는 좋은 방법이 있는 것입니다.

그것이 차동 회로입니다.

11·2·1 차동 회로의 구조

빠른 테이블 이송을 하고 싶을 때 등에 흔히 사용되는 회로로서 차동 회로가 있습니다. 차동 회로는 **그림 11-9**와 같이 실린더의 좌우 양측의 입구에 동시에 압유를 보내고, 피스톤이 양면에서 받는 힘의 차로 전진하는 것을 이용한 회로입니다.

즉, 피스톤이 받는 압력은 좌우 모두 같은 것이므로, 로드측은 헤드측에 비하여 로드의 분만큼 면적이 작으므로 출력도 작으며, 피스톤은 헤드측으로 밀려

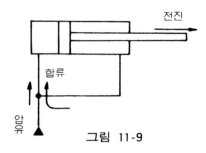

그림 11-9

로드측으로 나아갑니다. 그래서 로드측의 기름은 피스톤으로 밀려 되돌아와 펌프에 보내져 오는 압유와 합류하여 실린더를 다시 전진시키므로 펌프에서는 로드 용적분의 기름을 보충하는 것만으로 좋게 됩니다. 이리하여 실린더 이송의 스피드는 적은 기름으로 대단히 빠르게 할 수 있는 것입니다.

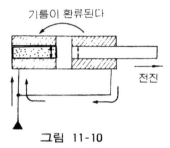

그림 11-10

실린더의 출력에 대하여 생각해 보면, **그림 11-10**에서 아는 바와 같이, 실린더 좌우의 사선 부분은 피스톤을 서로 밀어 밸런스가 잡혀 있고, 로드의 면적분만큼 헤드측의 힘이 클 뿐이므로, 출력은(로드 면적×작동 압력)이라는 것이 됩니다.

일반적으로, 프레스, 리프터, 플레이너, 각종 로딩 장치 등의 급속 이송이나 급속 복귀에는, 실린더 출력은 작아, 빠른 스피드가 요구되는 일이 많으므로 차동 회로는 이와 같은 요구에 부응하는 최적의 회로라 할 수 있습니다.

이 원리를 **그림11-11**에 수식으로 표시하면 다음과 같습니다.

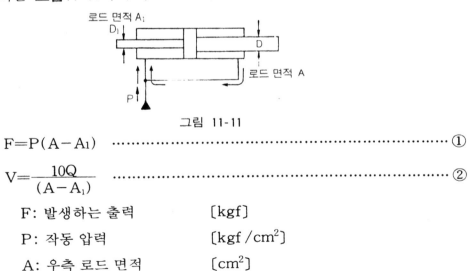

그림 11-11

$$F = P(A - A_1) \quad \text{\dotfill} \quad ①$$

$$V = \frac{10Q}{(A - A_1)} \quad \text{\dotfill} \quad ②$$

F: 발생하는 출력 　　　　　[kgf]

P: 작동 압력 　　　　　[kgf/cm^2]

A: 우측 로드 면적 　　　　　[cm^2]

A_1: 좌측 로드 면적 $[cm^2]$

Q: 실린더에 공급되는 유량 $[l/min]$

V: 작동 속도 $[m/min]$

그림 11-10의 싱글 로드식 실린더의 경우는, 식 ①②에 있어서 $A_1=0$이므로,

$$F=P \cdot A \cdots\cdots\cdots\cdots\cdots\cdots\cdots\cdots\cdots\cdots\cdots\cdots ①'$$

$$V=\frac{10Q}{A} \cdots\cdots\cdots\cdots\cdots\cdots\cdots\cdots\cdots\cdots ②'$$

가 되어, 스피드도 출력도 완전히 로드 면적에 의해 정해지는 것을 알 수 있습니다.

11·2·2 배관 구경을 크게

차동 회로의 설계, 제작에서 주의해야 할 것은 실린더 출력이 작아, 반대로 배관 속을 흐르는 기름의 유량이 대단히 커지므로, 관내의 저항을 가급적 작게 할 필요가 있습니다. 따라서, 펌프의 토출량에 의해 밸브의 형식이나 배관 구경을 정하는 것이 아니고, 실제로 흐르는 기름의 유량에 의해 구경을 정해야 합니다.

「차동 회로를 설계하였으나, 계산값대로의 스피드가 나오지 않는다」고 하는 경우, 그 대부분은 회로 중의 압력 손실이 큰(이 때문에 릴리프 밸브에서 기름이 달아난다) 것을 잊고 있는 것이 원인입니다.

또 차동회로에서는 탱크로 돌아가지 않고 실린더를 왔다 갔다 하고 있는 기름이 많은 것을 알게 될 것입니다. 그 때문에 고사이클의 것이 되면, 회로의 저항에 의해 열이 발생하여 실린더나 관로가 뜨거워지는 일이 있으므로, 고사이클의 경우는 열에 대한 주의도 필요합니다.

11·2·3 차동 회로의 응용

그러면, 차동 회로를 사용한 경우와 사용하지 않은 경우를, **그림 11-12**에 나타낸 도금 장치용 회로에서 비교해 봅시다. 이 회로는 도금 재료의 상승·하강·이송에 사용하는 것이 목적인데, 사양은 다음과 같다고 합니다.

상승력   1500kgf(실린더를 당겨서 사용)

상승 속도   5~8m/min

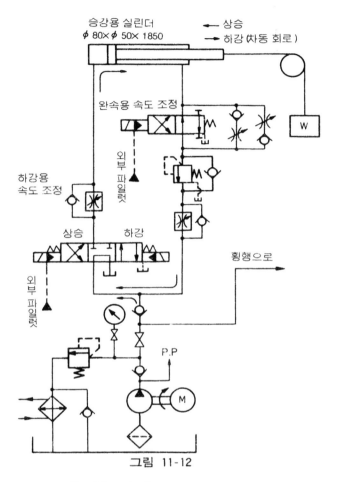

그림 11-12

하강 속도	$6 \sim 12\text{m}/\text{min}$
사용 압력	$50 \sim 70\text{kgf}/\text{cm}^2$
스트로크	$1{,}850\text{mm}$

우선, 실린더 제원을 구하면, 필요 면적은 사용 압력을 $50\text{kgf}/\text{cm}^2$로 하여

$$A = \frac{F}{P} = \frac{1500}{50} = 30\text{cm}^2$$

가 됩니다.

다음에, 보어 지름 $\phi 80(d)$, 로드 지름 $\phi 50(d_1)$의 실린더를 사용한다고 하면, 상승측은

로드측 면적　　$A_1 = \dfrac{\pi}{4}(d^2 - d_1^2) = \dfrac{\pi}{4}(8^2 - 5^2) \fallingdotseq 30.3\text{cm}^2$

소요 유량　　$Q_1 = A_1 V_1 = 30.3 \times 800 \times 10^{-3} \fallingdotseq 24.5l/\text{min}$

가 됩니다.

차동 회로를 사용하지 않는 경우의 하강측 필요 기름량은

헤드측 면적　　$A=\frac{\pi}{4}d^2=\frac{\pi}{4}\times8^2\fallingdotseq50cm^2$

필요 유량　　　$Q=AV_2=50\times1200\times10^{-3}\fallingdotseq60l/min$

가 되어, $60l/min$의 펌프가 필요하게 되는 것입니다. 그러나 상승 때에는 $24.5l$ /min이면 충분하므로, 그 차 $35.5l/min$은 일을 하지 않으므로 릴리프 밸브에서 도피하게 되어, 유온이 올라 회로 효율이 나빠집니다.

하강 때에는 거의 출력은 필요가 없는 것이므로, 여기서 차동 회로를 사용하면

로드 면적　　　$A_2=\frac{\pi}{4}d_1^2=\frac{\pi}{4}\times5^2=19.6cm^2$

필요 유량　　　$Q_2=A_2V_2=19.6\times1200\times10^{-3}\fallingdotseq23.5l/min$

이 되므로, 약 $25l/min$의 펌프를 사용하면 충분합니다.

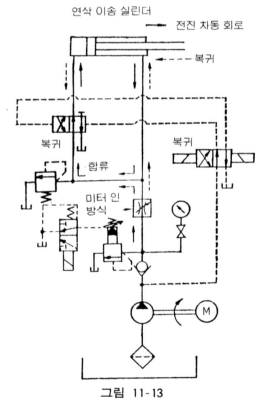

그림 11-13

이 경우 펌프 토출량은 약 25*l*/min이지만, 승강 실린더가 하강할 때는 60*l*/min가 흐르므로, 솔레노이드 밸브, 유량 제어 밸브 및 배관 등에는 3/4인치 상당의 것을 사용하는 편이 배관 저항을 작게 할 수 있습니다.

그림 11-13은 평면 연삭기에 차동 회로를 응용한 예입니다. 여기서는 실린더 헤드측 면적과 로드측 면적의 비를 2:1로 하고, 실린더 이송의 전진·후진의 스피드가 같아지도록 하고 있습니다.

그림 11-14는 전단 프레스에 응용한 예입니다. 고속 하강은 차동 회로로 하며, 하강 끝에서 재료에 닿아 관로의 압력이 상승하면 파일럿압에 의해 로드측의 기름을 언로드 밸브에서 탱크로 도피시켜, 대출력이 나오도록 설계하고 있습니다.

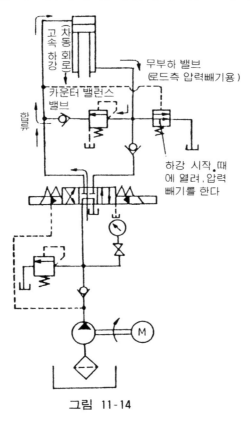

그림 11-14

주 11-1) 키커 실린더: 프레스의 주가압 실린더에 대하여 고속 상하용 보조 실린더를 키커 실린더라고 부르고 있습니다. 즉, 키커하는(차는) 동작에 의해 램이나 실린더를 고속으로 움직이는 것입니다.

─── 유압 장치, 유압 유닛화에 대하여 ───

보통, 유압 장치란 유압 유닛이라 부르고 있지만, 이것을 세분화하면 대개 다음과 같은 장치로 구성되어 있습니다.

1. 탑재형 파워 유닛

기름 탱크 위에 펌프, 전동기, 릴리프 밸브 등의 제어 밸브를 일체로 구성한 장치

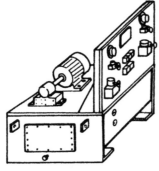

2. 비탑재형 파워 유닛

공통 테이블형: 펌프, 전동기, 탱크를 베이스 위에 탑재한 것

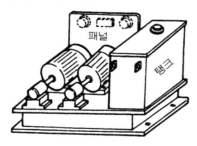

일반 베드형

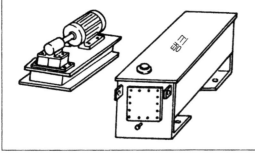

펌프 베이스 테이블형

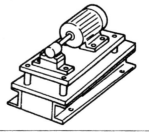

3. 밸브 스탠드

유압원 장치와는 별도로, 밸브, 계기, 기타 부속품을 장착하고, 일체로 구성한 제어용 스탠드

설치형

충립형

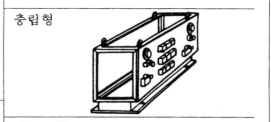

데스크형

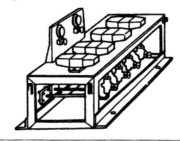

12. 보다 작은 전동기로 하기 위해서는

—에너지 절약을 목표로 하여—

에너지 절약

우리들이 살고 있는 지구의 에너지 자원은 한계가 있습니다. 그러므로 에너지를 어떻게 유효하게 사용할까는 중요한 것입니다. 어떤 일을 해야 할 때, 그 일에 충분히 균형이 맞는, 그리고 쓸데없는 에너지를 주지 않는 것이 중요하게 됩니다.

책을 들어올린다면 한 사람으로 충분하지만, 큰 바위를 들어올리는 데는 크레인이 필요합니다. 그러나 들어올려진다고 해서, 크레인으로 책을 들어올리는 것에서는 대단한 에너지의 쓸데없는 사용입니다.

큰 전동기로 대형의 유압 펌프를 돌리면, 여러가지 일을 할 수가 있고, 출력 부족을 염려하지 않아도 좋지만, 대단한 에너지의 낭비로 되어 버립니다. 여기에서는 유압 에너지를 유효하게 이용하고, 손실을 적게 하여 구동원도 작게 하는 에너지 절약 방법에 대하여 생각해 봅시다.

12·1 보다 작은 전동기로 하기 위해서는(1)

에너지여 어디로 가나

——에너지 손실을 막는 방법——

일을 하기 위해서는 에너지를 주어야 합니다. 그러나 준 에너지가 그대로 모두 유효한 일에 쓰이는 것은 아니고, 아무래도 낭비가 생깁니다. 이 낭비 에너지를 될 수 있는 한 적게 하기 위해서, 우선 에너지가 어떻게 도망가는가를 알 필요가 있습니다.

12·1·1 유압장치의 에너지 손실

유압장치를 사용하여 일을 할 경우, 일반적으로는 전동기를 돌려 유압 펌프를 구동하고, 각 제어 밸브를 통해서 유압 액추에이터에 기름을 보내고, 기계적인 힘으로 바꾸어 일을 합니다. 이 유압장치의 에너지의 수지 결산은 전동기에의 입력이 투자액, 유압 액추에이터의 정미 출력이 이익, 이익을 투자액으로 나눈 것이 이익률, 다시 말해서 에너지 효율이 됩니다.

$$\text{유압장치의 에너지 효율} = \frac{\text{유압 액추에이터의 정미 출력}}{\text{전동기에의 전기 입력}}$$

에너지 효율을 올리면, 같은 일을 하는 데에 전동기도 작고, 전기 입력도 작게 할 수 있습니다. 이익률을 올리기 위해 원가 분석을 하는 것처럼, 유압장치의 에너지 수지를 보면 **그림 12-1**과 같이 됩니다.

이들의 에너지 손실은 거의가 열로 되어 달아납니다. 이 열은 유온을 상승시켜, 내부 누설의 증대, 눌어붙음 등 기기에 나쁜 영향을 주거나, 작동유의 수명 저하의 원인이 됩니다.

이 악영향을 없애기 위해 오일 쿨러를 설치하여 온도를 내려야 합니다. 그리고 에너지 손실이 클수록 큰 쿨러를 필요로 하므로, 에너지 손실은 손실분뿐만이 아니고, 차게 하기 위한 에너지도 쓸데없이 사용하는 것입니다.

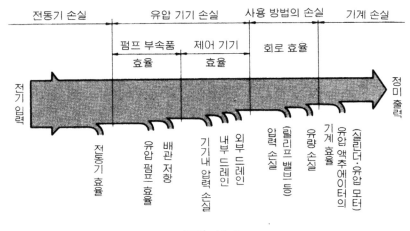

그림 12-1

에너지 손실은 0으로 할 수는 없지만, 여기서는 전동기, 유압 기기에 대하여 유효한 방법을 생각해 봅시다.

12·1·2 에너지의 표시 방법

구체적인 설명을 하기에 앞서, 유압이 가진 에너지에 대하여 조금 설명합니다. 유압이 가진 에너지는 압력과 유량으로 표시합니다.

$$L = \frac{P \times Q}{612}$$

　　L: 동력 [kW]

　　P: 압력 [kgf/cm²]

　　Q: 유량 [l/min]

예를 들면, 압력 70kgf/cm²에서 유량 10l/min의 기름이 가진 에너지는 Lin=(70×10)/612≒1.14이므로, 1.14kW가 됩니다. 이 에너지가 모두 기계적인 힘으로 바뀌면 정미 출력 1.14kW의 일을 한 것이 됩니다. 그러나 실제로는 유압 기기의 효율의 영향을 받아 실제의 일에 쓰이는 에너지는 작아집니다.

지금 만약, 일을 하는 에너지가 압력 50kgf/cm², 유량 7l/min이라고 하면, 정미 에너지는 마찬가지로 Lout=(50×7)/612≒0.57kW가 되고, 효율은 η= 0.57/1.14=0.5(50%)로 됩니다. 이것을 그림으로 표시하면, 그림 12·2와 같이 됩니다.

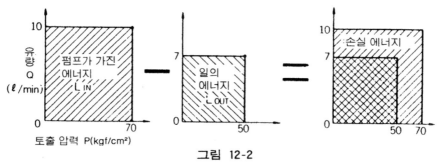

그림 12-2

━━ 알아 두어야 할 유압 관련 KS ━━

한국 공업 규격에는 유압 관계의 규격이 많이 있지만, 다음에 기록한 정도의 것은, KS규격이 있는 정도는 알아 두어야 하는 것입니다.

KS B0119　유압 용어

KS B0612　조임 기구에 의한 유량 측정 방법

KS B1521　유압용 210kgf/cm² 관플랜지

KS B1535　유압용 25MPa(250kg/cm²) 물림식 관이음쇠

KS B1542　특수 배관용 강제 삽입 용접식 관이음

KS B2799　O링 부착 홈부의 모양 및 치수

KS B2804　오일 시일

KS B2805　O링

KS B2806　V패킹

KS B2809　O링용 백업 링

KS B5305　부르돈관 압력계

KS B6021　피스톤 링

KS B6307　기어 펌프 및 나사 펌프의 시험 및 검사 방법

KS B6340　유압용 베인 펌프(토출 구멍 지름 10~50mm)

KS B6341　유압용 기어 펌프(토출 구멍 지름 10~50mm)

KS B6342　유압용 필터

KS B6343　유압용 압력 보상 붙이 유량 조정 밸브

KS B6344　유압용 블래더형 어큐뮬레이터

KS B6345　유압용 베인 모터(구멍 지름 20~50mm)

KS B6346　유압용 서브플레이트 붙이 4포트 솔레노이드 밸브

KS B6362　유압 펌프 및 유압 모터의 소음 레벨 측정 방법

KS B6370　유압 실린더

KS B6702　유압 및 공기압 실린더 구성 요소 및 식별 기호에 관한 통칙

KS M2120　터빈유

12·2 보다 작은 전동기로 하기 위해서는(2)

필요한 기름량만 펌프에서 토출시킨다

—— 필요 이상 기름을 토출시키지 않기 위해서는 ——

펌프에서 필요 이상의 기름을 토출시키면 그것만큼 여분의 동력이 필요하게 되고 에너지 절약에 어긋납니다. 그러면 펌프에서 여분의 기름을 토출시키지 않기 위해서는 어떤 방법이 있을까요.

12·2·1 유압 기기의 선정 방법

될 수 있는대로 작은 전동기를 사용하기 위해서는 회로 등의 검토 외에, 유압 펌프, 모터, 밸브 등을 적절하게 선정하는 것이 중요합니다. 다시 말해서, 유압 펌프, 모터에 대해서는 용적 효율, 기계 효율이 높은 것을 사용하는 것이 바람직하고, 특히 펌프의 전효율(용적 효율×기계 효율)은 전동기를 선정할 경우에 직접 영향을 미치므로 주의가 필요합니다. 같은 토출 유량의 펌프라도 전효율이 낮은 펌프를 사용했기 때문에, 큰 전동기를 채용해야 하는 일이 있습니다.

예를 들면, 전효율 90%와 70%의 펌프로, 압력 70kgf/cm², 유량 50ℓ/min를 얻기 위해 필요한 모터를 비교하면, 90%의 펌프는 6.4kW, 70%의 펌프에서는 8.2kW로 되어, 소비 전력의 차뿐이 아니고 모터의 크기(이 예에서는 7.5kW와 11kW)도 다른 경우가 있습니다.

유압 밸브에 대해서는, 압력 손실이 작고 또한 내부 누설이 적은 것을 선정합니다. 밸브의 내부 누설에 의한 손실은, 펌프에 비하면 일반적으로 적은 경향은 있지만, 그래도 유압 장치에 밸브를 다수 사용한 경우는 상당히 큰 발열의 원인이 됩니다(내부 누설의 예 12·3·1 및 제16장 참조).

더우기 릴리프 밸브에 대해서는, 회로 가운데에서도 특히 동력 손실이 발생하기 쉬운 장소이므로, 주의가 필요합니다. 그것은 높은 압력의 작동유를 어떤 일도 시키지 않고 탱크로 방출하는 것만으로는, 그 갖고 있는 에너지의 대부분이 열에너지로 변환되기 때문입니다. 이 발생 열량은 대단히 크므로, 릴리프 밸브에서의 방출 기름량과 방출 시간을 될 수 있는대로 작게 함과 동시에, 방출하는 압력도 가급적 낮게 해야 합니다.

그것을 위해서는, 액추에이터에 필요한 만큼의 유량을, 필요한 시간에, 필요한 압력으로 펌프에서 토출시키면, 릴리프 밸브에서 기름이 방출되는 일이 없습니다. 이와 같이 펌프, 밸브의 선정을 하면 전동기의 작은 유압 장치가 가능한 것입니다.

12·2·2 이중 펌프 또는 복합 펌프에 의한 방법

액추에이터의 움직임이 고속일 때는 부하가 작고, 저속일 때에만 큰 힘을 필요로 하는 경우에는, 그림 12-3, 4에 나타낸 바와 같은 이중 펌프에 의한 고·저압 회로를 사용하면 필요 동력을 작게 하는 데에 효과가 있습니다. 다시 말해서, 액추에이터의 부하가 작을 때는 그림 12-3, 4(a)와 같이 저압 대용량에 고압 소용량을 가한 토출량으로 액추에이터를 움직이고, 부하가 커지면 그림(b)와 같이 언로드 밸브가 작용하여 고압 소용량 펌프만이 압유를 토출하기 때문에 필요 동력을 작게 할 수 있습니다.

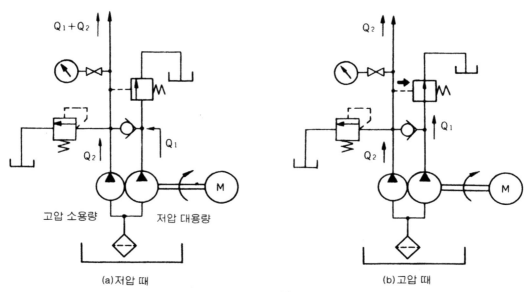

(a) 저압 때   (b) 고압 때

그림 12-3

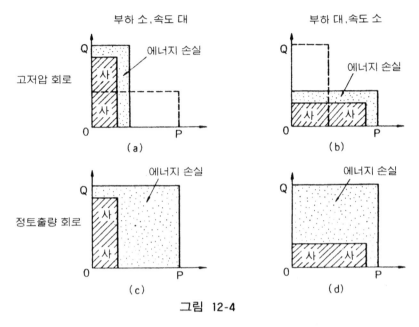

그림 12-4

그림 **12-4**(c)(d)는 정토출 펌프 1대를 사용한 경우를 나타냅니다. (a)(b)와 비교하면, 에너지 손실은 대단히 큰 것을 알 수 있습니다.

12·2·3 압력 보상식 가변 토출량 펌프에 의한 방법

그림 **12-5**에 나타낸 가변 토출량 펌프는 필요한 기름의 양밖에 토출하지 않기

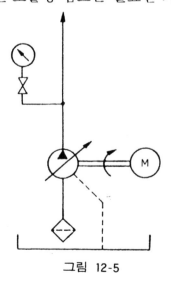

그림 12-5

때문에, 여분의 동력도 소비하지 않아, 에너지 절약에 가장 적합한 펌프라고 할 수 있습니다. 그러나 정토출량 펌프에 비해 일반적으로 구조가 복잡하고 종류도 많으므로, 보다 적절한 사용 방법이 요구됩니다. 대표적인 가변 토출량 펌프의 사용예를 나타냅니다.

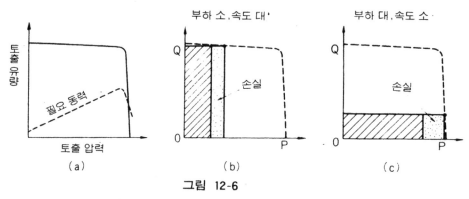

그림 12-6

예를 들면, 공작기계의 클램핑 등과 같이, 어떤 시기는 저압에서 다량의 펌프 기름량이 필요하지만, 다음의 시기에서는 압력 유지만이 필요한 경우에는 **그림 12-6**에 나타낸 일정한 압력(p)까지는 정토출량 특성을 가진 가변 토출량 베인 펌프(**그림 12-7**)가 적합합니다. 이 펌프를 사용하면, 클램핑 때의 동력을 작게 할 수 있고, 열발생도 작게 할 수 있습니다.

그림 12-6(b)(c)는 각 부하시의 에너지를 나타냅니다.

힘이 작을 때는 유량(속도)을 크게, 힘이 클 때는 속도가 작아도 좋은 것, 예

그림 12-7

를 들면 대형 프레스나 대형 차량의 주행계 등에서는 **그림 12-8**에 나타낸 정마력(定馬力) 특성을 가진 가변 토출량 피스톤 펌프가 적합합니다. 이 펌프를 사용하면, 일정한 입력 마력을, 어떤 때는 힘, 어떤 때는 속도로 효율 좋게 끌어내고, 또한 과부하를 방지할 수도 있습니다.

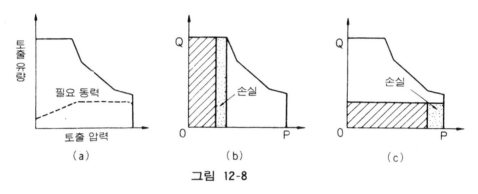

그림 12-8

그림 12-8(b)(c)는 앞과 같이 부하 특성을 나타내고 있습니다.

12·2·4 어큐뮬레이터에 의한 방법

그림 12-9를 보십시오. 이 그림과 같이 사이클 중에 정기적으로 큰 유량을 필요로 하는 경우, 이것을 펌프만으로 토출시키면, 큰 펌프와 전동기가 필요하게 됩니다.

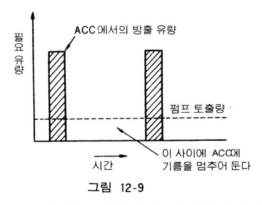

그림 12-9

그래서 **그림 12-10**을 보십시오. 이와 같이 순간적인 큰 유량은 어큐뮬레이터에서 방출시켜, 휴지 사이클 중에 방출 기름의 양을 천천히 어큐뮬레이터에 충전해 주면 펌프는 사이클 중의 평균 기름량만큼 토출하면 되어, 작은 전동기로

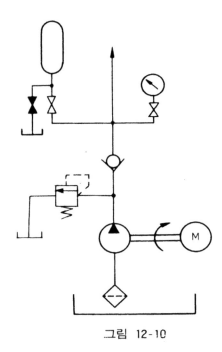

그림 12-10

큰 일을 하는 것이 가능하게 됩니다.

12·3　보다 작은 전동기로 하기 위해서는(3)

필요한 압력만 펌프에서 발생시킨다

─ 필요 이상의 압력을 발생시키지 않기 위해서는 ─

필요 이상의 압력을 펌프에서 발생시키거나, 일을 하지 않을 때에도 부하 운전시키는 것은, 여분의 동력을 소비하고 열발생도 많아지기 때문에 좋지 않습니다. 에너지 절약을 위해서는 필요한 압력만 펌프에서 발생시키고, 일을 하지 않을 때는 될 수 있는 대로 펌프를 멈추어 주는 것이 좋습니다. 그러나 전동기나 펌프를 빈번하게 운전, 정지시키는 것은, 전동기나 펌프의 수명이라는 점에서 유리하다고는 할 수 없습니다.

그래서 펌프가 회전하고 있는 상태에서, 펌프의 압력을 올리거나 내리거나(언로드) 하는 것이 편리하게 됩니다. 또 일을 하고 있을 때도 언로드일 때도 압력의 손실을 될 수 있는 대로 없게 하는 것이 필요합니다.

12·3·1　유압 기기 및 배관 크기의 선정 방법

유압 기기와 배관에 기름이 흐르면 압력 손실이 발생합니다. 점도가 있는 유체를 사용하는 유압 장치에 있어서는 부득이한 일입니다. 압력 손실은 기름의 점도나 통과 유량에 관계가 있고, 점도가 높아지거나(유온이 낮아지거나) 유량이 커지면 압력 손실도 커집니다. 특히 겨울 등 극단으로 점도가 높아지면 압력 손실도 커져, 액추에이터의 출력 부족이나 속도가 느려지는 트러블이 발생하기 쉽게 됩니다. 이 때문에 펌프의 발생 압력은 미리 액추에이터의 필요 압력에 압력 손실분을 가산한 압력으로 설정할 필요가 있습니다.

그러나 이것에서는 여름 기간 등 점도가 낮고 압력 손실이 작을 때는 겨울 기간과의 압력 손실의 차압분은 쓸데없는 에너지로서 열로 되기 때문에 좋지 않습니다. 이것은 기름의 성질상, 어느 정도 부득이한 것이라고는 할 수 있는데, 유압 기기나 배관을 적절한 크기로 선정하면 이 낭비를 적게 할 수 있습니다.

예를 들면, 밸브의 선정은 정격 유량 이내로 선정하고, 배관 크기는 관내 유속이 압력 포트에서는 3.5m/sec, 복귀 포트에서는 2.5m/sec의 유속으로 선정하는 것이 일반적입니다. 물론, 배관 길이가 긴 경우는 압력 손실을 계산해야 합니다.

나사끼움 및 플랜지형 밸브를 사용할 경우, 배관 조립상의 이유에서 배관 크기와 밸브 크기를 같게 하는 일이 있습니다. 이 경우는 배관의 정격 유량보다 밸브의 최대 유량이 훨씬 크므로, 배관의 크기에 주의하지 않으면 생각하지 못한 트러블을 초래할 수 있습니다.

표 12-1 밸브와 배관의 정격 유량

관지름 (호칭 지름)	릴리프 밸브의 최대 유량 l/min	배관	
		크기	정격 유량 l/min
$3/8$	80	$3/8$ sch 80	11.6
$3/4$	170	$3/4$ sch 80	61.9
$1^{1}/_{4}$	380	$1^{1}/_{4}$ sch 80	176

배관의 정격 유량은 관내 유속 3.5m/s로 선정하고 있습니다.

압력 손실은 적은 쪽이 회로 효율이 올라가고, 동력을 작게 하는 점에서는 매우 의미가 있습니다. 그렇다고 해서 대구경(大口徑)의 배관이나 밸브를 사용하면 유압 장치가 원가 상승이 됩니다. 역시 적절한 크기를 선정하는 것이 중요합니다.

12·3·2 펌프를 쉬게 하는 방법

일을 할 필요가 없는 경우는 펌프를 무부하로 하면 동력이 절약됩니다.

(1) 셔트 오프 밸브의 이용

그림 12-11에 나타낸 바와 같이 셔트 오프 밸브에 의해서 펌프에서의 압유를

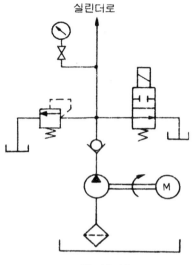

실린더로

그림 12-11

직접 탱크로 되돌리는 방법입니다. 간단한 방법이므로, 무부하시의 압력을 낮게 하고 싶을 때나, 유량이 적어, 뒤에 설명하는 릴리프 밸브의 벤트에 의한 무부하가 취해지지 않을 때에 사용되지만, 큰 유량의 경우나 고압일 때는 서지 압력이 발생하므로, 밸브를 특수한 것으로 하든가, 전환을 느릿하게 할 필요가 있습니다.

(2) 병렬 센터의 이용

그림 12-12를 보십시오. 병렬 센터형 전환 밸브를 이용하고 실린더를 고정시킴과 동시에, 펌프 포트와 탱크 포트를 연결하고 무부하시키는 방법입니다. 별도로 무부하용 밸브를 필요로 하지 않기 때문에 회로가 간단하게 되고, 단독 동작(이 경우, 솔레노이드 1개만이 일을 한다)하는 경우는 복수에서의 사용도 가능합니다. 그러나 앞항과 같이 대유량 고압시에 서지 압력을 발생하기 쉽고, 복수 사용시는 밸브의 압력 손실 때문에 무부하 압력이 높아지는 결점이 있습니다.

(3) 멀티 밸브의 사용

그림 12-13은 멀티 밸브 내장 릴리프 밸브의 벤트를 이용하고 있는 것입니다.

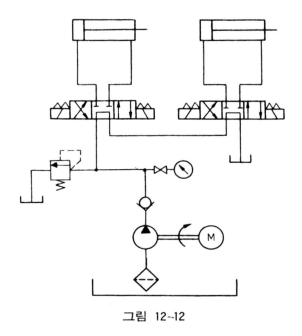

그림 12-12

주스풀과 동시에 작동하는 2방향 개폐 밸브를 사용하여 유압 실린더의 방향 전환과 동시에 릴리프 밸브의 벤트 회로를 개폐시키고 있습니다. 이와 같은 회로를 사용하면, 스풀이 중립 위치에 있을 때 릴리프 밸브의 벤트는 해방되고, 펌프를 무부하로 하여 동력 손실을 줄일 수 있습니다. 여기서는 2개의 밸브를 나타내고 있지만, 4~5개 사용하여도 모두가 일을 하고 있지 않을 때에는 무부하되는 것이므로 매우 좋은 밸브입니다.

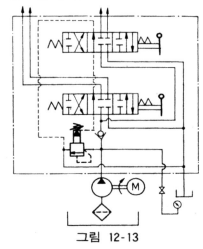

그림 12-13

(4) 릴리프 밸브의 벤트의 이용

그림 12-14를 보십시오. 앞항의 **그림 12-11**과 같이 직접 전환 밸브로 무부하 시키면 서지 압력을 발생하지만, **그림 12-14**에서는 릴리프 밸브의 벤트 포트를 전환 밸브에 의해서 무부하시키면 서지 압력의 발생이 없어 고압 대용량의 것에 도 사용할 수 있습니다. 이 때문에 무부하 회로로서 자주 사용됩니다.

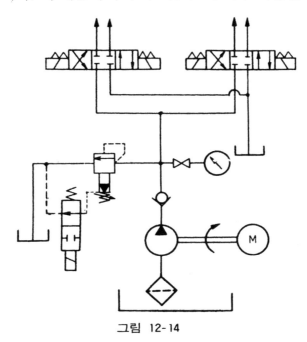

그림 12-14

최근에는 무부하일 때의 시간을 조정할 수 있는 벤트 타이머를 짜넣은, 충격 없는 타입의 릴리프 밸브가 제품화되어 있고, 이것을 사용하면 무부하시의 충격 을 완전히 없앨 수 있습니다(제9장 물체에 가하는 힘을 바꾸는 데에는, **그림 9-22** 참조).

1대의 펌프로 다수의 실린더를 움직이는 경우, 일을 하고 있지 않을 때의 무부 하를 취하는 방법은 상당히 어려운 것입니다. **그림 12-14**는 솔레노이드 밸브를 사용하고 각각의 솔레노이드 밸브가 중립일 때(솔레노이드 밸브가 해자(解磁) 일 때)에 릴리프 밸브의 벤트의 솔레노이드 밸브를 해자하여, 전기적으로 무부 하시키는 것도 가능합니다.

얼핏 보면 귀찮은 방법 같지만 의외로 효과적으로 전동기 용량이 커질수록 사용되는 회로입니다. 부지런히 무부하시켜 주는 것이 에너지 절약에 연결되는 것입니다.

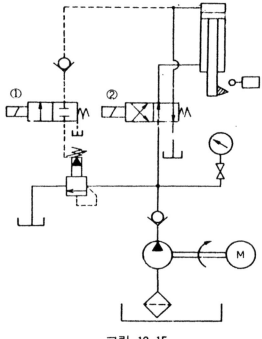

그림 12-15

또 그림 12-15와 같은 회로에서는 솔레노이드 밸브의 솔레노이드 ②가 해자되어, 피스톤을 상승시키고 있습니다. 그리고 피스톤이 상사점에 도달하면 리밋 스위치에 의해서 솔레노이드 ①이 해자되어, 릴리프 밸브의 벤트 포트가 탱크 포트에 해방되기 때문에 무부하로 되어, 펌프에서의 기름은 전부 저압으로 유출합니다. 이것은 프레스 기계와 같이 1사이클의 일이 끝난 시점에서 자동적으로 무부하로 할 필요가 있는 경우에 이용되고 있습니다.

(5) 리프터 밸브의 이용

리프터 장치와 같이 상승시에만 유압을 필요로 하고 하강시는 자중에 의해 조작할 수 있는 경우에는 그림 12-16에 나타낸 리프터 밸브를 사용합니다. 리프터 밸브를 사용하면, 실린더의 상승시만 펌프를 구동시키고 하강시는 펌프를 움직이지 않으므로, 셔트 오프 밸브의 조작으로 실린더를 하강할 수 있습니다.

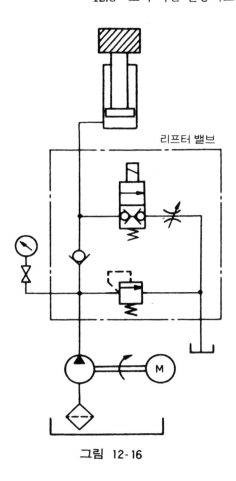

그림 12-16

12·3·3　필요한 압력만 펌프에 의해 발생시키는 방법

(1) 윈치 밸브의 이용(부하압 감응 방식)

그림 12-17에 나타낸 바와 같이 윈치 밸브는 AB포트의 부하 압력이 릴리프 밸브의 벤트 포트로 피드백되고, 일정 압력 이하에서는 릴리프 밸브는 부하에 대응한 압력밖에 발생하지 않습니다. 다시 말해서 이 밸브는 필요한 압력만 발생시키는 압력 매치 제어 방식을 채용하고 있는 것입니다. 이 밸브를 사용하면, 쓸데없는 압력을 발생하는 일이 없고, 중립시는 무부하로 되어, 효율이 좋은 일을 시킬 수 있습니다.

실린더로

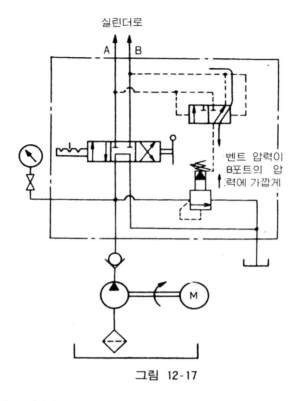

그림 12-17

(2) 정토출량 펌프와 부하 감응형 유량 제어 밸브의 이용

원치 밸브의 예에서는 릴리프 밸브를 부하측의 압력에서 제어하면서 부하에 응하여 펌프 압력에서 제어하려는 내용이었습니다. 이 방식을 더욱 진행하여 유량 제어 밸브에 적용한 것이 **그림 12-18**입니다.

일반적으로 유량 제어 밸브는 펌프에서 토출한 기름을 교축하여 소요의 유량을 얻는 것이지만, 여분의 기름은 릴리프 밸브에서 도피합니다. 그래서 유량 제

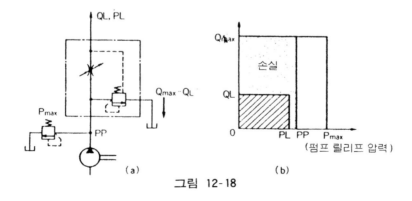

그림 12-18

어 밸브 앞에 윈치 밸브로 사용하는 부하 감응형 릴리프 밸브를 설치하여 펌프 토출량을 제어합니다. 펌프 압력은 항상 부하 압력보다 약 +10kgf/cm²를 발생하고, 부하가 없을 때는 약 20kgf/cm²로 안정하게 됩니다.

(3) 가변 토출량 펌프와 부하 감응

가변 토출량 펌프에 의해서 유량을 부하에 응하여 토출시키는 것으로 에너지 절약의 효과가 올라갔습니다. 더우기 압력도 필요한 만큼 펌프에서 토출되도록 하면, 보다 에너지 절약의 효과를 기대할 수 있습니다.

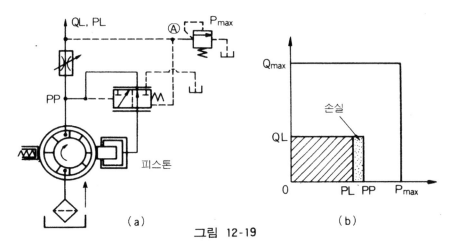

그림 12-19

그림 12-19를 보십시오. 그림 12-18에서의 유량 제어 밸브의 앞에서 기름을 내보내는 낭비를 하지 않고 가변 펌프의 용량을 바꾸는 방법입니다. 압력차 (PP−PL)가 어떤 일정한 값(약 10kgf/cm² 약함)보다 커지면 피스톤을 끌어 기름의 양을 줄입니다. 작아지면 피스톤을 밀어 기름의 양을 증대시켜 지정된 기름의 양을 확보하는 것입니다. 펌프 압력은 부하 압력에 제어를 위한 압력을 가한 것이 됩니다. 펌프의 최대 압력은, Ⓐ의 릴리프 밸브의 설정압력으로 됩니다.

더우기 유량 제어 밸브, 릴리프 밸브 기능부를 전자 비례식 제어로 하면 보다 고도의 시스템의 에너지 절약을 꾀할 수 있는 것입니다.

12·3·4 어큐뮬레이터를 이용하는 방법

실린더의 움직임은 적지만, 장시간의 압력 유지를 필요로 하는 경우, 예를 들면 컨베이어의 인장(tension) 장치의 압력 유지에는 어큐뮬레이터를 사용하는 것이 유효합니다. 압력 유지는 일반적으로 압력만이 필요하고 유량은 필요없는 경우가 많기 때문에, 일량으로서는 0이 됩니다. 그 때문에 압력 유지 동안은 일을 하지 않는 것이므로, 펌프도 쓸데없는 압유를 토출하지 않는 것이 상책입니다. 펌프는 어큐뮬레이터에 압유를 축압(충전)할 때만 작동시키고, 그 뒤의 압력 유지에 필요한 실린더나 밸브의 누설량은 어큐뮬레이터에서 보충시켜 주면 펌프를 장시간 휴지시키는 것이 가능하게 됩니다.

그러면, 어큐뮬레이터에 효율적으로 축압하는 방법을 설명합니다.

(1) 압력 스위치의 이용

그림 12-20에 나타낸 바와 같이 어큐뮬레이터 가까이에 내장된 압력 스위치의 신호(압력 유지의 최저 압력 신호)로 전동기가 기동한 뒤, 솔레노이드 ①이 여자되어 어큐뮬레이터에 축압됩니다.

또, 최고 압력 신호로 솔레노이드 ①이 해자된 후 전동기가 정지합니다.

사용하는 펌프가 저압 소용량의 것에서는 무부하용 솔레노이드 밸브를 생략

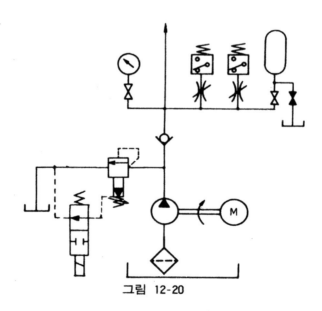

그림 12-20

할 수 있습니다. 어느것이고 동작이 확실하고 회로 효율이 좋기 때문에 자주 사용되는 회로입니다.

(2) 무부하 릴리프 밸브의 이용

그림 12-21은 자기 제어 압력에 의해서 자동적으로 무부하, 부하를 하는 무부하 릴리프 밸브를 사용한 것입니다. 이 경우, 펌프가 무부하에서 부하로 돌아오는 압력은 부하에서 무부하로 되는 압력의 약 85%입니다.

또 사용하는 밸브의 동작이 완만한 경우나, 장치의 누설이 큰 경우는 무부하 릴리프 밸브가 무부하하지 않는 일이 있으므로 주의를 요합니다. 다시 말해서 어큐뮬레이터의 유압이 점점 내려가고, 그것에 따라서 무부하 릴리프 밸브가 서서히 복귀하게 되면 밸브에서 전량의 기름이 흐르고 있던 것이 천천히 어큐뮬레이터 쪽에 압유가 들어가게 됩니다. 그리고, 압유의 양과 누설의 양이 같게 되면, 그 상태에서 평형을 유지하고 무부하 릴리프 밸브가 보통의 릴리프 밸브와 같은 작동을 하는 일이 있는 것입니다.

이와 같은 회로에 사용하는 밸브는, 보통의 타입에서는 좋은 결과를 얻을 수 없으므로, 접단(接斷) 성능(무부하, 부하 성능)이 좋은 특수한 밸브를 사용하는 경우가 있지만, 일반적으로는 다른 방법을 택합니다.

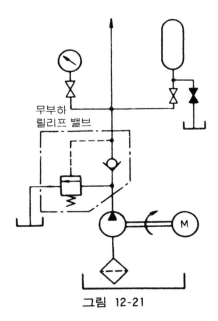

그림 12-21

13. 유압에 에어를 사용하려면

최근의 여러가지 기계의 경향으로서 유압과 공기압, 유압과 전기라는 것처럼, 2방식 이상의 것을 조합해서 이용하는 경우가 많아졌습니다. 그 기계의 용도나 사용되는 장소에 따라 나타나는 약점을 보충하려는 것입니다.

각각의 방식에 있는 장단점을 잘 가려, 장점만을 채택하도록 하면 이용도가 높은 기계나 기기가 얻어지는 것입니다.

특히 이 장에서 설명하는 에어는 어디에도 있고, 어디에도 쓰고, 더구나 무진장으로 있기 때문에, 이 특성을 각 기기 안에 채택하는 의의는 대단히 클 것입니다.

13·1 유압과 공기압

결정적인 수단은 유압에 맡겨라

─펌프가 없어도 유압화할 수가 있다─

유압은 어디까지나 손쉽게 얻어진다고는 할 수 없으나, 공기압은 어느 공장에서도 간단히 얻을 수가 있습니다. 이와 같은 인기있는 공기압을 이용함으로써 간단히 유압화할 수는 없을까요? 이 방법을 이제부터 함께 생각해 보기로 합시다. 그러면, 우선 공기부터……

13·1·1 공기의 특성

공기에는 건조 공기와 습한 공기가 있고, 건조 공기의 표준 상태(0℃ 절대압 760mmHg)에서의 표준성분은 **표 13-1**과 같습니다.

표 13-1

	N_2	O_2	Ar	CO_2
용 적 조 성	78.09	20.95	0.93	0.03
중 량 조 성	75.52	23.15	1.28	0.05

그러나 여기에 표시한 표준 성분과 똑같은 공기는 실제로는 없고, 반드시라고 해도 좋을 정도로, 공기는 항상 수증기, 즉 수분을 함유하고 있습니다. 이것을 습한 공기라 부르고 있으며, 실제로 취급하고 있는 공기는 모두 습한 공기입니다. 이 수분은 해롭고 이롭지가 못하므로, 에어 필터나, 드라이어 등을 사용하여 가급적 유효하게 제거할 필요가 있습니다. 거기에 공기압 기기는 수분에 침식되지 않는 것이어야 합니다.

또 공기에는 반드시라고 해도 좋을 만큼 불순물이 함유되어 있습니다. 주위의 환경에 따라서는 염분, 아황산가스, 염산가스 등 유해한 불순물이, 컴프레서를 통하여 에어 라인에 들어가, 이것이 밸브의 시트를 손상하든가 패킹의 마모를

촉진하든가 합니다. 따라서 컴프레서의 설치 위치나 흡입측의 클리너에 대한 연구를 해야 합니다.

그런데, 공기는 압축성 유체입니다. 따라서 공기 중의 불순물이나 수분이 정적인 문제라 하면, 공기의 이 압축성은 공기압에 의한 운동을 생각할 때는 빼놓을 수 없는 동적인 문제가 됩니다. 왜냐 하면, 이 압축성 때문에 저항에 따라 공기의 용적이 변화하기 때문입니다.

예를 들면, 에어 실린더의 속도를 유량 제어 밸브 등으로 컨트롤할 때, 피스톤 로드에 가해지는 저항력이 변화하는 경우에는 실린더의 속도를 일정하게 유지하는 것은 어렵게 되는 것입니다. 또, 2~3개의 실린더를 동시에 작동시키는 것도 어려운 작업의 하나입니다. 즉 이것은 공기가 압축성 유체이기 때문에 일어나는 현상으로, 회로의 조립 방법이나 실린더의 성능을 바꾸는 것으로 해결할 수 있는 문제는 아닙니다.

또 공기가 압축성 유체라는 것은, 압축된 공기를 방출할 때에 큰 에너지를 낼 수 있다는 것입니다. 이 성질을 이용하면, 유압에 비교하여 꽤 빨리 실린더를 움직이는 것이 가능하게 됩니다. 반대로, 극히 짧은 시간 동안에 방출하는 것은 대단히 위험을 수반하므로 주의가 필요하게 됩니다. 이와 같은 의미에서 10kgf /

표 13-2 유압과 공기압의 일반적인 비교

항 목	유 압 방 식	공 기 압 방 식
압축성	거의 없다	있다
조작력	크다	유압 방식보다 작다
조작 속도	늦다(1m/s 정도까지 가능)	빠르다(10m/s까지 가능)
속응성	빠르다	느리다
사용 기기의 구조	복잡	간단
배관의 길이	가급적 짧게 한다	길어도 좋다
온도	70℃ 정도까지 보통	100℃ 정도까지 보통
주위 조건(온도, 부식성)	공기압 방식에 대하여 대책이 용이하다	드레인 및 산화에 주의
보수	간단	약간 간단
위험성	인화성에 주의	압축성에 주의(특히 고압일 때)
원격 조작	양호	양호
설치 위치의 자유도	있다	있다
속도 조정	용이	약간 곤란
가격	공기압 방식에 비교하여 좀 높다	보통

cm²를 넘는 경우는 고압 가스 취급법의 대상이 됩니다.

공기압 방식과 유압 방식을 제어의 면에서 비교하면 **표 13-2**와 같이 됩니다.

13·1·2 공기압과 유압의 조합

공기압과 유압의 조합에 의한 응용예에 대하여 설명하겠습니다.

(1) 증압기(에어 하이드로릭 부스터)

공기압으로 유압을 발생시키는 에어 하이드로릭 부스터는 공기압을 사용하여 간단히 고압의 기름을 이용하는 데 편리합니다. 더구나 유압 펌프로 고압을 계속 유지하는 경우와 달리, 에어 실린더와 같이 장시간 고압을 발생, 유지시켜도 에어 하이드로릭 부스터의 경우는 열의 발생이 없습니다.

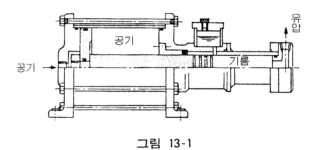

그림 13-1

그림 13-1을 보십시오. 이것은 단동식 싱글 피스톤 펌프를 공기압 조작으로 움직이고 있는 에어 하이드로릭 부스터입니다. 이와 같이 하면, 에어 실린더의 면적과 피스톤 면적의 비만큼 증압된 유압이 얻어집니다. 공기압만으로 큰 힘을 내려는 경우는 큰 에어 실린더를 필요로 하므로, 그 부착 장소에 곤란한 때는, 이 에어 하이드로릭 부스터에 유압 실린더를 조합해서 사용합니다.

부스터의 크기는, 부스터의 승압비와, 1회 작동했을 때의 토출량으로 표시하는 것이 보통입니다.

(2) 변환기

그림 13-2에 변환기의 일례를 나타냅니다. 증압기가 에어 실린더의 면적과 피스톤 면적의 차가 있었던 것에 비해, 같은 면적을 가진 것입니다.

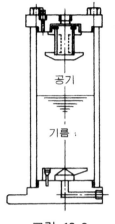

그림 13-2

먼저 설명했지만, 공기의 압축성 때문에 실린더의 속도를 저속이고 더구나 균등하게 제어하는 것은 곤란하므로, 이와 같을 때에 이 변환기를 이용하여 유압으로 변환하고, 유압 제어에 의해서 실린더의 저속 제어를 합니다.

그림 13-3에 나타낸 것은 하이드로 체커라고 부르고, 급속 이송은 에어 실린더로 하고, 절삭 이송은 변환기를 통해 유압으로 하는 것으로, 공기압과 유압을 잘 이용한 것이라고 할 수 있습니다.

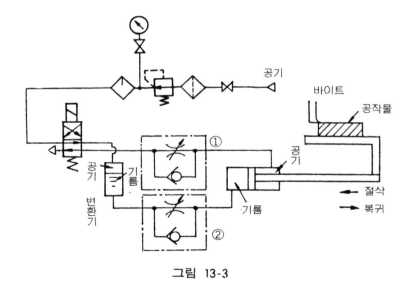

그림 13-3

(3) 3점 에어 세트

그림 **13-4**에 일례를 나타냅니다. 공기압 조작 회로의 기본적 구성의 하나로, 필터 및 오일러 붙이 감압 밸브와 함께 사용하고 있는 것을 말하며, 여과, 감압, 윤활을 하는 유닛으로서 회로 중에 짜넣어 사용합니다.

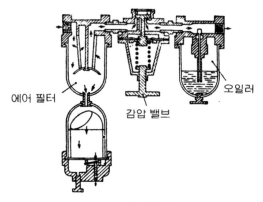

에어 필터   감압 밸브   오일러

그림 13-4

　(a) 에어 필터

공급 공기 속에 함유되어 있는 먼지, 수분 등을 제거하여, 배관 말단의 조작 기기에 청정한 공기를 보내는 작용을 합니다.

　(b) 감압 밸브

공기 계통에 있어서 원격 조작 또는 단지 공기 조작에 쓰이며, 항상 사용 압력을 일정하게 유지하는 자동 제어 밸브로서 작용합니다.

　(c) 오일러

루브리케이터라고도 합니다. 실린더나 에어 모터 등의 공기 기기의 자동 윤활에 쓰는 자동 급유 장치로, 기기 내에 기름을 불어 넣어 조작 기기의 미끄럼 운동저항을 감소시키고, 동시에 녹의 발생을 방지합니다.

13·2   유체 제어 소자

공기 두뇌를 당신에게

― 작은 입자에 민감한 공기압 기기 ―

지금까지 공부해온 기름이나 공기의 압력을 사용해서 물체를 제어한다는 것은 유압이나 공기압이 가지고 있는 에너지를 동력원으로 하여, 즉 물체를 움직이거나 회전시키기 위한 소스로서 이용되어 온 설명이었습니다.

여기서 설명하는 것은 공기압을 단지 동력으로서 이용하는 것이 아니고, 신호(정보)의 전달 수단으로서 이용하는 것으로, 예를 들면, 화재의 위험이 큰 전기(전자)의 사용이 곤란한 분야를 중심으로 급속히 발달해 왔습니다.

13·2·1   유체 제어 소자가 나타난 이유

〈제어〉라 하면, 우선 IC나 트랜지스터를 사용한 전자 제어를 상상할 만큼 전자식 제어가 보급되고 있습니다. 최근에는 IC보다도 훨씬 집적도가 높은 LSI나 초LSI의 발달로, TV나 시계, 카메라라는 기계에까지 마이컴(마이크로컴퓨터)이 짜넣어져, 전자 제어는 생활의 구석구석까지 침투하고 있습니다.

이와 같이 발달하고, 편리한 전자 제어 기기도 때와 경우에 따라서는 정말로 무능하게 되어버리는 수가 있습니다. 예를 들면, 온도가 대단히 높은 경우나 낮은 경우, 진동이나 충격이 심한 장소 등에서는 오동작을 일으키거나, 전혀 움직이지 않게 되어 버립니다.

이러한 나쁜 환경, 특히 우주선이나 인공위성이라고 하는 우주 공간에서의 로켓의 자세 제어에 사용할 목적으로 개발된 것이 유체(주로 가스체)를 사용하여 제어하는 유체 제어 소자입니다. 이 유체 제어 소자에는 다음에 설명하는 순수하게 유체만을 사용하고, 기계적인 가동 부분이 전혀 없는 순유체 소자(플루이

딕스)와, 제어로서 유체를 사용하지만 기계적인 가동부를 가진 가동형 소자의 2 종류가 있고, 각각의 특징을 살려 전자식 제어 소자의 결점을 보완하는 것으로서 이용되고 있습니다.

13·2·2 순유체 소자와 가동형 소자

(1) 순유체 소자

우주에 있어서의 로켓이나 인공위성의 자세 제어의 목적으로 연구되고, 개발된 것이 순유체 소자입니다. 이것은 유체의 가지고 있는 성질을 잘 이용하여 순수하게 유체만을 사용하여 흐름을 제어하는 것으로, 기계적으로 움직이는 것이 전혀 없기 때문에 수명은 무한하다고 생각되고, 또 어떤 나쁜 환경에서도 특성의 변화가 없다는 것으로 크게 주목되었습니다. 이 순유체 소자에도 몇개의 종류가 있지만, 그들 가운데 가장 널리 사용되고 있는 벽부착형 소자에 대하여 그 작용을 봅시다.

주위의 공기를 빨아 낸다

공기

그림 13-5

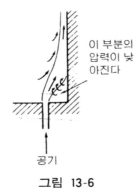

이 부분의 압력이 낮아진다

공기

그림 13-6

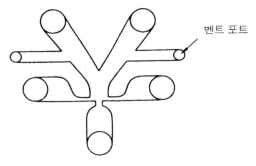

그림 13-7

그림 13-5를 보십시오. 작은 구멍에서 공기를 분출시키면, 제트는 곧 흐르지만, 이 제트는 주위에서 공기를 동반하고 흐르고 있습니다. 여기서 그림 13-6과 같이 제트 가까이에 벽을 설치하면, 벽과 제트로 둘러싸인 공간의 압력은, 이 동반 현상에 의해서 공기가 유출하기 때문에 압력이 낮아집니다. 이 때문에 제트는 벽에 꽉 밀려서 벽을 따라서 흘러갑니다. 제트를 벽에서 떨어지게 하기 위해서는, 이 저압 부분에 동반량 이상의 공기를 흘려 주면 좋게 됩니다. 그림 13-7은 이 현상(코안더 현상이라고 한다)을 이용하여 만든 플립 플롭 소자라고 불리고 있는 것입니다.

그림 13-8

그림 13-8을 보십시오. 최초 공급 포트에서 흘러 나온 분류가 우측의 벽에 부착하여 흐르고 있었다고 합시다. 이 상태에서, 오른쪽의 제어 포트에서 제어류를 흘리면 분류는 오른쪽 벽에서 떨어져 왼쪽으로 구부러지고, 마침내는 왼쪽의 벽에 접촉합니다.

분류가 왼쪽의 벽에 부착하면 코안더 현상에 의해서 이 분류는 왼쪽의 벽에 부착하고, 오른쪽의 제어 포트에서의 제어류가 없어져도 왼쪽의 벽에 부착한 채로 되어 있습니다. 이와 같이 해서 왼쪽 혹은 오른쪽에서 펄스 모양의 제어류를 흘리는 것만으로 분류를 오른쪽 혹은 왼쪽으로 전환할 수 있게 됩니다.

순유체 소자는 흐름 자체로 흐름을 제어하기 때문에 기계적으로 움직이는 부분이 전혀 없다는 큰 특징을 가지고 있지만,

1. 항상 공기를 흘리고 있을 필요가 있는 것
2. 회로 설계에 상당한 기술을 요하는 것
3. 노즐 부분에 먼지가 막히기 쉬워, 공기의 질의 관리가 귀찮은 것

등의 결점 때문에, 당초 기대된 정도로는 사용화되지 않고, 현재는 다음에 설명하는 가동형 소자 쪽이 자주 사용되고 있습니다.

(2) 가동형 소자

가동형 소자란, 스풀, 포핏 혹은 다이어프램이라는 기계적으로 움직이는 부분을 가진 것으로, 대표적인 것을 **그림 13-9**에 나타내었습니다. 그림에서도 알 수 있듯이, 소자의 가동부가 움직이고 있는 과도적인 시간을 제외하고서는 공기의

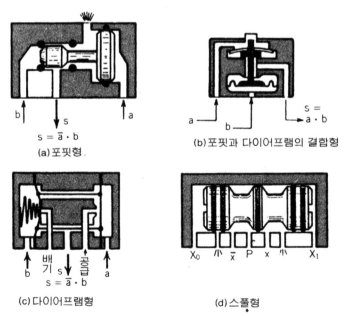

그림 13-9

흐름은 반드시 블록되어 있습니다. 이 때문에 소자가 작동할 때 이외는 공기의 소비가 없다는 것이 가동형 소자의 큰 특징입니다.

즉 가동형 소자는

1. 공기 소비량이 적다.

2. 고압형에 있어서는 직접 실린더를 구동할 수가 있다.

3. 1개의 소자로 작용할 수 있는 소자의 수에 제한이 없다.

라는 장점을 가진 반면, 다음과 같은 단점을 가지고 있습니다.

4. 기계적으로 움직이는 부분을 갖기 때문에 수명은 한계가 있다.

5. 크기를 어느 정도 이상으로는 작게 할 수 없다.

6. 순유체 소자와 같은 IC화는 곤란하다.

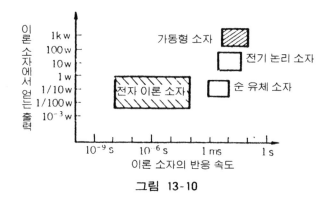

그림 13-10

그림 13-10, 11에 전자식, 전기식, 순유체 소자 및 가동형 소자에 대해 응답 속도와 출력 동력의 관계, 소비 동력과 작동 횟수의 관계를 나타내었습니다.

이들의 그림을 참고로, 필요로 하는 응답성 및 출력, 허용되는 소비 동력에 의해서 보다 최적의 제어 시스템을 선택할 수 있습니다.

13·2·3 가동형 유체 소자의 작용

그림 13-12를 보십시오. 가동형 유체 소자의 기본적인 소자의 기능, 기호 및 단면도를 표시한 것입니다. 그림 가운데 a, b는 입력 신호를, s는 출력 신호를, p는 동력원을 각각 나타냅니다.

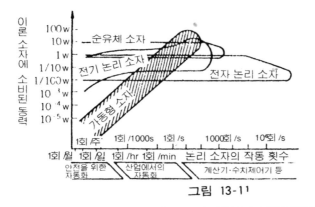

주 : 유체 소자에 대해서
는 컴프레셔의 전력
소비량을 표시한다.
컴프레셔의 효율을
0.3으로 계산.

그림 13-1¹

기 본 소 자	기　　　　　능		가동형 소자	
			기 호	단 면
OR 소자	a b ⟶ OR ⟶ S	a인가 b 혹은 양쪽을 모두 눌렀을 때 신호 s가 나온다	a b ≥ s　　s = a + b	a　b　s = a + b
AND 소자	a b ⟶ AND ⟶ S	a와 b의 양쪽을 눌렀을 때만 신호 s가 나온다	a b & s　　s = a·b	a　b　s = a·b
YES 소자	a ⟶ YES ⟶ S	a를 누르면 신호 s가 나온다	a = s　　s = a	a　p　s = a
NOT 소자	a ⟶ NOT ⟶ S	a를 누르면 신호 s는 없어진다	a & s　　s = $\bar{a}$	a　p　s = $\bar{a}$
플립플롭 (메모리)	X_1 X_0 ⟶ x ⟶ $\bar{x}$	X_1을 누르면 신호 x가 나와 X_0를 누를 때까지 유지된다. 다음에 X_0를 누르면 신호 x가 없어지고 신호 $\bar{x}$가 나와 유지된다	X_1 X_0 x $\bar{x}$	X_0　x　x　p　X_1
타이머	a ⟶ T ⟶ S	a를 눌러서 일정 시간 뒤 s가 나온다	a ⟶ s	캐퍼시터 a　p　s

그림 13-12

(1) OR 소자

그림 가운데 검게 칠한 부분(포핏)이 입력 신호에 의해서 위 혹은 아래로 꽉 눌려, 입력과 출력의 통로를 열거나 또는 닫습니다. 지금 입력 신호 a가 들어간 경우, 포핏은 아래로 꽉 눌려, a에서의 입력 신호는 출력 s로 흐릅니다. 반대로 입력 신호 b가 들어갔을 때는, 포핏은 위로 꽉 눌려, 입력 신호 b는 출력 신호 s로서 흘러 갑니다.

입력 신호 a와 b가 동시에 들어간 경우, 어느쪽인가 높은 압력의 신호에 의해서 포핏은 반대쪽으로 꽉 눌려, 이 높은 압력의 신호가 출력으로서 흐릅니다.

(2) AND 소자

입력 신호 a든가 b의 어느쪽인가만이 들어갔다고 합니다. 이때 포핏은 아래로 (b의 경우는 위로) 꽉 눌려, 신호를 블록하므로 출력은 생기지 않습니다. 입력 신호 a, b가 동시에 들어간 경우, a, b 중의 어느쪽인가 압력이 높은 쪽의 신호에 의해서 포핏은 위로(b가 높은 경우) 혹은 아래로(a가 높은 경우) 꽉 눌립니다. 이 때문에 낮은 쪽의 압력이 출력 s로 흘러가게 됩니다.

OR 소자나 AND 소자와 같이 입력 신호가 그대로 출력으로서 흘러가는 것을 수동형 소자라고 부릅니다. 이것에 대해, 다음에 설명하는 바와 같이 출력으로서 p포트압이 흘러가는 것을 능동형 소자라고 부르고 있습니다.

(3) YES 소자

입력 신호 a가 없을 경우, p포트압에 의해서 포핏은 위로 꽉 밀려, p포트는 블록되어 있습니다. 이 때 출력 포트는 배기 구멍에 통하고 있습니다.

입력 신호 a가 가해지면, 이 신호압력은 다이어프램을 통해서 포핏의 상부에 작용하여 포핏을 아래로 밀어 출력구와 배기 구멍의 통로가 차단됨과 동시에, p포트와 출력 포트가 열리게 되어, 출력 포트로 p포트에서 공기가 흘러가게 됩니다. 보통 다이어프램의 면적은 포핏의 p포트의 수압 면적보다 크게 취해져 있으므로, 입력 신호로서는 p포트의 압력보다 낮은 압력으로도 좋게 됩니다.

YES 소자의 경우, p포트에 입력 신호를 인가하면 AND 소자와 같은 작용을 하지만, 이 경우는 반드시 p포트에 연결한 신호가 출력으로서 나오게 됩니다.

(4) NOT 소자

이것은 YES 소자와는 반대의 동작을 하는 것입니다. 입력 신호가 없을 때 p 포트의 압력에 의해서 포핏은 위로 밀려, p포트와 출력 포트는 통하고 있습니다. 입력 신호 a가 들어가면, 이 신호압에 의해서 포핏은 다이어프램을 통해서 아래로 밀려 p포트를 블록함과 동시에, 출력 포트는 배기 구멍으로 통하여, 출력압은 0으로 됩니다. 이 경우도 다이어프램의 수압 면적 쪽이 포핏이나 p포트 수압 면적보다 크기 때문에 p포트압보다 낮은 압력으로 전환할 수 있습니다.

(5) 플립플롭 소자(FF 소자, 메모리 소자)

이 소자의 경우는 소자 중앙의 스풀이 좌우로 이동합니다.

그림에 나타낸 상태에 있어서 p포트는 $\bar{x}$에, 배기 구멍은 x에 통하고 있습니다. 이 상태에서 입력 X_1에 신호압을 가하면, 스풀은 왼쪽으로 이동합니다. 스풀이 왼쪽으로 이동하면, 이번에는 p포트와 x포트가 배기 구멍과 $\bar{x}$포트가 통하게 됩니다.

이 상태에서 입력 신호 X_1이 없어져도 스풀은 왼쪽으로 옮긴 채의 상태이므로, x포트에는 여전히 출력이 생기고 있게 됩니다. 이 때문에 어떤 출력 포트에 신호가 있는가에 따라서, 최후에 어떤 입력 포트에 신호가 가해졌는가를 알 수 있습니다. 즉, $\bar{x}$에 출력이 있을 때는 X_0에, x포트에 출력 신호가 있을 때는 X_1에 입력이 가해진 것을 의미합니다. 반대의 견해를 하면, 이 소자는 최후에 가해진 입력 신호를 기억하고 있다고 할 수도 있습니다. 이 의미에서, FLIP-FLOP 소자를 메모리 소자라고도 부르고 있습니다.

(6) 지연 소자(타이머)

이 소자의 단면도(그림 13-2)를 보면, 소자의 아래 부분은 YES 소자(경우에 따라서는 NOT 소자)와 같은 구조를 하고 있습니다. 틀리는 점은 캐퍼시터와 니들이 붙어 있는 데에 있습니다.

입력 신호 a가 가해지면, 이 신호압은 니들 부분에서 교축되기 때문에 캐퍼시터 안에 서서히 괴어 가게 됩니다. 캐퍼시터 내의 압력은 어느 일정한 압력(보통은 p포트의 60%)에 달하면 포펫이 아래로 밀려 p포트와 출력포트가 통하게 됩니다. 즉 입력 신호가 가해져 어느 시간 경과하고 나서 생기게 됩니다.

13·2·4 공기압 제어 소자와 검출기

그림 13-13을 보십시오. 유체로서 공기를 사용한 제어 시스템의 개요를 표시한 것입니다. 전기의 제어반에 상당하는 공기압 제어 소자에 의해 구성되는 조작반 겸용의 제어반, 액추에이터를 구동하는 동력 제어부, 액추에이터의 움직임을 검출하여 제어반에 그 신호를 피드백하는 센서부로 구성되어 있습니다.

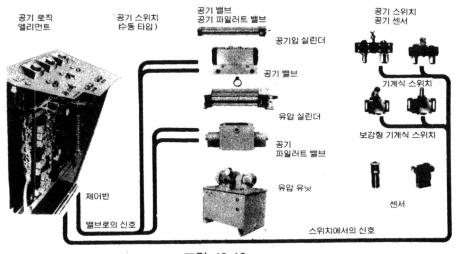

그림 13-13

제어반 안에는 앞항에서 설명한 AND, OR, FLIP-FLOP이나 지연 소자라는 각종 제어 소자가 짜넣어져, 제어에 필요한 모든 연산을 합니다. 또 제어반의 앞면에는 기계의 작동을 표시하는 표시등을 비롯하여 각종 조작 스위치가 부착되어 있습니다.

동력 제어부로서는 공기에 의해서 전환되는 전환 밸브(마스터 밸브라고 한다)에 의해서 공기 액추에이터를 구동하는 것이 일반적이지만, **그림 13-14**와 같은 솔레노이드가 아니고 공기압에 의해서 전환되는 공기 조작 밸브를 사용하면

그림 13-14 공기 조작 밸브

동력원으로서 유압을 이용할 수 있습니다. 그러므로 방폭을 필요로 하는 환경에 있어서도 안심하고 유압화를 꾀할 수 있는 것입니다.

액추에이터의 움직임을 검출하는 센서로서는 전기의 리밋 스위치에 상당하는 리밋 밸브 외에, 공기압의 특성을 잘 이용한 각종 센서가 있습니다. 그것에 따라서 다른 방법으로는 검출이 곤란한 투명한 필름이나 병의 검출 혹은 미소한 틈새의 검출 등에 이용되고 있습니다.

그림 13-15~22에 대표적인 공기압 센서를 표시합니다. 이들 공기압 센서는 비접촉형의 특징을 갖고 있으므로 응용의 수단으로 대단히 유효하게 이용할 수 있습니다.

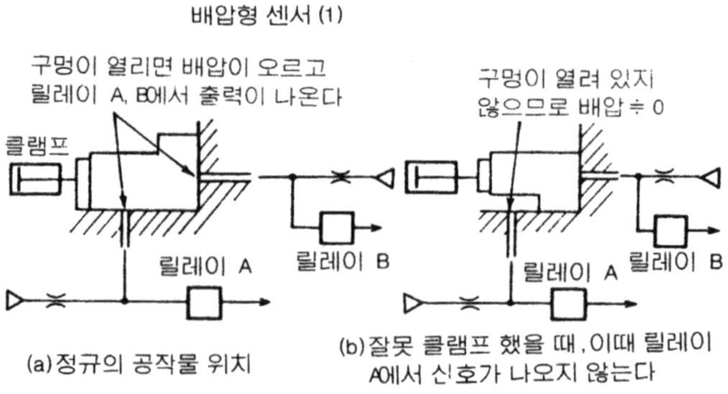

배압형 센서 (1)

구멍이 열리면 배압이 오르고
릴레이 A, B에서 출력이 나온다

구멍이 열려 있지
않으므로 배압 ≒ 0

클램프

릴레이 A 릴레이 B

릴레이 A 릴레이 B

(a)정규의 공작물 위치

(b)잘못 클램프 했을 때, 이때 릴레이
A에서 신호가 나오지 않는다

그림 13-15

배합형 센서 (2)

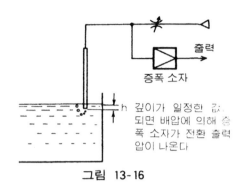

h 깊이가 일정한 값이
되면 배압에 의해 증
폭 소자가 전환 출력
압이 나온다

그림 13-16

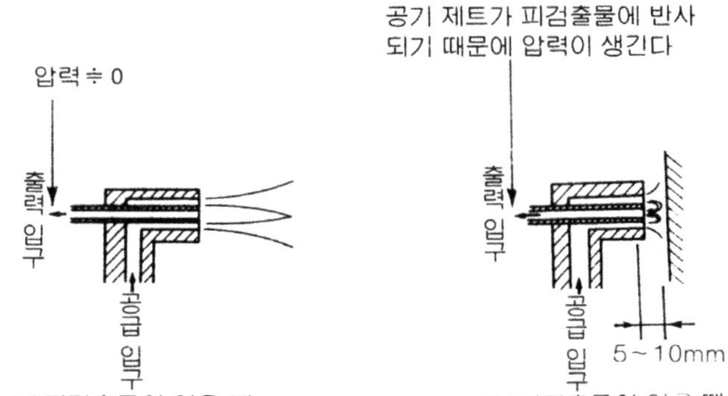

공기 제트가 피검출물에 반사
되기 때문에 압력이 생긴다

압력 ≒ 0

출력
입구

공급
입구

(a) 피검출물이 없을 때

출력
입구

공급
입구

5~10mm

(b) 피검출물이 있을 때

그림 13-17 반사형 근접 센서

피검출물이 없으
면 대기에서 공
기를 빨아들이기
때문에 출력구의
부압은 작다

피검출물이 있
으면 윗부분에
서 공기 유입이
없기 때문에 부
압이 커진다

와류실에서의
분사류

공급구 빨아드린 공기

피검출물

와류실

출력구

출력구

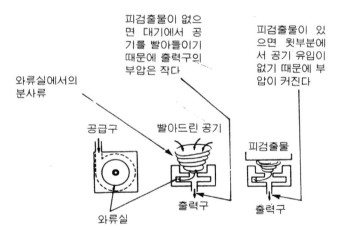

그림 13-18 와류형 근접 센서

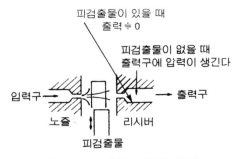

그림 13-19 대향 노즐형 센서

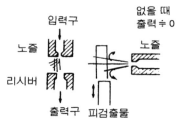

그림 13-20 대향 노즐형 센서(2 노즐 · 2 리시버형)

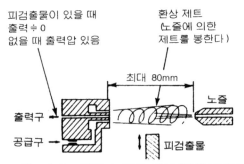

그림 13-21 대향 노즐형 센서(대향 젯트형)

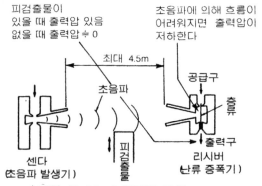

그림 13-22 초음파형 센서

표 13-3

검출 방식	검출 원리	검출 대상	검출 거리	검출물의 크기	원리도
배압 방식	노즐을 물체가 막는 것에 의한 배압의 변화를 검출	물체의 닿은 자리 확인	0.02~0.05mm	노즐지름(ϕ0.8~ϕ2)이상	그림 13-15
		액면 검출	5~10mm	−	그림 13-16
반사식	분출한 제트의 반사류를 검출	물체의 접근	2~10mm	둥근 막대로 8mm 이상	그림 13-17
와류식	와류에 동반되는 공기량의 대소의 검출	물체의 접근			그림 13-18
대향 제트 방식	마주 향하는 노즐로부터의 제트류의 유무의 확인	물체의 통과 물체의 유무	10~80mm	ϕ1.5~ϕ80	그림 13-19 그림 13-20 그림 13-21
초음파 방식	난류 증폭기에 초음파를 조사하면 흐름이 흐트러져 출력이 저하하는 것을 이용	물체의 접근 물체의 통과 물체의 유무	최대 4.5m	ϕ30mm 이상	그림 13-22

13·2·5 공기압식 프로그램 시퀀서

그런데 이제까지의 설명에서 공기압 제어 소자를 사용하여 전기나 전자와 마찬가지로, 제어 회로를 짤 수 있는 것을 어렴풋이 알았을 것으로 생각합니다. 단, 유감스러운 것에, 누구나 간단히 설계할 수 있다는 것은 아니고, 공기압 제어 회로를 설계하는 데는 그 나름의 훈련과 경험을 필요로 해왔습니다.

그런데, 누구나 할 수 있는 간단한 방법이 있습니다. 그것은 공기압식 프로그램 시퀀서(레지스터라고도 한다)를 사용하는 방법입니다. 시퀀서에 의한 설계법으로는, 그림 13-23에 나타낸 바와 같이 기계의 움직임만 알면 곧 제어 회로가 짜집니다. 그러면, 어떻게 해서 제어회로가 짜지는 것일까요. 예를 들어 설명합니다.

그림 13-24와 같은 천공기를 생각해 봅시다.

이 기계의 동작 순서는 같은 그림에 나타낸 바와 같습니다. 이 예이면, 천공기는 7개의 시퀀스 동작으로 1사이클이 종료하고 있으므로 시퀀서를 7개 준비하고 그것을 늘어 놓습니다.

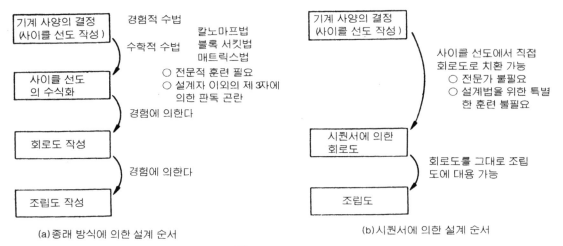

(a)종래 방식에 의한 설계 순서   (b)시퀀서에 의한 설계 순서

그림 13-23

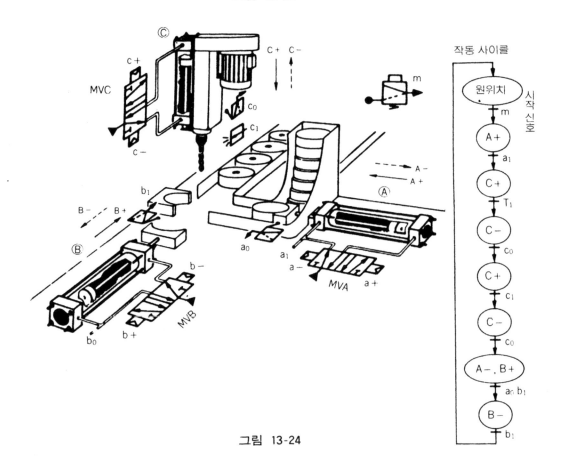

그림 13-24

시퀀서에는 1개의 출력 포트와 1개의 피드백 신호 포트가 있습니다. 출력 포트에서의 출력은 그때 필요한 동작을 하게 하기 위해서 사용되고, 피드백 신호 포트에는 그 동작을 완료한 것을 확인하는 신호가 접속됩니다.

이 천공기에 있어서 최초로 행해지는 것은, 실린더 A가 전진하여 공작물의 공급과 클램프하는 것입니다(A+). 그래서 최초의 시퀀서의 출력 포트를 실린더 A를 전환하는 마스터 밸브 WVA의 A+측의 파일럿 포트 a+에 접속합니다. 실린더 A가 전진 끝에 다다른 것을 알리는 신호를 피드백 포트에 접속합니다. 이 경우는 실린더 로드측의 압력이 0으로 되는 것으로, 실린더의 스트로크 끝을 검출하고 있습니다.

A+의 다음 동작은 실린더 C의 전진입니다(C+). 그러므로 2번째의 시퀀서의 출력을 마스터 밸브 MVC의 C+측 파일럿 포트 c+에 접속하는데, 이 예의 경우 4번째에서 다시 한번 C+의 동작이 있으므로 2번째와 4번째 시퀀서의 출력을 OR 소자를 사용하여 하나로 하고, 이것을 MVC의 파일럿 신호로서 사용합니다. 최초의 C+ 동작의 완료는 타이머에 의해서 하고 있습니다(그림 **13-25**의 2번째 시퀀서에 쓰여 있는 "$\frac{T}{+}$"이라는 기호는 피드백 신호로서 지연소자의 출력신호가 사용되고 있는, 즉 지연 소자의 출력 신호로, 다음의 동작으로 옮기는 것을 의미하고 있습니다).

마찬가지로 하여 3번째 시퀀서의 출력은 MVC의 C−측 파일럿 포트 c−에 접속합니다. 이 때도 C+일 때와 같이, 5번째 시퀀서의 출력 신호와 OR 소자로 하나로 정리하여 MVC의 C−측 파일럿 포트에 접속합니다. 실린더 C의 후퇴 끝은 리밋 밸브 c_0에서 검출하고 있으므로, c_0의 출력 신호를 피드백 포트에 연결합니다.

이와 같이 해서, 기계의 동작에 맞추어서 차차로 시퀀서에 의해 회로를 조립해 갑니다.

6번째의 동작은 A실린더의 후퇴와 B실린더의 전진과의 동시 작동입니다. 이 경우는 시퀀서의 출력을 2개로 분기시키고, 각각의 동작에 대응하는 마스터 밸브의 파일럿 포트에 접속합니다. 그리고 양쪽의 작동이 함께 완료한 것을 확인하기 위해 AND 소자가 사용됩니다. 즉 a_0(실린더 A의 후퇴끝 신호)와 b_1(실린

더 B의 전진끝 신호)을 AND 소자의 입력으로 하고, AND 소자의 출력을 피드
백 포트에 접속합니다.

최후로 실린더 B가 후퇴하여 1사이클이 완료합니다.

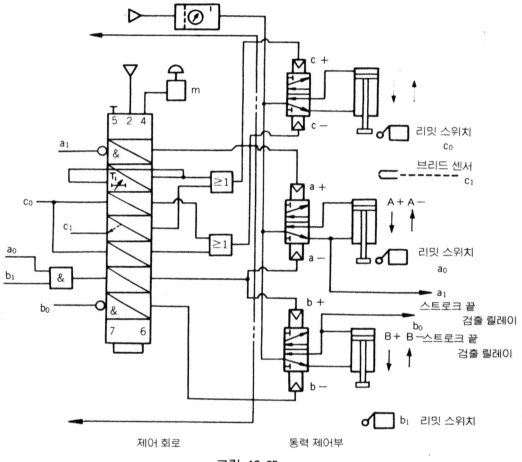

그림 13-25

이와 같이 하여 완성한 회로도를 **그림 13-25**에 표시합니다. 종래의 소자를 조
합한 회로도(**그림 13-26**)와 비교해 보십시오. 시퀀서를 사용하는 쪽이 훨씬 깨
끗하고, 회로도 읽기 쉬운 것을 알 수 있습니다.

그러면, 시퀀서를 사용하면 어떻게 해서 이와같이 간단하게 진척되는 것일까
요.

그림 13-27을 보십시오. #1 시퀀서에 스타트 신호가 들어가면 #1 시퀀서의

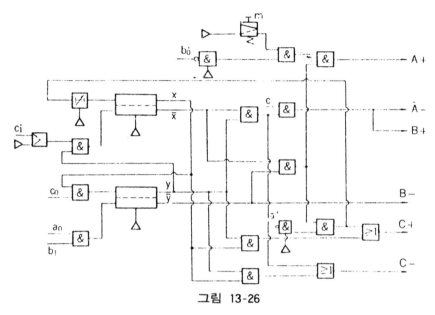

그림 13-26

FF 소자가 세트되고, 출력 S_1이 생깁니다. 이 출력 S_1에 의해서 그때 필요한 동작이 행해집니다. FF의 출력은 또 AND 소자의 하나의 입력에, 또 OR 소자를 통해서 C포트에도 흘러갑니다.

이 상태에서 동작 완료의 피드백 신호가 R_1에 전해지면 #1 시퀀서의 AND 소자는 ON으로 되어, #2 시퀀서의 입력으로서 전해져, #2 시퀀서의 FF 소자가 세트됩니다. #2 시퀀서의 출력 신호 S_2에 의해서 2번째의 동작이 행해지는데, 이 출력 신호 S_2는 OR 소자를 통해서 #1 시퀀서의 리셋트 포트에, 다시 #1 시퀀서의 OR 소자를 통해서 C포트로 흘러갑니다. 이 때문에 #2 시퀀서의 출력

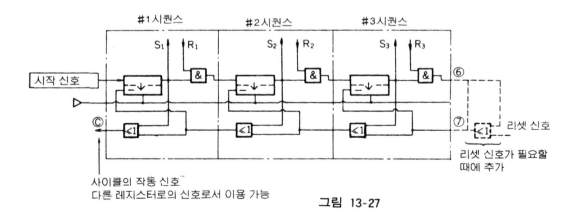

그림 13-27

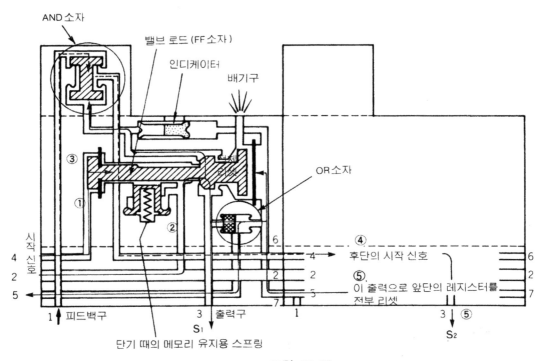

그림 13-28

표 13-4 시퀀서의 주요 사양예

No.	항 목	사 양
1	사용 압력	2~8kgf/cm²
2	내압	12kgf/cm²
3	유량	100Nl/min(6kgf/cm²) Cv＝0.14(유량계수)
4	응답 속도	6ms
5	파일럿압	피드백 신호(포트 1) Ps/2±10% 입력 신호(포트 4) Ps/2±10% 리셋 신호(포트 7) Po/2.4±10%
6	내구성	10^7
7	사용 온도	0~70℃

Ps: 공급 압력   Po: 출력 압력

S₂에 의해서 #1 시퀀서의 FF 소자는 리셋되고 출력신호 S₁은 OFF로 됩니다.

여기서 S₁이 OFF로 되어도 S₂가 있기 때문에 C포트에는 신호압이 있는 것에 주의해야 합니다.

2번째의 동작이 완료하면 그 완료 신호 R₂에 의해서 #3 시퀀서가 작동하여, #2 시퀀서를 OFF로 합니다. 이와 같이 해서 차차로 시퀀서가 진행해 갑니다.

최종단의 동작이 완료되고, 그 신호가 전해지면(이 경우 R₃), 최종단의 AND 소자의 출력은 직접 그 시퀀서의 리셋 포트에 연결됩니다. 이 때문에 최종 동작의 완료 신호에 의해 최종단 시퀀서의 FF 소자는 리셋됩니다. 최종단의 FF가 리셋되면, 이 시퀀서의 AND 소자의 출력 신호도 OFF로 되기 때문에, 지금까지의 각 시퀀서의 리셋 포트에 가해지고 있던 신호압도 모두 OFF로 되어 버립니다.

이상과 같이, 이 시퀀서의 경우

1. 작동이 완료한 시퀀서의 리셋 포트에는 반드시 작동 중인 시퀀서의 출력 신호가 가해져 있다. 이 때문에 작동 중에 잘못 시작 버튼을 눌러도 오동작하는 일은 없다.

2. 비작동시에 있어서는 모든 출력 신호가 0으로 되어 있다. 이 때문에 시퀀서의 공기원을 끊는 일도 없이 수동 조작을 행할 수 있다.

등의 큰 특징을 갖고 있습니다.

그림 13-28에 시퀀서의 구조도를, 표 13-4에 그 사양예를 표시합니다.

14. "꼭 닮은 것"을 만들려면

복잡한 형상의 것을 만드는 방법은 여러가지로 연구하고 있으나, 모방 제어에 의한 방법도 그 하나입니다. 이것은 모델을 기준으로 하여 공구를 자동 추종시켜 모델과 "꼭 닮은 것"을 만들려는 방법으로, 선반, 밀링 머신, 기어 절삭기, 가스 절단기 등 각종 공작기계에 채택되고 있습니다.

모방 제어에는 여러가지 방식이 있지만, 여기서도 유압이 크게 활약하고 있는 것입니다. 이 장에서는, 모방 제어의 본명, 전기-유압식 모방 제어에 대하여 설명하기로 합니다.

14·1 모방 제어

형상을 선택하지 않고

─전기-유압 모방 제어 방식의 특징과 그 구성─

모방 제어 장치에는 각 부분의 조작을 모두 유압으로 하는 전유압식, 전기와 유압을 사용한 전기-유압식, 모든 조작을 전기로 하는 전 전기식 등이 있습니다. 전유압식에 대해서는 기초편에서 설명했습니다. 여기서는 전기-유압식에 대하여 설명합니다.

14·1·1 전기-유압 모방 제어 방식의 특징

전기-유압 모방 제어는 크게 나누어 검출부, 증폭부(변위 증폭기, 직류 서보 증폭기), 조작부의 세 부분으로 구성되어 있습니다. 전기-유압 모방 방식이란, 이 가운데 검출과 증폭을 전기적으로 하고, 조작부에서는 증폭부에서 보내져 오는 전기 신호를 유압으로 변환하고 조작 종단의 액추에이터를 유압 구동시키는 방법을 말합니다.

이 제어 방식의 특징은, 우선 검출기의 스타이러스를 모델과 접촉시키고 있는데, 이 접촉압이 전유압식에 비하여 작아도 되고, 더구나 조작부와 모델의 위치를 취하는 방법에 비교적 여유를 갖게 할 수가 있는 것입니다.

다음에 증폭부에 대해서 보면, 전기적으로 하는 증폭은 간단하고, 더구나 특성 개선의 보상 등도 용이하게 합니다.

또, 조작부에 있어서 중요한 성능의 하나에 즉흥성이 있는데, 이것도 유압 액추에이터를 사용함으로써, 소형으로 대출력을 얻을 수 있기 때문에 응답 속도는 전기식 서보 모터보다 좋게 됩니다.

이와 같이 전기-유압 제어 방식에서는 전기 방식의 장점과 유압 방식의 장점을 이용하고 있어, 정밀도가 매우 높은 모방 가공을 할 수 있습니다.

그런데, 이 방식에도 결점이 있습니다. 그것은 전유압식에 비하면 기구가 다소 복잡해지고 가격도 비싸지는 것입니다. 따라서, 현재 이 방식은 고속 대마력의 밀링 머신, 모방 셰이퍼 등 고급 모방에 사용되는 일이 많습니다.

14·1·2 전기-유압 모방 제어 방식의 구성

그림 14-1을 보십시오. 전기-유압 모방 장치의 기구를 표시한 것입니다.

그러면, 모방 장치의 주된 요소인 모델, 검출기, 변위 증폭기, 직류 서보 증폭

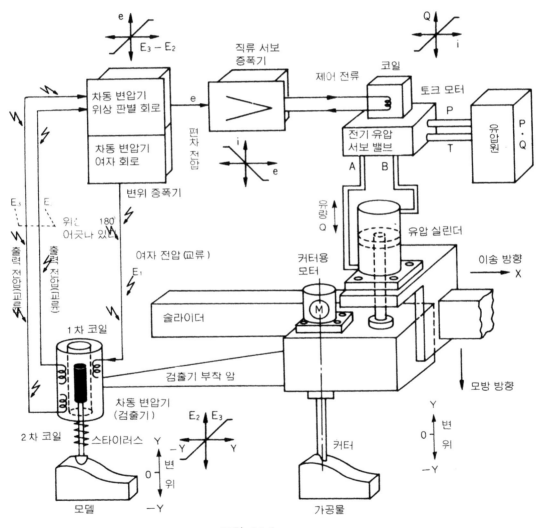

그림 14-1

기, 서보 밸브, 유압 실린더, 공구대 및 가공물의 관계부터 간단히 설명합니다.

우선, 모델과 가공물인데, 각각 서로의 위치 관계는 바뀌지 않도록 되어 있습니다. 다음에 검출기의 본체(코일 부분)와 공구대는 검출기 부착 암으로 연락되어 있으므로, 유압 실린더와 같은 움직임을 합니다. 그리고, 검출기의 본체에는 공구대의 모방 방향으로 움직일 수 있는 가동 철심이 내장되어 있습니다. 이 선단에 스타이러스가 부착되어 있고, 항상 스프링으로 밀려, 모델과 접촉하고 있는 것입니다.

그런데, 지금 여기서 스타이러스의 움직임과 공구대의 움직임이 다를 때는 스타이러스(가동 철심)와 검출기 본체(코일)가 중립 위치에서 벗어나, 이 벗어난 위치에 따른 출력 전압(E_2와 E_3)이 검출기에서 발생합니다. 이 2개의 출력 전압을 변위 증폭기의 위상 판별 회로로 직류의 편차 전압(e)으로 변환합니다. 직류 서보 증폭기는 이 편차 전압(e)을 증폭하여 서보 밸브에 유도하고, 서보 밸브를 조작하여 유압 실린더를 움직입니다. 유압 실린더는 검출기 및 증폭기에서 발생한 편차 전압에 따른 양만큼 움직이고, 이 편차 전압이 0이 되도록 공구대를 상하로 움직입니다.

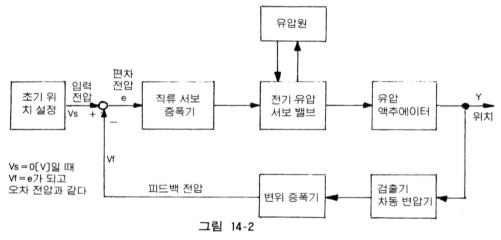

그림 14-2

이 기능을 블록 선도로 표시하면 **그림 14-2**와 같이 됩니다.

14·1·3 전기-유압 모방 제어 방식의 주된 요소

전기-유압 모방 제어에 사용되는 요소는 여러 가지가 있으나, 여기서는 **그림**

14-1의 예에 사용한 검출기, 증폭기(변위 증폭기, 직류 서보 증폭기), 조작부 기기를 중심으로 설명합니다.

(1) 검출기

모방 제어를 하게 하기 위해서는, 우선 제1단계로서 모델과 절삭공구의 상대 위치를 검출할 필요가 있습니다. 이 위치를 검출하여 그 신호를 내기 위한 것이 검출기입니다. 전기식 검출기는 기초편에서도 설명한 것과 같이, 다음과 같은 것이 있습니다.

(1) 전기저항을 이용한 저항형 검출기(대표적인 것은 포텐셔미터)

(2) 전자 유도 작용을 이용한 유도 검출기(대표적인 것은 싱크로, 리졸버, 마그네싱, 차동 변압기)

(3) 전기 용량의 변화를 이용한 용량형 검출기

(4) 광선을 전기신호로 변환시키는 광전형 검출기(대표적인 것은, 광학적 인코더, 펄스 발전기)

지금까지 설명해온 예에서는, (2)의 차동 변압기를 사용하고 있습니다.

그림 14-3이 차동 변압기의 구조를 표시한 것으로, 직선 변위를 전압으로 변환하는 것입니다. 그림에 따라서 설명합니다.

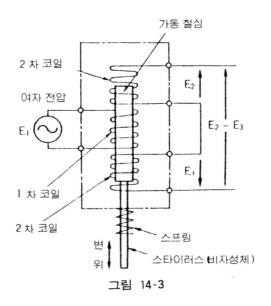

그림 14-3

차동 변압기는 3개의 코일과 가동 철심으로 구성되어 있습니다. 가동 철심은 모방 방향으로 스프링으로 가볍게 눌려, 모방 절삭 중에는 전단의 스타이러스가 모델에 접촉하고 있습니다. 한편, 3개의 코일은 공구대와 일체로 되어 부착되어 있습니다. 따라서, 가동 철심과 코일의 관계는 모델과 절삭공구의 상대 위치의 관계가 되고, 이 관계가 어긋나게 되면, 이 어긋난 양(위치 편차)에 따라서 교류의 편차 전압이 생깁니다.

이 편차 전압이 왜 생기는가 하면, 중앙의 1차 코일에는 고주파의 교류 전압을 통하게 하고 있고, 이 때문에 중앙 코일은 여자되어 교번 자속을 발생합니다. 가동 철심이 중앙 위치에 있을 때(위치 편차=0)는 중앙 코일 위아래의 자기 회로의 자기 저항은 같습니다. 따라서, 이 코일의 위아래에는 똑같은 양의 자속이 발생하게 됩니다.

그리고, 중앙의 1차 코일의 위아래에는 2차 코일이 있고, 이들의 코일은 1차 코일에 의해 만들어진 자속에 의해 크기가 같은 전압을 유기합니다. 이 위아래의 코일은 차동(감은 방향이 반대)으로 접속되어 있기 때문에 유기 전압은 서로 상쇄되어, 합성하여 얻어지는 전압은 0이 됩니다.

다음에, 가동 철심이 위로 움직인 경우를 생각해 봅시다. 이번에는 위쪽의 자기저항이 작아져, 자속이 증대하여 유기 전압(E_2)은 커지고, 반대로 아래쪽 유기전압(E_3)은 작아집니다. 이 결과, 2차 코일 출구에는 $E=(E_2-E_3)$의 편차 전압이 발생합니다.

이 E는 가동 철심과 코일의 편위(어긋남)에 비례한 $E=(E_2-E_3)$의 크기와 편위의 방향(위상)을 가진 교류 전압입니다. 편위의 방향은 양 또는 음으로 표시(E_2-E_3)할 수가 있고, 음이라는 것은 이 여자 전압과 180° 위상이 틀리는 것입니다.

그림 14-4는 **그림 14-3**을 전기적으로 고쳐 그린 것으로, 원리는 변함 없습니다. 또 그림 **그림 14-5**에는 실제의 자동 변압기의 구조를 간단히 표시하고 있습니다.

차동 변압기의 편위(변위)와 출력 전압의 관계는 **그림 14-6**에서도 알 수 있듯이 직선적으로 됩니다.

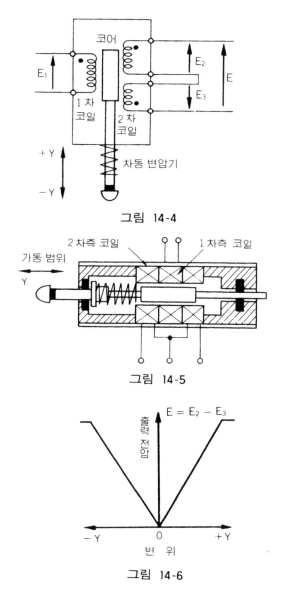

그림 14-4

그림 14-5

$$E = E_2 - E_3$$

그림 14-6

참고로 검출기(차동 변압기)의 성능은 일반적으로 다음과 같이 표시됩니다.

① 스타이러스 접촉압: 400~800gf

② 측정 범위: 수mm~수10mm

③ 분해능: 1~10μm

④ 여자 주파수: 전원 주파수(50, 60Hz) 또는 1kHz~5kHz

(2) 증폭기(변위 증폭기, 직류 서보 증폭기)

검출기에서 얻어진 교류의 출력 전압 $E=(E_2-E_3)$은 이대로는 조작부인 서보 밸브를 직접 동작시킬 수가 없습니다. 그러므로 동작시키기 위해서는 어느 정도의 크기까지 증폭해야 합니다.

지금까지의 예에서는, 증폭기는 크게 나누어 변위 증폭부와 직류 서보 증폭기부로 나누어져 있습니다.

변위 증폭기는 검출기(차동 변압기)를 교류의 고주파수로 여자하는 회로부와, 검출기에서의 출력 전압을 정류하여 직류 신호로 변환하는 역할을 갖고 있습니다.

그런데 서보 밸브의 토크 모터를 조작시키기 위해서는, 이 변위 증폭기에서 주어진 직류 신호를 직류 서보 증폭기에 의해 전류로 변환해야 합니다. 이것은 서보 밸브의 토크 모터 코일은 종류에 따라 다르지만, 약 10~100mA 정도의 전류(직류)를 필요로 하기 때문입니다.

요약하면, 검출기에서 주어진 교류 신호를 변위 증폭기부에서 직류 신호로 변환하여, 이 직류 전압을 직류 서보 증폭기에 넣고, 다시 여기서 나온 전류를 서보 밸브의 토크 모터 조작에 사용한다고 하는 순서가 필요하게 됩니다.

최근에는 이와 같은 회로는 트랜지스터나 IC(반도체 집적 회로)로 구성되는 경우가 많아지고 있으므로, 이 방법으로 설명하기로 합니다.

(A) 변위 증폭기

변위 증폭기부는 앞에서 설명한 바와 같이 다음 2개의 부분으로 구성되어 있습니다.

1) 차동 변압기 여자 회로

그 회로 구성은 일반적으로 **그림 14-7**에 나타낸 것과 같이 되어 있습니다. 전자 유도를 이용한 교류형 검출기는 일반적으로 충분히 제어된 여자 회로가 필요하고, 발진 회로의 출력은 동력 부스터로 전력 증폭되어 교류 전압 E_1로 되고, 이 E_1은 차동 변압기의 1차 코일에 접속되게 됩니다. 여기서는 간단히 원리를 나타내기 위해, 출력은 사인파형으로 생각하기로 합니다(실제로는 직사각형파로도 좋다).

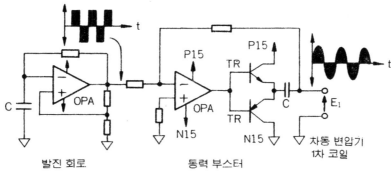

그림 14-7

일반적으로 여자 주파수는 전원 주파수(50Hz 또는 60Hz)의 것이나, 1~5kHz 의 고주파수가 많이 사용되고 있습니다.

2) 차동 변압기 위상 판별 회로

검출기에서 얻어진 교류 신호(편위 신호)를 직류 신호로 변환하는 데는 위상 판별 회로를 통과시킴으로써 얻어집니다.

그림 14-8에는 위상 판별 회로의 일례를 표시하고 있습니다. 이 회로에 의해서 교류(편위) 신호의 양음을 판별하고, 이 양음의 값에 따른 값을 가진 직류 신호를 꺼낼 수 있는 것입니다.

다시 한번 **그림 14-8**을 보십시오.

검출기의 2차 코일에서의 교류 신호 E_2는 다이오드 브리지에 의해 전파 정류

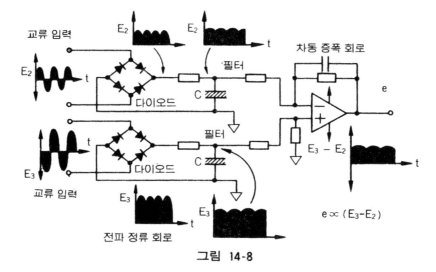

그림 14-8

되고, 다시 필터로 평활하게 되어 반송파를 제거하고, E₂에 비례한 직류 신호로 됩니다.

또, 검출기의 또 하나의 2차 코일에서의 교류 신호 E₂도 마찬가지로 다이오드 브리지에 의해 정류되어 필터로 평활되어 E₃에 비례한 직류 신호로 됩니다.

차동 증폭 회로는 이들 2개의 직류 신호를 **뺄셈**합니다. 그러므로 결과로서 차동 증폭 회로의 직류 출력 e는 (E₃−E₂)에 비례하게 되는 것입니다. 이 출력 전압 e는 편차 신호로 되고, 직류 서보 증폭기의 입력으로 보내지는 것입니다.

(B) 직류 서보 증폭기

변위 증폭기의 위상 판별 정류 회로에 의해서 직류로 변환된 편차 전압 e도 이 대로는 아직 서보 밸브의 토크 모터를 작동시킬 수가 없습니다. 여기서 직류 서보 증폭기가 필요하게 되는 것인데, 그 역할은 직류 편차 전압 e에 비례한 직류 전류를 서보 밸브의 토크 모터에 공급하는 것입니다.

그림 14-9는 서보 밸브 구동에 사용하는 직류 서보 증폭기의 회로예입니다. 이 그림을 간단히 설명합니다.

입력 단자인 A, B에 각각 e₁, e₂인 직류 전압을 가하면 출력 전류 i는 그림에

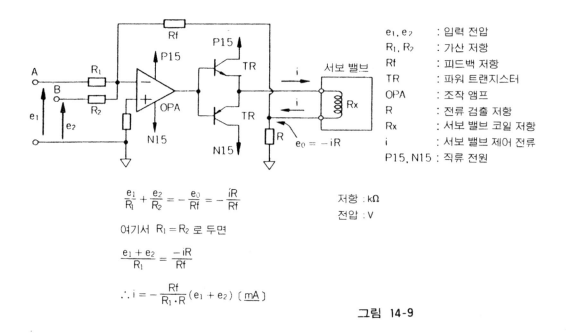

e_1, e_2	: 입력 전압
R_1, R_2	: 가산 저항
Rf	: 피드백 저항
TR	: 파워 트랜지스터
OPA	: 조작 앰프
R	: 전류 검출 저항
Rx	: 서보 밸브 코일 저항
i	: 서보 밸브 제어 전류
P15, N15	: 직류 전원

$$\frac{e_1}{R_1} + \frac{e_2}{R_2} = -\frac{e_0}{Rf} = -\frac{iR}{Rf}$$

여기서 $R_1 = R_2$ 로 두면

$$\frac{e_1 + e_2}{R_1} = \frac{-iR}{Rf}$$

$$\therefore i = -\frac{Rf}{R_1 \cdot R}(e_1 + e_2) \; (\underline{mA})$$

저항 : kΩ
전압 : V

그림 14-9

나타낸 식으로 주어집니다.

R, R1, Rf는 고정 저항이므로, 결과로서 출력 전류 i는, 가해진 입력 전압에 비례하게 되는 것입니다.

오퍼레이셔널 앰프 OPA는 가산 연산을 하고, 트랜지스터 TR은 동력 증폭부로, 서보 밸브 코일 Rx에 전류 i를 공급하여 토크 모터를 움직이게 되는 것입니다.

또 전류 i의 극성은 가해지는 전압 e1, e2의 극성에 의해, 양음으로 변화하는 것도 **그림 14-9**의 식에서 알 수 있다고 생각합니다.

이 밖에 전원 서보 증폭기의 갖추고 있어야 할 성능을 나타내면 다음과 같이 됩니다.

(1) 전원 전압, 부하, 주위 온도변화에 대해 안정할 것.

(2) 주파수 대역이 넓을 것.

(3) 적절한 동력을 공급할 수 있을 것.

(4) 게인 조정기, 디저 조정기, 입력 조정기, 0점 조정기의 기능을 갖고 있을 것.

이들 일반적 기능에 대해서는 그림 **14-17**을 참조합니다.

(3) 조작부

검출기의 편차 신호에 의해서 최종적으로 조작부를 동작시키는 것은 주로 서보밸브, 유압 실린더(또는 유압 모터) 및 유압원입니다.

(A) 서보 밸브

전기-유압 모방 제어 방식 중에서, 전기 신호를 유압 구동으로 변환하는 것이 이 서보 밸브입니다. 즉, 서보 밸브는 증폭기에서의 전류 i를 받으면, 그 전류 i에 따른 기름을 유압 실린더(또는 유압 모터)에 공급하는 작용을 합니다.

서보 밸브의 종류는 많이 있으나, 그 대다수는 토크 모터, 노즐 플래퍼 기구 및 안내 밸브로 구성되어 있습니다. 그 주요 부분에 대하여 설명하겠습니다.

① 토크 모터

토크 모터는 서보 밸브에 사용되는 노즐 플래퍼 기구의 플래퍼를 움직이는 것이 목적입니다. **그림 14-10**은 토크 모터의 구조를 나타낸 것입니다.

주요 부품은 영구자석, ㄷ자형 철심, 두개의 코일, 아마추어(이것에 플래퍼가 붙어 있다) 등이고, 그림과 같은 구성으로 되어 있습니다.

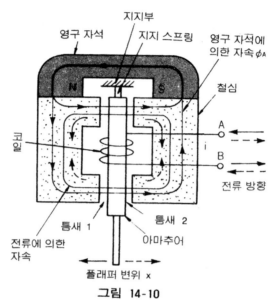

그림 14-10

지금 직류 서보 증폭기에서 주어지는 전류 i가 0일 때는 영구자석의 자속에 의해 틈새 1과 틈새 2는 함께 자속 ϕ_A로 되고, 아마추어와 ㄷ자형 철심의 흡인력도 같아, 아마추어는 중앙에 위치정하기되어 있습니다.

다시, 그림에 있어서 실선으로 나타내는 방향에 전류 i가 주어졌다고 하면, 틈새 1에서는 영구자석에 의한 자속 ϕ_A와 전류 i에 비례하는 자속 ϕ_B가 같은 방향이므로 가산되어 전체가 $\phi_A+\phi_B$가 됩니다. 또, 틈새 2에서는 전류 i에 의한 자속 ϕ_B가 역방향이므로, 전체가 $\phi_A-\phi_B$로 됩니다.

따라서 틈새 1과 틈새 2에 자속의 차 $2\phi_B$가 생기고, 흡인력에도 차가 생기게 되어, 아마추어는 왼쪽으로 당겨집니다. 그리고, 이 흡인력과 지지 스프링의 힘이 평형하는 위치에서 플래퍼는 위치정하기되게 됩니다.

다음에 **그림 14-10**의 파선으로 표시되는 역방향의 전류 i가 주어졌을 때에는 완전히 반대의 생각을 할 수 있습니다. 결과로서 플래퍼 변위는 입력 전류의 크기(극성을 포함하여)에 비례하는 것입니다.

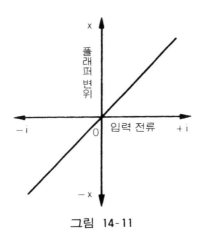

그림 14-11

그림 14-11은 이 관계를 나타낸 것입니다.

② 노즐 플래퍼 기구

서보 밸브 중에 있는 안내 밸브를 움직이는 것은 안내 밸브의 좌우 끝에 가해지는 유압의 차에 의해 합니다. 이 유압을 제어하는 것이 노즐 플래퍼 기구입니다.

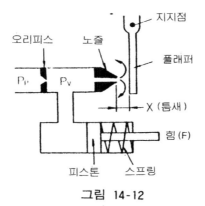

그림 14-12

그림 14-12를 보십시오. 이것이 노즐 플래퍼 기구입니다. 지금 플래퍼가 완전히 노즐을 닫았다고 하면, 피스톤에 작용하는 유압은 공급 압력 P_P와 같게 됩니다. 그런데 반대로 플래퍼가 열리면 어떻게 될까요? 기름은 노즐에서 흘러나와 오리피스를 통할 때의 압력 강하와 노즐에서 흘러나오기 위한 압력 강하와의 차가 노즐 배압(背壓)이 되어, 이것이 피스톤에 작용하여 스프링의 힘과 평형된 위치에서 피스톤은 정지합니다. 즉, 이것이 노즐 플래퍼 기구의 작용입니다.

그림 14-13은 노즐 배압과 플래퍼 위치의 관계를 나타낸 것으로, 직선에 가까운 부분이 일반적으로 사용되고 있습니다.

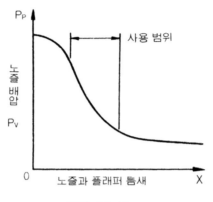

그림 14-13

참고로 노즐 플래퍼 기구의 제원을 적으면 일반적으로 다음과 같이 됩니다.

1. 노즐 구멍 지름: 0.3~0.8mm 정도

2. 플래퍼의 움직임: 0.05~0.2mm 정도

③ 안내 밸브

안내 밸브는 유압 액추에이터에 보내는 유압을 제어하는 것으로, 노즐 플래퍼

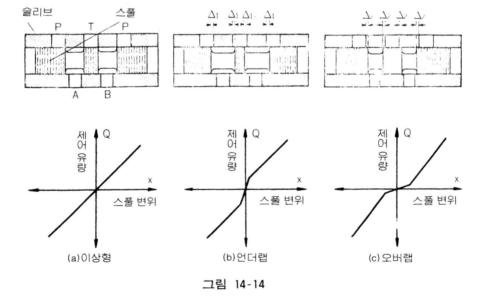

그림 14-14

기구에 의해 조작됩니다. **그림 14-14**를 보면서 서보 밸브에 사용하는 안내 밸브의 특징을 설명하겠습니다.

그림과 같은 밸브를 스풀과 슬리브를 조합한 4방향 밸브라 부릅니다. 그 중에서도 스풀이 중앙에 있을 때에는 포트가 닫혀 있고, 조금이라도 움직이면 포트가 열려 기름이 흐르는 것이 이상적이라고 되어 있습니다(**그림 14-14(a)**).

그러나 실제로는 이와 같이 만드는 것은 불가능하며, 아무래도 언더랩이나 오버랩으로 되어 버립니다. 그래서, 가급적 이상형에 가깝도록 다소 오버랩 기미로 만드는 일이 많습니다(기초편 제4장).

랩량과 유량의 관계는 그림에서도 0점(중립점) 부근에서 다른 것을 알 수 있습니다.

(4) 서보 밸브의 작동 원리

이상 (1)~(3)의 요소를 조합하면 서보 밸브가 됩니다.

서보 밸브는 전후 안내 밸브 스풀의 위치를 결정하는 방식에 의해서 토크 모터 직결 방식, 스프링 평형 방식, 힘 피드백 방식, 유압 평형 방식 등으로 나누어집니다. 여기서는 스프링 평형형 서보 밸브에 대하여, **그림 14-15**를 보면서 설명합니다.

직류 서보 증폭기로부터의 전류 i가 0일 때에는, 플래퍼는 대향 노즐의 중앙에 오도록 세트되어 있습니다. 그 때문에 노즐 배압 Pv_1과 Pv_2는 같고, 스풀에 작용하는 힘도 평형되어, 스풀은 평형 스프링에 의해 중심 위치에 있습니다. 그 때문에 포트는 모두 닫혀, 유압 실린더에 흐르는 기름량(Q)은 0이 됩니다.

그런데, 토크 모터로 **그림 14-15**의 실선으로 표시된 전류 i가 공급되면 플래퍼는 왼쪽으로 움직이고, 노즐 배압 $Pv_1 > Pv_2$로 되어 스풀은 오른쪽으로 움직여, 2개의 평형 스프링의 복원력과 평형하는 위치에서 멈춥니다. 그래서 4방향 안내 밸브에 공급되고 있는 기름은 P포트에서 A포트로 흘러, 유압 실린더를 작동시킵니다. 유압 실린더에서의 복귀유는, 이 때 동시에 B포트에서 T포트로 흐릅니다.

또 그림의 파선으로 표시한 역극성의 전류 i가 주어졌을 때에는 전혀 반대의

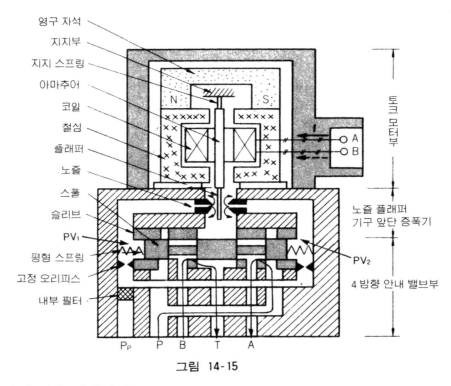

영구 자석
지지부
지지 스프링
아마추어
코일
철심
플래퍼
노즐
스풀
슬리브
PV₁
평형 스프링
고정 오리피스
내부 필터

토크 모터부

노즐 플래퍼
기구 앞단 증폭기

PV₂

4 방향 안내 밸브부

P_P   P   B   T   A

그림 14-15

생각을 하면 좋은 것입니다.

그 때문에 **그림 14-16**과 같은 관계가 얻어지게 되는 것입니다.

또 내부 필터는 일반적으로 소용량의 것으로 구성되어 있고, 노즐을 먼지나 이물로부터 지키는 작용을 하고 있습니다.

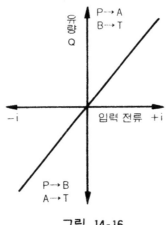

유량
Q

P→A
B→T

-i   입력 전류 +i

P→B
A→T

그림 14-16

참고로 서보 밸브의 일반적인 제원을 표시해 둡니다.

① 최대 유량: 5~200l/min

② 사용 압력: 14~210kgf/min

③ 입력 전류: 10~100mA

(5) 유압원

유압원의 청정화는 초기적인 작동 불량을 방지할 수 있을 뿐만 아니라, 유압 기기의 수명과 성능을 향상시킵니다. 그리고 서보 밸브를 사용할 때에는 특히 작동유의 온도이나 관리와 합쳐서 중요한 것입니다.

요점을 간단히 정리하여 봅시다.

① 조립시의 세정, 산세척, 솔질의 철저

② 라인 필터, 리턴 필터의 설치(내부 필터는 어디까지나 안전용이다. 반드시 용량이 큰 필터를 별도로 설치해 둔다).

③ 자기 필터, 미소 분리기(micro-separator)의 설치

④ 작동유의 온도 관리와 정기 점검

특히, 이상의 것에 유의하여 효율이 좋은 유압원을 제작하는 것이 중요하게 됩니다.

(6) 유압 모터, 유압 실린더

조작부의 최종 끝으로, 서보 밸브에서 나온 제어 유량을 받아 공구대를 움직여, 모델과 절삭공구의 상대 위치가 일정하도록 동작합니다.

유압 액추에이터는 직동형, 회전형을 불문하고 저속 성능이 좋은 것을 선정하도록 하고, 마찰이나 놀음, 내부 누설이 큰 것은 극력 피하도록 합니다.

이제까지 설명한 것을 전체적으로 정리한 것이 **그림 14-17**입니다. 실제로 응용할 경우에는 이와 같은 원리를 기초로 하여 발전시켜 가는 것입니다.

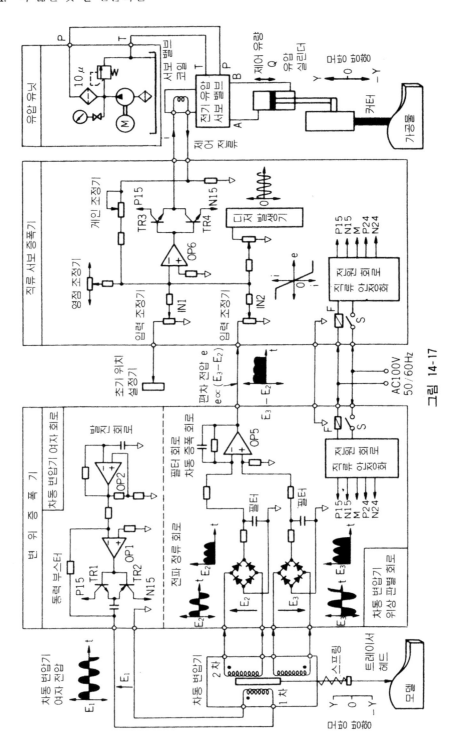

그림 14-17

14·2 서보계 전체의 설명

전기-유압 서보계의 제어 정밀도

—게인주 14-1)은 높을수록 좋지만—

14·1의 설명에서 전기-유압 서보계는 어떤 요소에 의해 구성되는가를 알았을 것으로 생각합니다.

여기서는 좀더 내용을 깊게 하여 서보계 전체를 설명하기로 합시다.

14·2·1 루프 게인과 게인 조정기

일반적으로 전기-유압 서보계의 제어 정밀도(위치정하기, 추종, 응답성)는 좋은 것이지만, 이것은 무한히 좋게 할 수는 없고, 이제부터 설명하는 것에 따라서 제약되는 것입니다.

그러면, 다시 한번 **그림 14-1**과 **그림 14-2**를 보십시오. 기계적인 부분을 생각하여 고쳐 그리면, **그림 14-18**이 됩니다.

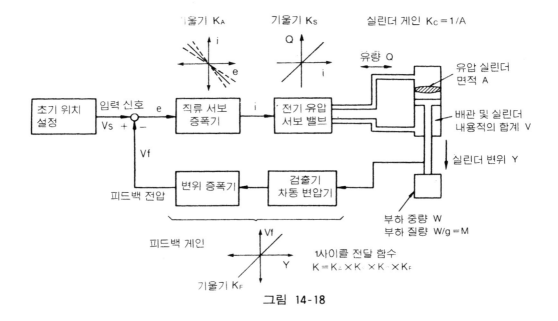

그림 14-18

전기-유압 서보계의 정밀도를 결정하는 데에, 자동 제어의 이론에서 "루프 게인"이라는 말이 있습니다.

이 루프 게인(Kl)은,

$$Kl = K_A \cdot K_S \cdot K_C \cdot K_F$$

K_l: 루프 게인   [1/초]

K_A: 서보 증폭기 게인 i/e [mA/V]

K_S: 서보 밸브 유량 게인 Q/i [cm^3/초·mA]

K_C: 실린더 게인 $1/A$ [1/cm^2]

K_F: 피드백 게인 Vf/y [V/cm]

로 정의되고, 서보계 구성 요소의 일순 전달함수[주 14-2, 3]를 곱한 것입니다.

이 값이 크면 클수록 서보계 전체의 감도가 올라가, 제어 정밀도는 좋아집니다. 따라서, 루프 게인의 값을 어떻게 높게 하는가가 서보계의 중요한 점이 됩니다.

그러나, 이 루프 게인은 무한히 크게 취해지는 것은 아니고, 기계적 요소에서 오는 공진 주파수에 의해서 제한됩니다. 공진주파수는 계통 전체가 자려 발진할 때의 주파수로, 대부분의 경우 기계적 요소에 의해서 결정되고, 그 값은 다음과 같이 됩니다.

$$fn = \frac{1}{2\pi} \sqrt{\frac{K \cdot A^2}{M \cdot V}} = \frac{1}{2\pi} \sqrt{\frac{K \cdot A^2}{W/g \cdot V}} \quad [Hz]$$

fn: 공진주파수 [Hz]

A: 실린더 면적 [cm^2]

V: 서보 밸브 실린더 사이의 배관 용적 및 실린더 내용적 합계 [cm^3]

M: 유압 실린더에 걸리는 질량 [W/g]

W: 유압 실린더에 걸리는 중량 [kgf]

K: 작동유의 체적탄성계수 [kgf/cm^2]

공진주파수(fn)가 높게 취해지면 필연적으로 루프 게인도 커지고, 제어 정도가 좋은 계통이 얻어지는 것입니다. 공진주파수를 높게 하는 데에는 다음의 것에 유의하는 것이 필요합니다.

(1) 유압 실린더에 걸리는 질량을 작게 한다.

(2) 서보 밸브에서 유압 실린더까지의 배관 용적 및 실린더 내용적을 작게 한다.

(3) 유압 실린더의 면적을 크게 한다.

(4) 작동유의 선정, 공기빼기를 철저히 하고, 기름의 체적탄성계수를 높게 한다.

그런데, 여기서 다시 한번 **그림 14-18**을 보십시오.

전체의 시스템을 설계하는 데 다음의 것을 알아야 합니다.

(1) 서보 밸브의 유량 게인 K_S는, 형식, 압력을 결정하면 일정하다.

(2) 실린더 게인 K_C는 크기를 결정하면 일정하다.

(3) 피드백 게인 K_F는, 검출기, 변위 증폭기를 결정하면 일정하다.

따라서 전체의 루프 게인을 전기적으로 간단히 변경할 수 있는 것은 직류 서보 증폭기의 게인 K_A인 것입니다. **그림 14-17**에 있어서, 이것에 대응하고 있는 것은 직류 서보 증폭기의 "게인 조정기"인 것입니다.

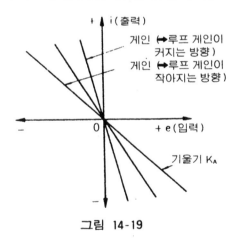

그림 14-19

이 게인 조정기에 의해 **그림 14-19**에 나타내는 입출력의 기울기(게인)를 조정하고, 서보계 전체의 적정한 루프 게인을 결정하는 것입니다.

14·2·2 루프 게인의 영향

그러면 다음에 루프 게인(즉, 직류 서보 증폭기의 게인)의 크기가, 전기-유압

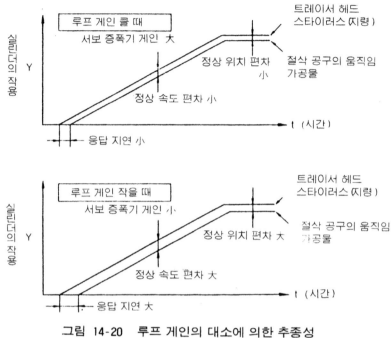

그림 14-20 루프 게인의 대소에 의한 추종성

서보계는 어떤 영향을 미치는가를 간단히 설명하기로 합니다.

그림 14-20에 있어서, 루프 게인이 커지는 데에 따라서 절삭 공구의 움직임이 트레이서 헤드(스타이러스)의 움직임에 추종하도록 됩니다. 즉, 루프 게인이 커지면

(1) 응답 지연이 작아진다.

(2) 정상 속도 편차(이동 중의 추종 오차)가 작아진다.

(3) 정상 위치 편차(정지시의 정적 오차)가 작아진다

등의 효과가 나타납니다.

그림 14-21에 있어서, 트레이서 헤드가 급격히 움직일 경우에도 같은 말을 할 수 있습니다.

더우기 직류 서보 증폭기의 게인 K_A를 높게 하고, 계통 전체의 루프 게인을 너무 크게 하면 그림 14-21의 파선으로 나타낸 발진 상태가 발생합니다. 이와 같은 발진 상태가 발생하면, 계통 전체가 제어 불능으로 됩니다.

따라서, 전기-유압 서보계의 최적 조정은, 기계 본체의 사양에서 요구되는 추

종 오차, 오버 슈트, 위치정하기 오차가 될 수 있는 대로 발진 한계에 접근하고, 루프 게인을 크게 하는가에 관계되는 것입니다.

이상, 전기-유압 서보계는 전기만이 아니고 기계적으로 관련이 많아, 서보계 전체의 검토를 잊어서는 안됩니다.

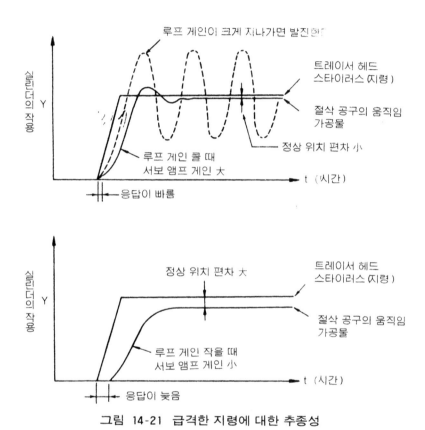

그림 14-21 급격한 지령에 대한 추종성

주 14-1) 게인

전달함수에 특정 신호를 주었을 때의 증폭 정도를 정리한 표현의 것을 게인이라고 부릅니다. 식으로 나타내면,

$$G = 20 \log_{10} |출력 / 입력|$$

이 됩니다. 즉, 게인이 크다는 것은 증폭률이 크고, 응답이 빠르다는 것이 됩니다.

주 14-2) 전달함수

블록의 요소에 들어가는 입력 신호와 출력 신호의 비율을 나타내는 것입니다. 그림에서 말하면, x라는 입력이 들어가면, y는 $x + A$라는 출력이 되어 나옵니다. 이 경우의 요소의 전달함수는 A라는 것이 됩니다.

$$x \rightarrow \boxed{} \rightarrow y$$

주 14-3) 일순전달함수

　　몇개의 블록으로 구성되어 있는 피드백 루프를 일순했을 때의 전달함수를 일순전달함수라고 하며, 각 블록 요소의 전달함수를 곱셈함으로써 얻어진다.

15. 테이프로 물체를 만들려면

작업자가 없어도 "테이프가 기계가공을 하는" 것입니다. 극장의 관중이 던지는 테이프와 같은 모양의 테이프나, 테이프 레코더의 테이프와 같은 테이프가 작업자 대신을 하는 것입니다. 무인 공장이 꿈이 아닌 시대인 것입니다. 그리고, 여기에 사용되는 것이 디지털 제어 기구입니다.

"디지털"이란 "디지트(손가락)"라는 어원에서 온 말로, 옛날에는 손가락을 사용하여 수를 세었던 데서 수를 세는 것을 디지털이라고 하게 되었습니다. 테이프에 명령(지령)을 넣는 것이, 1, 2, 3…이란 수인데서, 이 방식을 디지털 제어(또는 수치 제어)라고 하는 것입니다.

디지털 제어 기구에는 전기를 사용하는 곳과 유압의 힘을 이용하는 곳이 있는데, 전기를 사용하는 곳의 설명은 필요한 정도로 끝내고, 가급적 전체의 작용(기구)을 이해할 수 있도록 이야기를 진행하겠습니다.

15·1   디지털 제어

기계에 문자를 읽힌다

― 펄스의 이용 ―

테이프에 수치로 명령(지령)을 넣고, 그 테이프를 기계에 읽혀 명령대로 움직인다-이것이 디지털 제어(수치 제어)입니다.

그런데, 우리들은 한글, 알파벳 등 여러 가지 문자를 사용하고 있습니다. 또 수를 나타내는 방법에도, 아라비아 숫자, 로마 숫자 등 여러 가지 숫자를 사용하고 있으나, 이것을 그대로 테이프에 넣어도 기계는 읽을 수가 없습니다.

그러면, 테이프에 넣는 수치란 어떤 것일까요? 그리고, 그 수치는 어떻게 하여 기계에 명령하고, 기계를 움직이게 할 수가 있을까요?

15·1·1   "1"과 "0"으로 나타낸다―2진법

보통의 숫자는 기계에서는 읽을 수가 없습니다. 또, 숫자도 문자도 같은 기호로 표시하고 싶은 것입니다. 그래서, 생각해 낸 것이 아라비아 숫자의 "1"과 "0"만으로 표시하는 방법으로, 이것이 기계에 읽히는 수치입니다.

왜 1과 0만으로 표시하는가 하면, 세상일은 모두 성질이 다른 2개의 것으로 되어 있다고도 생각할 수가 있기 때문입니다. 예를 들면, 참과 거짓, 유와 무, 정과 오, 생과 사, 남과 여, $\oplus$와 $\ominus$, 자석의 N과 S… 등이 그것입니다. 참, 유, 정, 생, 남… 등을 1로 하면, 거짓, 무, 오, 사, 여… 등은 0으로 표시할 수가 있습니다.

기계에 읽히는 수치도 같습니다. 예를 들면, **그림 15-1(a)**를 보십시오. 여기서는 기름이 흐르고 있는 A포트를 1로 하고, 흐르지 않는 B포트를 0으로 하면 됩니다. 또, **그림 15-1(b)**에서, 전기 회로의 스위치를 누르면 전류가 흘러 램프가 켜지므로 이것을 1로 하면, 스위치를 끊어 전류가 흐르지 않을 때는 0으로 표시

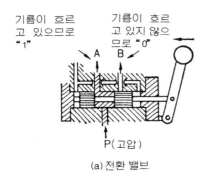

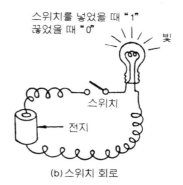

그림 15-1

할 수 있습니다. 우주 로켓에서는 그림(a)의 유체가 흐르고 있는 1이나, 흐르지 않는 0으로 무인 조종을 하고 있습니다. 그리고, 디지털 제어 공작 기계에서도 현재 전류가 흐르고 있는 1이나, 흐르지 않는 0으로 수치 제어를 하고 있습니다.

이와 같이 1과 0만을 사용하여 표시하는 것을 "2진법"이라 합니다.

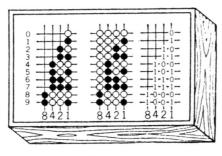

그림 15-2

그러면, 0에서 9까지의 숫자를 2진법으로 표시해 봅시다. 성질의 반대인 2개의 것으로 바둑돌을 사용하여 흑석이 1을 표시하고, 백석이 0을 표시한다고 하면, 그림 15-2와 같이 됩니다. 좌가 아라비아 숫자, 우가 2진법 수치이며, 가운데 2개가 바둑돌로 표시한 것입니다.

15·1·2 기계에 수치를 읽히려면

그런데, 기계가 수치를 읽는다 해도, 우리들이 문자를 읽는 것과는 달리, 예를 들면 전류가 흐르고 있는가 아닌가, 유체가 흐르고 있는가 아닌가 등의 구별을 할 뿐입니다. 따라서, 책과 같이 1장씩 넘기는 모양의 것은 적당치 않습니다.

그래서 생각해 낸 것이 테이프입니다. 테이프이면, 기계는 인간의 수만 배 이상의 빠르기로 해독할 수 있습니다.

그리고, 테이프에 2진법 수치를 표시하는데는 1에 구멍을 뚫고, 0에 구멍을 뚫지 않도록 합니다.

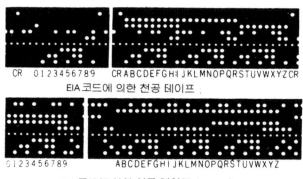

EIA 코드에 의한 천공 테이프

ISO 코드에 의한 천공 테이프

그림 15-3

그림 15-3은 천공 테이프의 실례입니다. 이와 같은 천공 방법에는 EIA 코드와 ISO 코드식이 있습니다. EIA란 전자공업회(Electronic Industries Association)의 약호이고, ISO란 국제표준화 기관(International Organization for Standardization)의 약호입니다.

그림 15-4에 EIA 코드식에서의 문자와 기호의 표시 방법의 예를 나타냅니다. 테이프 진행 방향의 구멍열($b_1 \sim b_8$)은 8열이고, 각각의 구멍열에서의 구멍이 뚫려 있는 (1)과 뚫려 있지 않은 (0)에 대응하는 문자 및 기호를 알 수 있습니다.

구멍열(b_5)은 〈홀수 패리티〉라고 기록되어 있습니다. 이것은 문자 또는 기호를 표시하는 구멍수를 항상 홀수로 하기 위한 예비 구멍열입니다. 이와 같이 여분의 구멍열이 필요한 이유는, ① 테이프 작성시의 잘못, ② 테이프 사용 중의 구멍열 손상, ③ NC 장치의 고장(읽기 누락) 등을 발생해도 구멍이 1개 뚫리거나, 1개 읽기 누락하여 짝수 구멍수로서 신호가 전해져, 검문에 걸려 NC 장치가 즉시 정지하도록 하기 때문입니다(2개 뚫리거나, 읽기 누락하는 확률은 낮다).

ISO 코드식은 〈짝수 패리티〉로 하고 있습니다. 패리티(Parity)란 "균일"이라는 의미입니다. 즉 구멍수를 홀수인가 짝수인가의 어떤쪽에 균일화하는 것을 의

$b_4 b_3 b_2 b_1$	b_8 0 / b_7 0 / b_6 0	0 / 0 / 1	0 / 1 / 0	0 / 1 / 1	1 / 0 / 0
b_5		홀수 패리티			
0 0 0 0	블랭크	○	−	+	CR
0 0 0 1	1	/	J	A	
0 0 1 0	2	S	K	B	
0 0 1 1	3	T	L	C	
0 1 0 0	4	U	M	D	
0 1 0 1	5	V	N	E	
0 1 1 0	6	W	O	F	
0 1 1 1	7	X	P	G	
1 0 0 0	8	Y	Q	H	
1 0 0 1	9	Z	R	I	
1 0 1 0		BS			
1 0 1 1	ER		—		
1 1 0 0					
1 1 0 1					
1 1 1 0		TAB			
1 1 1 1			DEL		

▲ EIA코드 (0은 구멍 없음)

(a) 문자와 구멍과의 대응표 (EIA)

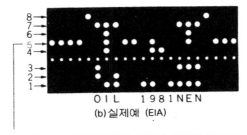

O I L   1 9 8 1 N E N

(b) 실제예 (EIA)

홀수 패리티 (세로 방향의 비트수 합계가 짝수인
경우에 구멍을 뚫어 모든 기호를 홀수로 한다)

그림 15-4

미하고 있습니다. 구멍열의 수를 비트(bit), 구멍열의 위치를 채널이라고 합니
다. TV의 다이얼부 채널과 같은 말입니다. 채널(1, 2, ……, 8)이라든가 채널
(b_1, b_2, ……, b_8)라고 합니다. TV는 12채널+UHF로 13채널(13bit)입니다. 테
이프는 1~8 채널로 8bit입니다.

종이 테이프 외에 자기 테이프(테이프 레코더용 테이프)도 사용되고 있습니
다.

자기 테이프에 2진법 수치를 표시하는 데는 **그림 15-5**의 규칙에 의합니다. 그
림에서 아는 바와 같이 자화된 북극(N)과 남극(S)의 방향, 즉 N−S와 S−N와

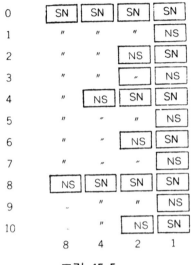

그림 15-5

의 반대 방향에 따라 구별하는 것입니다. 여기서는 N−S의 방향을 1로 하고, S−N의 방향을 0으로 하고 있습니다.

15·1·3 펄 스

그림 15-6을 보십시오. 사진 촬영에 사용하는 플래시의 예입니다.

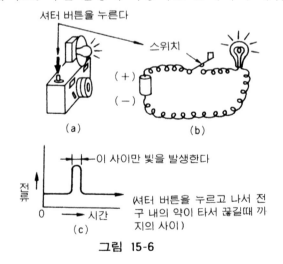

그림 15-6

그림(b)는 그 전기회로이며, 셔터 버튼을 누르면 스위치가 들어가, 전구에 전류가 흘러 전구 내의 약품이 다 탈 때까지 빛을 냅니다. 이것을 시간과의 관계로

표시하면 그림(c)와 같이 됩니다. 이와 같이 순간적으로 전류가 흐르든가, 순간
적으로 전압이 생길 때, 그 흐르는 전류 또는 생긴 전압을 "펄스"라 합니다.

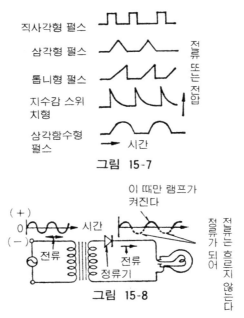

그림 15-7

그림 15-8

펄스에도 여러가지 종류가 있으나, 그 대표적인 것은 **그림 15-7**과 같습니다.
이것에 의하면 **그림 15-6**의 예는 직사각형 펄스에 가깝다고 할 수 있습니다.

또, 삼각함수(사인 커브)형은 교류 전류를 정류하면 생깁니다(**그림 15-8** 참
조). 그리고, 이와 같은 펄스가 전기 신호의 작용을 하는 전류 또는 전압으로서

여러 가지 방면에 이용되고 있는 것입니다.

그런데, 동물의 몸이 움직이는 것도 이 펄스에 의한다고 생각되고 있습니다. 병원에서 조사하는 뇌파(두뇌에서 나오는 펄스)라든가, 심전도(심장에서 나오

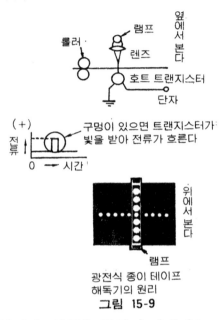

광전식 종이 테이프
해독기의 원리
그림 15-9

는 펄스) 등이 그 응용입니다. 신경을 통하여 전달되는 이들의 펄스는 여러 가지 펄스가 복잡하게 조합되어 있는 것입니다.

거짓말 탐지기는 이 뇌에서 나오는 특별한 펄스를 찾는 것입니다. 놀랐을 때, 호흡이 혼란하든가, 심장의 맥동이 빨라지는 것처럼, 거짓말을 할 때도 본인이 거짓말을 하는 것을 의식하고 있으므로 뇌파가 혼란되는 것입니다.

15·1·4 기계와 펄스

그런데, 구멍이 뚫린 종이 테이프를 기계가 읽어 낸다는 것은 어떤것일까요. 그것은 인간이 눈으로 문자를 읽는 것과는 달리, 테이프에 구멍이 뚫려 있는가 없는가 하는 것을 전류 또는 전압의 유무로 바꾸어 놓을 뿐의 일입니다. **그림 15-9**는 그 기구를 나타낸 것으로, 구멍이 뚫려 있으면 전류가 흐르든가(전류 펄스가 보내진다), 전압이 생기든가(전압 펄스가 보내진다)입니다. 그리고 구멍이 뚫려 있지 않으면 전류가 흐르지 않든가(전류 펄스가 보내지지 않는다), 전압이

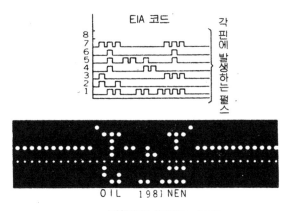

그림 15-10

생기지 않는(전압 펄스가 보내지지 않는다) 것입니다.

그림 **15-5**에서의 테이프를 읽어낼 때의 각 단자(또는 핀)에 생기는 펄스를 그림 **15-10**에 표시합니다. 천공 테이프의 2진법 문자 "기름(OIL)"과 "1981 NEN"을 기계가 읽어냈을 때는 각 단자(또는 핀)에 그림과 같은 펄스가 흐르고 있는 것입니다.

15·2 전기·유압 펄스 모터

펄스에 순종하는 유압 모터

─그 구조와 작동에 대하여─

전장에서 기계가 읽어내는 문자─펄스에 대해 설명했으나, 이 펄스의 지령에 따라 유압 모터의 출력을 내는 기구를 전기·유압 펄스 모터라 합니다.

다음에 이 전기·유압 펄스 모터에 대하여 설명하겠습니다.

15·2·1 전기·유압 펄스 모터의 구조

전기·유압 펄스 모터에는 여러 가지 형식이 있으나, 그 대표예로서 구동 출력부에 액셜 피스톤 모터를 이용한 형식의 것의 구조도를 **그림 15-11**에 표시합니다.

이 구조를 주요 부분으로 분류하면 다음과 같이 됩니다.

D-A변환부 ┌ 입력 단자: 펄스수에 따른 신호 전류가 들어오는 접속 단자
           └ 전기 펄스 모터: 신호 전류에 따라 회전하는 부분

감속 기어부: 전기 펄스 모터의 회전을 감속하고, 서보 밸브 스풀을 구동하는 부분.

서보 기구부 ┌ 서보 밸브: 유압식 스풀형 서보 밸브
         ├ 가합점(加合点): 서보 밸브 스풀이 중립 위치로 될 때까지 유압 모터를 회전시키는 기구
         └ 유압 모터: 필요 출력을 내는 부분

유압 접속구 ┌ 급유 접속구: 고압유를 보내는 배관구
         └ 복귀유 접속구: 일을 끝낸 작동유를 탱크에 되돌리는 배관구

이 가운데 서보 밸브와 유압 모터에 대해서는 이미 "기초편"에서 설명하였으나, 서보 기구부에 "가합점"이 있는 것은 아직 설명하지 않았으므로 여기서부터

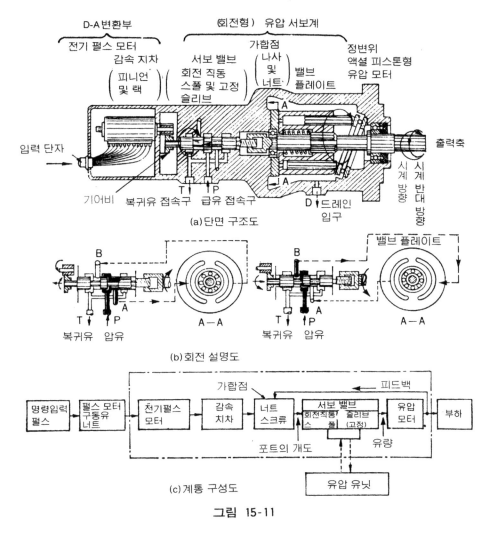

그림 15-11

설명을 시작하겠습니다.

15·2·2 가합점

기초편에서의 서보 기구의 설명은 실린더와 서보 밸브의 조합에 대한 것이었으나, 전기·유압 펄스 모터에서는 서보 밸브와 유압 모터의 조합으로 되어 있으므로, 새로 "가합점"이란 부분이 가해져 있으며, 원리 자체는 거의 변함이 없습니다.

(1) 전기-유압 펄스 모터의 가합점

그림 15-11에서 (b)의 왼쪽 그림과 같이 전기 펄스 모터가 시계 반대 방향으로 회전하면, 스풀은 시계 방향으로 회전합니다. 이 때, 가합점의 너트는 유압 모터축과 직결하고 있으므로, 우선 스풀과 일체화되어 있는 수나사가 느슨해져, 스풀은 중립 위치에서 좌로 이동합니다. 이렇게 하여 P포트의 압유가 A포트로 유도되어 유압 모터가 시계 방향으로 회전하기 시작합니다. 마찬가지로 하여 전기 펄스 모터가 시계 방향으로 회전할 때는(b의 오른쪽 그림), 유압 모터가 시계 반대 방향으로 회전하기 시작합니다.

이것으로 알 수 있듯이, 전기 펄스 모터, 스풀(수나사를 포함) 및 유압 모터축(암나사를 포함)의 3개의 회전 방향의 관계는 **표 15-1**과 같이 되어 있습니다. 즉 유압 모터는 항상 스풀의 회전을 뒤따라 가는 것처럼 스풀과 같은 방향으로 회전하는 것입니다.

표 15-1

전기 펄스 모터	시계 반대 방향	시계 방향
스풀	시계 방향	시계 반대 방향
유압 모터	시계 방향	시계 반대 방향

그런데, 유압 모터가 회전하기 시작하면 스풀의 P포트에서 A포트(또는 B포트)에 통하는 기름의 통로 단면적은 작아지기 시작합니다. 예를 들면, 스풀이 전기 펄스 모터에 의해 시계 방향으로 1회전하였다고 하면, 스풀은 중립 위치에서 좌로, 나사 1피치분만큼 이동합니다. 그래서, 유압 모터도 시계 방향으로 회전하기 시작하여 1/4 회전하였을 때를 생각하면, 스풀은 1/4회전분(유압 모터가 회전한 분)만큼 중립 위치에 되돌려져 있는 것입니다.

이와 같이 하여 스풀의 회전각도와 유압 모터의 회전각도가 같아질 때까지 유압 모터가 회전합니다. 즉, 스풀의 회전각도와 유압 모터의 회전각도에 차가 있는 동안은 유압 모터는 스풀의 회전에 따라 회전하는 것입니다.

이 나사 부분은 상호간의 움직임의 차를 검출(가합)하고 있으므로, "가합점" 또는 "피드백점"이라고 합니다.

(2) 모방 선반의 가합점

모방 선반에도 가합점이 있습니다. 그림 15-12가 그 설명도이며, 조작 실린더와 서보 밸브 본체를 연결하고 있는 링크가 가합점입니다.

그림 15-11에서의 나사와 그림 15-12에서의 연결 링크에서는 너무나도 외관이 틀리므로 빠뜨리기 쉬우나, 이것들은 같은 작용을 하고 있는 것입니다. 따라서, 조작 실린더는 여기서도 항상 스타이러스와 일체화한 스풀을 뒤따라 가는 것처럼 움직입니다.

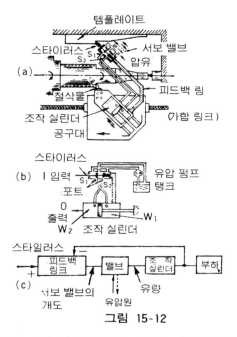

그림 15-12

그런데, 지금까지 설명한 것을 "신호의 흐름(움직임의 전달 방법)"으로서 표시하면, 그림 15-11(c)와 그림 15-12(c), 그리고 표 15-2가 됩니다. 이 가운데 전기·유압 펄스 모터로서 포함되는 부분은 그림 15-11(c)에서는 틀로 싸인 부분, 표 15-2에서는 전기 펄스 모터에서 유압 모터까지입니다.

이 가운데 서보 밸브와 유압 모터에 대해서는 "기초편"을 참조하기 바라고, 너트와 스크루에 대하여는 이미 설명하였으므로, 다음에 전기 펄스 모터에 대해 설명하겠습니다(펄스 모터 구동 유닛에 대해서는 15·3에서 설명합니다).

15·2·3 아날로그와 디지털

그러면, 전기 펄스 모터에 대하여 설명하기 전에 아날로그와 디지털에 대하여 설명해 둡시다. 왜냐 하면, 전기-유압 펄스 모터 가운데 전기 펄스 모터만이 디지털적 펄스를 이용하고, 그 외의 서보 밸브나 유압 모터는 아날로그 제어부이므로, 전기 펄스 모터부에서 디지털적 펄스를 아날로그적 회전각으로 바꾸고 있기 때문입니다.

표 15-2

구성 부분명		작 동 목 적
전기-유압 펄스 모터	모방 선반	(무엇을 위해 있는가)
명령 입력 펄스 (테이프)	템플레이트 (제품 모형)	기계의 움직임을, 제품을 가공하도록 명령하는 곳
펄스 모터 구동 유닛	(해당 부분 없음)	펄스를 읽어내고, 기억하여, 필요한 때에 필요한 펄스를 전기 펄스모터에 보내는 곳
전기 펄스 모터	(해당 부분 없음)	펄스에 의해 회전하는 특수한 전기 모터
너트와 스크루	피드백 링크	가합점
서보 밸브	서보 밸브	작은 힘에서의 움직임을 유압으로 바꾸어 큰 힘에서의 움직임으로 전환하는 곳
유압 모터	유압 실린더	최종적으로 큰 힘으로 일을 하는 곳

디지털의 반의어는 무엇일까요?…아날로그입니다. 디지털이란, 1, 2, 3…으로 셀 수 있게 한 것이지만, 아날로그는 길이, 무게, 시간, 빠르기, 온도 등과 같이 연속한 것으로, 숫자만으로는 완전히 바르게 표시할 수 없는 것을 숫자를 사용하지 않고 취급할 때인 것입니다.

예를 들면, 스톱 워치는 디지털적인 것이며, 버니어나 마이크로미터는 아날로그적인 것입니다. 즉, 스톱 워치는 일반적으로 중간 눈금에서 멈추는 일은 없으므로, 바늘이 멈춘 곳이 측정값이 되어, 숫자 그 자체로 측정하고 있다고 할 수 있습니다. 그런데, 버니어나 마이크로미터는 눈금 그 자체에서 멈추는 일은 없고, 눈금과 눈금의 중간에서 멈춥니다. 뒤에는 측정자가 눈대중으로 판단하여 어느 수치를 정하는 것입니다. 즉, 측정자가 아날로그적 치수를 디지털로 환산하여 판단하고 있는 것입니다.

이것으로 아날로그와 디지털의 뜻을 알았으나, 아날로그 제어도 또한 디지털 제어와 같이 중요합니다. 그 이유는, 예를 들면 모방 선반과 같은 것에서는 수치로 표시하지 않고, 제품 자체의 모형을 사용하여 제어할 필요가 있기 때문입니다. 이것을 아날로그 제어라고 합니다.

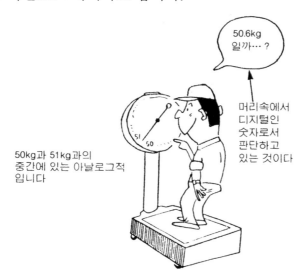

전기-유압 펄스 모터에서는 전기 펄스 모터만이 디지털적 펄스를 이용하고, 그 외의 서보 밸브나 유압 모터 등은 펄스를 이용하고 있지 않습니다. 즉, 서보 밸브나 유압 모터는 모방 선반과 기구적으로 같으며, 아날로그 제어입니다. 그래서, 전기 펄스 모터부는 디지털적 펄스를 아날로그적 회전각으로 바꾸는 부분이므로, "디지털－아날로그 변환부" 약하여 "D-A 변환부"라고 합니다.

15·2·4 전기 펄스 모터

전기 펄스 모터 회전의 기본 원리는 보통의 모터와 같으나, 성능과 구조는 전혀 다릅니다. 보통의 모터는, 펄스에서는 회전하지 않을 뿐만 아니라 다음과 같은 결점이 있습니다.

① 회전수에 불균일이 있다…회전수의 명령(예를 들면 1200rpm)에 대하여 실제의 회전은 좀 작아집니다.(예를 들면 1130~1170rpm) 이 실제의 회전수

는 부하의 크기에 따라 바뀝니다.

② 관성 모멘트가 크다…정지(스톱)를 걸어도 쉽게 멈추지가 않습니다.

이것에 대하여 이상과 같은 결점을 개량한 것이 전기 펄스 모터입니다. 그러면 이 회전 원리를 설명하겠습니다.

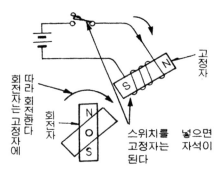

그림 15-13

그림 15-14(a)는 그림 15-13의 고정자 전자석을 3개 배치하고, 차례로 1, 2, 3, 1……로 전류를 흘려 가는 것입니다. 이렇게 하면 회전자는 시계 방향으로 회전하는데, 이때 흐르는 전류가 그림 15-14(b)와 같은 펄스입니다. 이 그림에서는 1펄스 흘리면 120° 회전하게 됩니다.

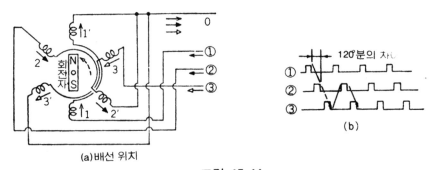

(a)배선 위치

(b)

그림 15-14

실제의 전기 펄스 모터는 16개의 이(자석)를 가진 로터(그림 15-15에서는 설명용으로 4개의 이로 하고 있습니다)와 5상(A, B, C, D, E의 계 5상의 권선을 설치하고 있습니다. 그림 15-15를 다시 분해하면 그림 15-16이 됩니다.

이와 같이 로터의 자석(이)은 축에 평행하게 직선적으로 되어 있습니다. 또 전자석용 코일은 360 / (4이×5상)=18°씩 각도를 물려(위상각을 붙여) 배열하

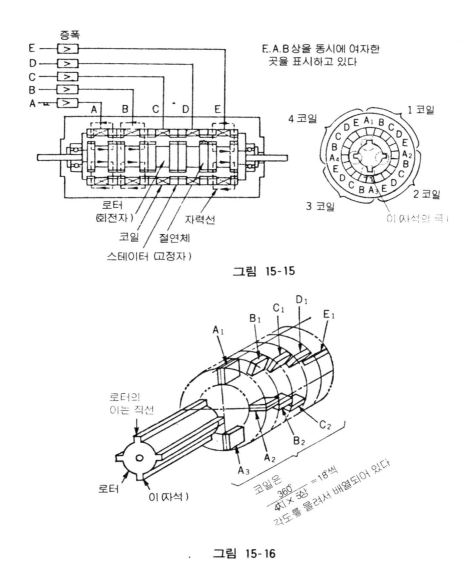

그림 15-15

그림 15-16

고 있습니다. 이와 같은 구조로 하여 A→B→C→D→E→A로 각 상에 차례로 전류 펄스를 흐르게 하면, 1펄스마다 18°씩 회전해 갑니다. 반대로 E→D→C→B→A→E로 전류 펄스를 흐르게 하면, 1펄스마다 18°씩 시계 반대 방향으로 회전합니다.

실제의 전기 펄스 모터에서는 잇수가 16개이고, 상수는 5상이므로, 코일의 수는 16이×5상=80개입니다(그림 **15-16**에서는, 코일의 수가 4이×5상=20이였습니다). 그리고 이러한 이가 모두 $360°/80$이$=4.5°$씩 각도를 물려 배열하고 있습니다. **그림 15-17**에 나타낸 것과 같이, 1펄스마다 A상→B상→C상······으로 차례로 전류를 통하면(전류 펄스를 보내면) 1펄스마다 코일의 위상각도 $4.5°$씩 회전해 가게 됩니다.

그리고, 실제의 전기 펄스 모터는 1상씩 여자하는(펄스를 보냄) 것이 아니고, 동시에 2개의 상과 3개의 상에 교대로 전류를 통하는(펄스를 보냄) 것입니다. 이 방식을 3상−2상−3상 여자 방식이라 부르고 있습니다.

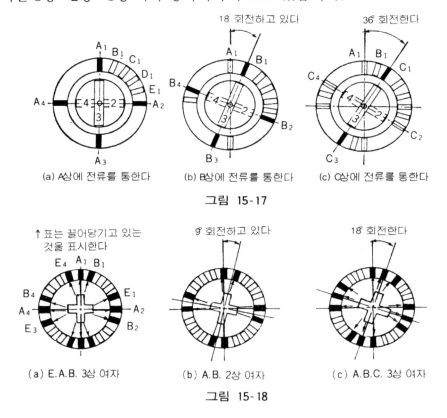

(a) A상에 전류를 통한다   (b) B상에 전류를 통한다   (c) C상에 전류를 통한다

그림 15-17

(a) E.A.B. 3상 여자   (b) A.B. 2상 여자   (c) A.B.C. 3상 여자

그림 15-18

그림 15-18을 보십시오. E상, A상, B상의 3상에 동시에 전류를 통하면 각각의 상의 코일에서 끌려서 그 중간의 A₁상 위치에 로터의 이가 정지합니다(그림 (a)). 다음에 A상, B상의 2상에 동시에 전류를 통하면 마찬가지로 로터의 이는 A상과 B상의 중간에 정지합니다(회전해 옵니다). 이하 마찬가지로 A상, B상, C상의 3상이 여자되면, 그림(c)와 같이 B상의 위치까지 회전하여 와서 정지한

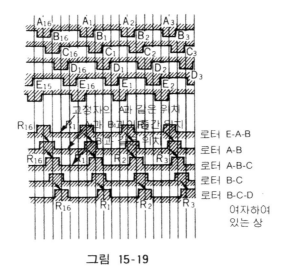

그림 15-19

니다. 참고로 잇수가 16개일 때의 설명도를 **그림 15-19**에 표시합니다.

이 방식으로 하는 이유는

① 모터의 특성이 좋아진다.

② 1펄스당의 회전각이 반으로 된다―회전의 분할 정밀도가 2배 이상으로 되기 때문입니다. 즉 1상 여자 방식에서는 1펄스의 회전각이 4.5°였던 것이, 3상―2상―3상 여자 방식에서는 2.25°가 되는 것입니다.

이와 같이 하여 1펄스당의 전기 펄스 모터축의 회전각 2.25도는 기어 감속에 의해 유압 모터축에서는 1.5도의 회전각이 되고, **그림 15-20**과 같이 하여 테이블 등을 구동하는 것입니다.

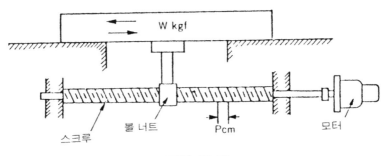

그림 15-20

15·3 구동 유닛

로봇을 움직인다

─두뇌와 신경과 심장을 가진 디지털 제어─

디지털(수치) 제어 공작기계는 인간의 행동과 아주 비슷한데, 원래 인간의 대행을 하도록 설계, 제작되어 온 것이므로 당연합니다.

그리고, 이 장에서 설명하는 부분은 인간으로 말하면 두뇌와 신경에 해당합니다. 펄스의 작용이 인간의 신경 작용과 비슷하다는 것은 이미 설명하였으나, 여기서도 두뇌와 신경 작용을 비교하면서 설명하겠습니다.

또한, 수치 제어 공작기계를 최근에는 "NC (뉴메리컬 컨트롤) 공작기계"라 부르고, 디지털 제어 공작기계라고는 부르지 않도록 되었습니다. 그러나 공작기계 이외에도 수치 제어는 널리 이용되고 있으며, 이것들은 역시 디지털 제어라고 합니다.

15·3·1 펄스 모터 구동 유닛

펄스 모터 구동 유닛의 내부를 분류하면 그림 15-21과 같이 됩니다. 일반적으로 이 부분은 전문적인 전기 회로이므로, 자세한 설명은 생략합니다. 우리들이 신경이라든가 두뇌의 구조, 작용 등을 상세히 몰라도 일상생활에는 지장이 없듯이, 전기의 전문은 전기공에 일임하고, 그 대신 인간 행동과 비교하면서 정리한 것이 표 15-3입니다. 제15장 끝의 만화도 참조해 주십시오.

15·3·2 유압 유닛

펄스 모터 구동 유닛이 인간의 두뇌와 신경에 상당하는 부분이면, 유압원은 심장이나 간장에 상당하고, 유압 배관은 혈관에 상당합니다. 이것으로도 유압

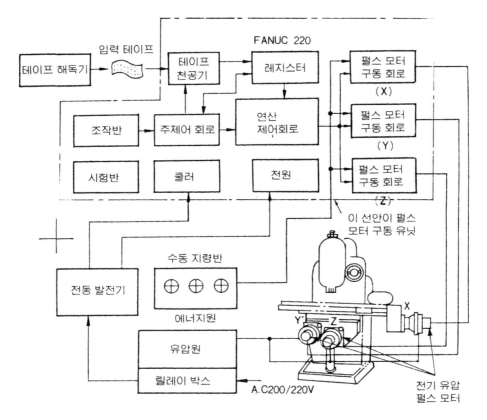

그림 15-21

유닛이 얼마나 중요한가를 압니다. 그 뜻에서 수치 제어 공작기계용 유압 유닛은, 회로는 간단하지만 여러가지의 부속 부품이 필요하게 됩니다.

회로예를 그림 **15-22**에 표시합니다. 유압 회로에서의 주된 주의사항을 열거하면 다음과 같이 됩니다.

(1) 작동유……각 메이커에서 작동유와 점도 등의 지정이 있습니다.

(2) 유온……사용 온도 범위로 유지하기 위해 일반적으로 히터와 쿨러를 부속시킵니다.

(3) 유온 경보 장치……유온이 너무 상승하면, 기름의 열화가 빨라져 전기─유압 펄스 모터는 윤활 불량으로 손상되든가 원활하지 못한 움직임을 합니다. 또 유온이 너무 낮으면 점도가 너무 높아지기 때문에 배관내의 압력 손실이 커져 전기─유압 펄스 모터에 배압이 가해져서 손상합니다. 또 점도

표 15-3

수치 제어기	인간 행동과의 비교	설 명
테이프 독해기	눈에 상당	
레지스터	일시적 기억부	한번 훑어보듯 일시적으로 기억하고, 필요에 따라 주제어 장치나 연산 장치에 신호를 보낸다.
주제어 회로	각 신경을 컨트롤하는 주신경이며 주기억부	각자의 인생관이나 언어 등과 같이 큰 것을 기억하고, 그 것을 바탕으로 각부의 신경에 행동 지령을 준다. 테이프 회전, 정지 지령도 여기서 나온다.
연산 제어 회로	각부의 행동 지령을 내는 부분(소뇌)과 그 행동 순서를 정하는 부분	행동의 득실과 실적 판단을 하여 가장 효과적으로 각부 (수족, 자세 태도, 목소리, 표정…등)를 작용시키도록 한다. 어디까지나 주제어 회로의 지령에 따라 작용한다.
조작반	눈 이외의 감각	눈, 귀와 같이 나쁜 벗의 선동이나 주위의 냄새 등의 자극을 받아들여 이것을 주제어부에 전하는 곳. 여기에서는 조작용 스위치 관계
펄스 모터 구동 회로	말단 중추신경	손, 발, 각부의 근육신경, 목소리의 신경 등의 각부를 실제로 움직이는 곳
전기-유압 펄스 모터	손, 발…etc	
유압원	심장, 간장	에너지(영양)를 보내는 곳
쿨러	땀샘 등	체온을 일정하게 유지하기 위한 것으로서 땀을 보내는 부분
전원	이온 발생 세포부 등	인체에는 각부에 이온화하는 세포가 있고, 이것에 이온을 발생하여 신호를 전하고 있다.

가 너무 높아져 펄스 지령대로 움직이지가 않습니다. 이상으로 고온용, 저온용 2개의 경보 장치가 필요합니다.

(4) 라인 필터……먼지가 들어가면 서보 밸브 등이 펄스대로 움직이지 않게 되므로 여과도 $10\mu m$ 이하의 필터를 고압 배관내에 넣어 전기-유압 펄스 모터에 먼지가 들어가는 것을 극력 적게 합니다.

(5) 배압……메이커 지정의 배압 이하로 하기 위해 복귀 배관은 조금 굵게 하여야 합니다. 배압이 높아진다는 것은 인간으로 말하면 고혈압증입니다. 유압도 마찬가지로 높은 배압은 때때로 유압 기기에 이상을 일으켜 뇌출혈

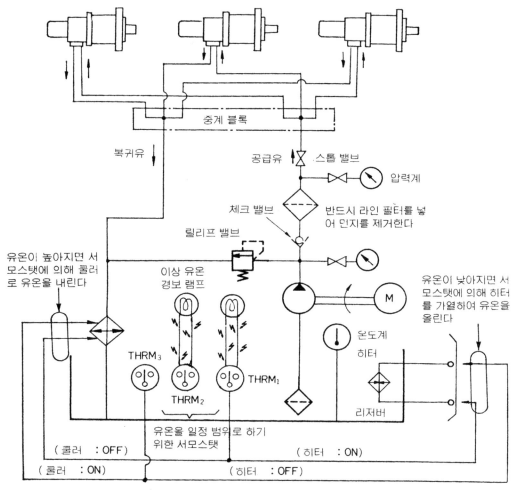

그림 15-22

에 상당하는 기계의 파손을 일으키게도 됩니다.

15·3·3 펄스 모터 이외의 디지털 제어

지금까지 설명해온 것은 전기─유압 펄스 모터를 사용한 디지털 제어에 대해서이고, 이 밖에 전기─유압 서보 모터를 사용해서 하는 디지털 제어도 있습니다. 그 예로서 **그림 15-23**의 전기─유압 서보 밸브 붙이 유압 모터를 사용하는 방법에 대하여 설명하겠습니다.

그림 15-23에서, 코일에 신호 전류가 흐르면, 노즐판은 예를 들면 빨간색 화살

표 방향으로 움직입니다. 그래서 a노즐실의 압력이 높아지고 b노즐은 저압이 되며, 이들과 연결된 c실의 압력이 높아지고 d실은 저압이 됩니다. 이와 같이 하여 서보 밸브의 스풀은 빨간색 화살표 방향(고압측에서 저압측 방향)으로 움직여, 그것에 의해 유압 모터를 회전시키게 됩니다. 또 신호 전류가 역방향으로 흐르면 노즐판도 밸브 스풀도 움직임이 역방향이 되고, 오일 모터도 역회전이 됩니다.

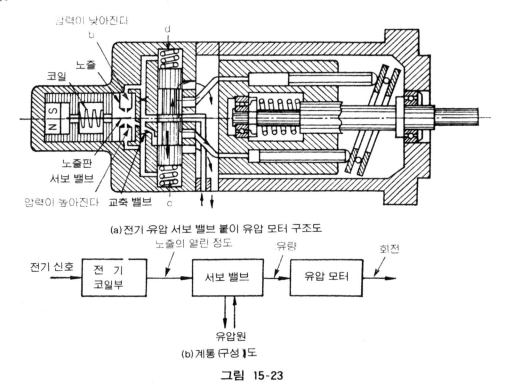

(a)전기 유압 서보 밸브 붙이 유압 모터 구조도

(b)계통 구성도

그림 15-23

여기서 전기-유압 펄스 모터(**그림 15-11**)와 전기-유압 서보 모터(**그림 15-23**)를 비교하면 **표 15-4**와 같이 됩니다. 이 표에서 감속 기어는 전기-유압 펄스 모터에 부착하지 않아도 움직이는 일에는 지장이 없을 정도이므로, 전기-유압 서보 모터에 없어도 지장이 없습니다.

너트, 스크루에 상당하는 피드백용 가합점이 없는 것은 큰 문제입니다. 이것이 없기 때문에, 예를 들면 전기 신호로 "유압 모터축을 1회전하라"는 명령 신호가 들어가도 유압 모터축이 몇회전하고 있는지 모릅니다. 전기 신호(명령 신호)

와는 관계 없이 유압 모터축이 마음대로 회전해 버립니다. 그래서 이것을 대신 하는 부분이 필요하게 됩니다.

표 15-4

전기-유압 펄스 모터	전기-유압 서보 모터	설　　　명
전기 펄스 모터	전기 코일부	전기 신호를 기계적 변위로 바꾸는 곳
감속 기어	해당 부분 없음	전기-유압 서보는 불필요
너트 스크루	해당 부분 없음	피드백용 가합점
서보 밸브(나사로 스풀이 움직인다)	서보 밸브(압력으로 스풀이 움직인다)	스풀을 나사로 움직이느냐, 파일럿 압력으로 움직이느냐의 차이뿐이고, 아주 비슷하다
유압 모터	유압 모터	양쪽 똑같다.

그림 15-24를 보십시오. 이 그림과 **그림 15-11**(c)를 비교하면, 너트 스크루에 상당하는 피드백용 가합점이 **그림 15-24**에서는 구동 유닛으로 되어 있는 것을 알 수 있습니다. 즉, 이 부분은 **그림 15-11**(c)에서의 펄스 모터 구동 유닛과 똑같은, 기억하든가 연산하든가 각 부의 제어 지령을 내든가 외에 가합(피드백)점의 작용도 합니다. 그리고, 얼마만큼 테이블이 이동했는가를 검출하는(조사하는) 것으로서 펄스 발생기가 새로 추가되어 있습니다. 테이블의 이동에 따라 이동량에 비례하여(예를 들면, 0.01mm 이동하면 1펄스 발생하도록 한다) 펄스를 발생하고, 이 피드백해 온 펄스수를 명령 펄스수에서 뺄셈하여, 그 차의 펄스수에 따른 양의 전류를 전기 신호로서 전기-유압 모터에 보내는 것입니다. 만일 명

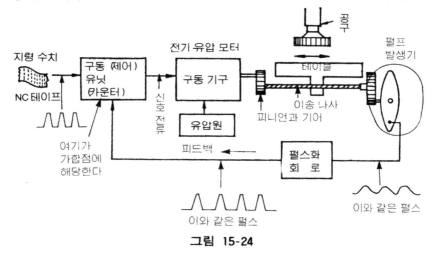

그림 15-24

령(지령) 펄스수가 10이고, 피드백 펄스수가 10이 되면, 테이블 이동은 정지하는 것입니다.

실제로는 이 밖에도 여러 가지 방식이 있지만, 여기서는 대표적인 예에 의해서 그 원리를 설명한 것입니다. 앞으로 이와 같은 기계는 점점 더 활용되어, 여러분 자신의 손으로 움직일 수 있도록 되겠지만, 이것들은 서보 기구를 이용하고 있고 그곳에도 유압이 크게 이용되고 있을 것입니다.

가까이의 것으로는 공작기계의 모방 장치, 주크 박스(Juke box)의 자동 연주부터, 댐의 발전기, 항공기나 배 등의 자동 조종이든가 화학공장(예를 들면, 석유화학)의 화학 반응 조절, 온도 압력 조절 등, 그리고 큰 것으로는 인공위성, 자동 미사일, 어뢰 조종 장치, 비행기 추적용 파라볼라 안테나 등 널리 이용되고 있습니다.

전기, 유압, 공기 등은 조합된 형태로 금후 점점 더 널리 이용되어 갈 것입니다.

16. 좋은 회로를 만들려면

　물체를 상하 좌우로 움직이는 데는, 회전시키는 데는, 등으로 물체를 움직이는 방법을 중심으로 여러가지 유압 회로를 연구해 왔는데, 이제는 여러분 자신이 유압 회로를 만드는 단계가 되었습니다.

　낭비가 없는 좋은 회로를 만들어 유압화 — 자동화라는 여러분의 과제를 훌륭히 다해 주십시오.

　기초편을 포함해서, 지금까지 설명해 온 것과 중복되는 점이 있으리라고는 생각되지만, 좋은 유압 회로를 만들기 위한 기본적인 사고 방식이나 주의 사항 등에 대하여 설명하기로 합니다.

16·1 유압 회로도의 맹점

회로 설계에 앞서서

─우선 단체품(單體品)을 잘 알 것─

좋은 유압 회로를 만들기 위해 유압 단체품을 마스터할 수 있도록 권장합니다.

그렇게 말하면 혹 노여움을 받을지 모릅니다. 펌프나 밸브 등에 대해서는 벌써 알고 있는 것이므로, 빨리 유압 회로의 조립법을 가르쳐 주기를 바라시겠지요.

여러분은 지금 유압화─자동화라는 과제에 매달려 있는 것이므로, 일각이라도 빨리 유압 회로를 짜서 실제로 일을 시켜 보고 싶은 것은 틀림없을 것입니다.

그러나 우선 지금부터 설명하는 것을 들어 주십시오. 좋은 유압 회로를 조립하기 위해서야말로, 단체품을 또 한번 다시 살펴 볼 필요가 있다는 것을 알게 될 것입니다.

16·1·1 단체품을 알고 있는가 아닌가에 따라서

기어, 베인, 피스톤 펌프, 릴리프 밸브, 리듀싱 밸브, 시퀀스 밸브, 플로 컨트롤 밸브, 솔레노이드 밸브 등은 유압 기기의 대표 선수입니다. 이들의 단체품에 대해서는 아무것도 보지 않고 줄줄 구조도를 그릴 수 있을 정도까지 될 필요가 있습니다. 이와 같은 대표 선수를 잘 알고 있으면, 새로운 것, 보다 복잡한 밸브가 나와도 곧 이해할 수 있게 됩니다.

그런데 JIS 기호는 회로를 이해하기 위해서는 정말 효과적인 수단으로, 이것 없이 회로의 검토를 능률적으로 하는 것은 우선 불가능합니다.

그러나 그만큼 복잡한 밸브류를 간단히 표현하는 것이므로 모든 것을 자세히 표시할 수 없는 것도 또한 당연한 것입니다. 그래서 기호만을 이해하고 유압 회로를 짜면 아무래도 이치에 맞지 않는 계산 차이가 나오게 되는 것입니다. 구체적인 예로 설명하기로 합니다.

제8장에서 설명한 바와 같이, 스풀형 전환 밸브의 내부 누설에 의해, 실린더의 자주(自走), 자중 낙하가 발생하는 것인데, 이것은 전환 밸브만의 일이 아닙니다. 예를 들면, 릴리프 밸브의 경우는 어떨까요?

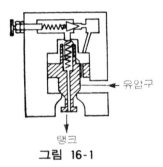

그림 16-1

가, 일정 용적의 액체 압력을 유지한다고 하는 회로에 사용하는 경우나 펌프 용

그림 16-1에서 알 수 있는 바와 같이, 밸런스 피스톤의 상부에서 탱크에 기름 누설이 생깁니다. 누설량으로서는 적은 것이지만, 스풀형 밸브와 똑같이 기름이 누설됩니다. 이와 같은 밸브를, 어큐뮬레이터로 기름을 축압하고 있는 회로라든

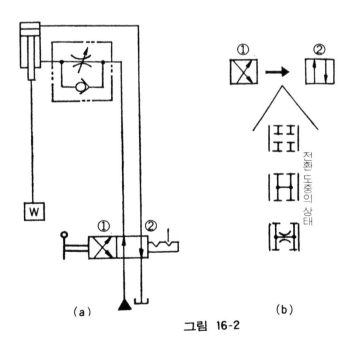

(a)   (b)

그림 16-2

량이 작은 경우는 누설에 의한 손실이나 압력 강하에 주의를 요합니다. 이러한 때는 기름 누설이 적은 시일부가 메탈 콘택트인 다이렉트형 쪽이 좋은 결과가 얻어집니다.

그림 16-2와 같은 2위치 전환 밸브의 경우, 실린더는 포지션 ①에서 하강, ②에서 상승하는 것인데, ①②의 전환 도중에 어떻게 되는가는 기호로서는 알 수가 없습니다.

수직형 실린더를 작동시킬 때 상하의 전환 때에 실린더가 일순간 내려가든가 또는 쇼크가 발생하든가 합니다. 전환 도중에는 그림(b) 중의 어느것인가의 상태로 되어 있을 것이지만, 이와 같은 과도적인 상태는 기호로는 표시되어 있지 않은 것을 생각해 두어야 합니다.

이러한 이유로 JIS기호와 단체품명을 연열하기만 해서는 마치 방바닥에서 수영 연습을 하는 것과 같은 것으로, 실제로 물에 뛰어들면 아무래도 다르다는 것이 유압에서도 일어납니다. 따라서, 회로를 잘 이해하는 것, 설계도를 그릴 수 있게 되는 것 등은 물론 필요하지만, 그것에 못지 않게 단체품을 잘 알아 두는 것이 중요하다는 것을 알아주기를 바랍니다.

우선, 유압의 대표선수에 대해서, 구조와 작동을 잘 파악하는 일입니다. 그것에 따라 유압 회로를 이해하는 속도가 훨씬 빨라지게 되고, 정비도 좋아지게 됩니다.

O링의 경도 표시

유압기계를 이용할 경우, 아무래도 피할 수 없는 것이 기름 누설입니다. 이 기름 누설을 방지하는 패킹에도 여러 가지로 연구되어 있지만, 그 중에서도 O링은 단면이 원형인 극히 간단한 고리 모양의 패킹으로, 널리 사용되고 있습니다.

그런데, KS B2805 O링에 따르면, O링에도 경도의 규정이 있어 Hs 70이든가 90으로 결정되어 있습니다.

일반적으로 기계적 성질에서 본 경도 표시의 Hs는 쇼어 경도를 말하고 있습니다. O링의 경도 표시도 Hs이므로, 이것을 쇼어 경도로 생각해 버리면 큰 잘못입니다. 덧붙여서 Hs 70을 쇼어 경도로 말하면, $H_RC52.3$, H_B505, H_V550 정도에 상당합니다($SKH9$에서 H_RC62 이상).

O링의 경도 표시는 Hs라고 해도 쇼어 경도가 아니고 스프링 경도입니다. 이것은 KS M6518 가황고무 물리 시험 방법에 규정되어 있습니다.

16·2 작동유를 알지 않고 회로는 짤 수 없다.

"유압의 상수"는 "기름 사용의 상수"이다

—액체의 성질을 잘 이해해 둘 것—

유압은 일반 기계와 같이 에너지 전달 매체로서 강철과 같은 고체를 사용하는 것이 아니고, 기름이라는 액체를 에너지 전달 매체로서 사용하는 것이므로, 사고 방식의 차원을 고체에서 액체로 바꿀 필요가 있습니다.

액체가 갖고 있는 특징을 살리고, 결점을 충분히 이해하고 유압 회로를 만듭시다. 이것이 유압이 우수하게 되는 제2의 포인트입니다.

16·2·1 유압은 밀기의 한 방법

유체에서 이해해야 할 제1의 문제는, 액체는 당기기에서는 사용할 수 없는, 즉 부압에 약하므로, "밀기의 한 방법"으로 사용해야 한다는 것입니다.

강철은 밀어도 당겨도 같은 강도를 나타냅니다. 그러나 액체는 밀폐한 용기 속에서 밀기에는 어느만큼이라도 견디지만, 당기기에는 정말 약하여, 곧 액체가 끊겨 공기를 분리해 버립니다. 게이지압으로 $-1kg/cm^2$가 완전 진공이므로, 당겨서 일을 시키는 등 당치도 않은 이야기입니다. 그림 16-3과 같은 공기가 있는 것에서는 도저히 잘 작동하지 못합니다. 장치는 큰 소리를 내고, 운동도 대단히

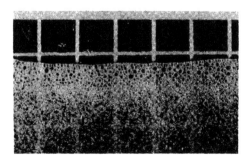

그림 16-3

불안정하게 됩니다. 공기의 발생이나 혼입은 절대로 피해야 합니다.

부압(負壓)으로 되는 곳을 유압 회로에서 보면, 탱크에서 펌프 입구까지의 흡입 라인이 있습니다. 유압 장치의 정비상에서도 일상의 관리를 요하는 중요한 점입니다. 항상 사용하는 펌프의 흡입압의 허용 한도 내(보통의 펌프에서는 펌프 흡입구에서 $-0.2\text{kg}/\text{cm}^2$ 이하)에 들어가도록 흡입 라인을 계획해야 합니다.

그런데, 유압 회로 가운데에서 부압으로 되는 곳은 흡입 라인만이라고 생각하면 큰 잘못입니다. 회로 설계가 나쁘면 +압력의 범위어야 할 곳에서도 부압을 발생하여 생각하지 않은 실패를 하는 일이 있습니다. 구체예를 들어 설명을 진행시켜 봅시다.

그림 16-4를 보십시오. W라는 물체를 ⒶⒷⒸ로 움직이기 위한 장치입니다. 이 때 W의 속도를 조정하기 위해 교축 밸브를 넣고, 펌프의 유량을 제어하여 속도를 조정합니다.

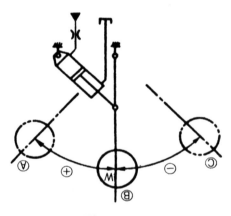

그림 16-4

Ⓐ-Ⓑ까지는 실린더의 부압이 ⊕, 즉 유압에 의해 밀어내는 방향에 하중이 걸리므로 문제가 없습니다. 그러나 Ⓑ-Ⓒ에 대해서는 실린더에 끄는 힘이 작용하고 실린더에 들어가는 유량을 아무리 교축해도 기름에는 끄는 힘이 걸려 기름이 끊어져 자유 낙하해 버립니다.

이와 같은 경우, 압력으로서는 고압인 것이지만, 회로설계에서 ⊖의 힘이 작용하고 있게 됩니다. 이와 같은 때에는 **그림 16-5**와 같이 실린더로서는 끌기가 걸려 있지만, ⊕의 압력으로 제어하도록 실린더에서 나오는 기름을 교축하여 속도 제어 해야 합니다. 교축을 OUT측에 붙임으로써, 이 트러블을 막고 있습니다.

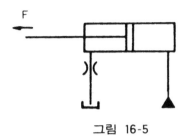

그림 16-5

이와 같이 유체는 부압에 약하므로, 유압 회로를 작성하는데 있어서 항상 "밀기의 한 방법"이 철칙인 것입니다.

16·2·2 기름 속에 먼지를 어디까지 허용할 수 있는가

강철과 같은 단단한 고체에는 아무리 먼지를 뿌려도 강철 속으로 먼지가 들어가는 일은 없습니다. 그러나 액체는 어떨까요? 먼지를 뿌리면 뿌리는 것만큼 흡입해 버립니다.

기름 속의 먼지를 완전히 제거하려 해도 할 수 없는 일이고, 경제적으로도 대단히 낭비하는 것입니다. 물론 대형의 먼지는 유압 기기의 작동을 틀어지게 하고, 펌프, 밸브의 손상의 큰 원인이 되므로, 칩, 모래 등은 말할 것도 없이 완전히 제거해야 합니다.

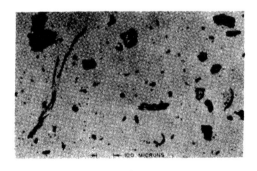

그림 16-6

그림 16-6은 기름의 확대 사진입니다. 얼핏 보아 깨끗한 기름이라도 이와 같습이다. 이것으로는 확실을 요구하는 장치에는 안심하고 사용할 수 없습니다.

유압 장치에 사용하는 가공 부품에 대해서는 절삭 가공할 때에 발생하는 칩이나 버의 완전 제거, 주조 부품에 대해서는 모래를 털고, 트리밍, 제관 부품에서는 용접 스패터의 제거를 충분히 할 필요가 있습니다. 또 장치 완성의 시점에서는 배관 전체의 플러싱 시공, 탱크 안위·청소 등 먼지에 대해서는 세심한 주의가 필요합니다.

기름의 청정도를 재는 방법으로서는

(1) 일정량의 기름 100ml 가운데 먼지의 크기와 수를 측정하는 입자 계산법

(2) 일정량의 기름 100ml 가운데 먼지의 중량을 측정하는 중량법

표 16-1   NAS 등급

1638 00	유 압 장 치	필 터	비 고
4			
5			
6	노미널 0.8μm 내지		
		앱설류트 3μm	↕ 클린 오일
7	↕ 전기-유압 서보 장치		↕ NC 작동유
8		노미널 10μm 내지	↕ 신규 구입 드럼통 들이
9	전기-유압	앱설류트 40μm	일반 작동유
10	펄스 모터		
11	↕ 일반 산업용 유압 장치		
12			

이 있고, NAS 규격으로서 기초편(표 7-4, 5)에서 설명한 바와 같이 기준이 결정되어 있습니다. 사용하는 장치에 대해서, 어디까지 허용할 수 있는가는 표 16-1이 하나의 기준으로 되어 있습니다. 필터의 선정에 있어서는, 그 보호하려고 하는 부분의 틈새를 조사하고, 그 틈새 주변 크기의 먼지를 제거할 수 있는 필터를 선정하여, 회로 중에 삽입하는 것이 중요합니다.

16·2·3   기름 누설은 기본적으로 피할 수 없다

액체를 사용하고 있는 이상, 크든 작든 기름 누설은 되는 것입니다. 유압 기기

표 16-2 각종 밸브의 누설

전환 밸브의 누설량
압력: 140kgf/cm² 점도: 21cSt ml/min

구 경	중립시 A B T 누설	전환시 T 누설 A 또는 B	중립시 A B T 누설	전환시 T 누설 A 또는 B	전환시 T 누설 A 또는 B	전환시 T 누설 A 또는 B
3/8	50	80	80	80	80	80
3/4	160	300	350	300	400	400
1 1/4	800	600	600	500	600	600

압력 제어 밸브의 내부 누설
점도: 21cSt

구 경	설정압의 80% 압력때의 내부누설량 (140kgf/cm²) (ml/min)	
3/8	200	밸런스 피스톤형
1 1/4	300	

유량 제어 밸브의 누설량
(교축을 전부 닫았을 때)

	구경	누설량(ml/min) 압력(70kgf/cm²)	
교축밸브	3/8	100	압력에 정비례
	3/4	150	
	1 1/4	250	
	2	500	
유량밸브조정	1/4	50	압력의 영향을 그다지 받지 않음
	3/8	100	
	3/4	150	
	1 1/4	200	

감압 밸브의 드레인량
(통과유량 0인 경우) 점도: 21cSt ml/min

구 경	1차압과 2차압과의 차압(kgf/cm²)		
	35	70	140
3/8	650	750	800
3/4	700	750	850
1 1/4	950	1000	1100

시퀀스 밸브 누설량
압력: 70kgf/cm² 점도: 21cSt

구 경	내부 누설 ml/min	드레인 ml/min
3/8	90	60
3/4	100	50
1 1/4	150	100

파일럿 체크 밸브 파일럿부 내부 누설량
ml/min 점도: 21cSt 파일럿 압력: 140kgf/cm²

구 경	파일럿 피스톤부	외부 드레인부
3/8	200	150
3/4	280	230
1 1/4	450	350

를 작동시키기 위한, 미끄럼 운동 부분과 몸체의 틈새에 의한 아무리 해도 피할 수 없는 누설, 시일의 불완전에 의해서 나오는 번짐 등이 있습니다.

16·1·1에서도 설명한 바와 같이, 유압 회로 기호에서는 당연히 멈추어 있었지만, 서서히 움직여 버린다는 것은 누설의 낭비입니다. 이 면에서도 유압 기기의 누설 특성을 파악해 두는 것이 필요합니다. 일반 시판의 밸브는 **표 16-2** 정도의 누설을 생각해 두는 편이 좋습니다.

16·2·4 압력 손실이 가져오는 나쁜 현상

유압 장치는 점성을 가진 기름을 사용하므로, 압력 손실이 크든 작든 반드시 발생합니다. 우선 문제가 되는 것은 동력 부족입니다. 계산상은 문제없이 움직이는 데 움직이지 않고, 가속이 대단히 나쁘고, 움직임이 부드럽게 되지 않는 경우입니다. 이들은 특히 배관이 긴 경우에 문제가 많아집니다.

압력 손실 계산에 있어서 30℃일 때 기름의 점도로 계산하고, 기온이 0℃ 이하에서 사용하여 트러블 발생이라는 웃지 못할 예도 있으므로, 계산에 있어서는 주위의 온도 조건도 생각하고 계산해야 합니다. 옥외의 배관에서, 기온의 높고 낮은 차가 큰 경우는 압력손실의 대소보다 점도 변화에 의한 속도의 변동이 커집니다. 그러므로 유량 제어 밸브 자체, 온도 보상 붙이의 것이 필요하지만, 그 이외에 파이프에 보온재를 시공하여, 파이프 자체를 보온함으로써, 온도 특성을

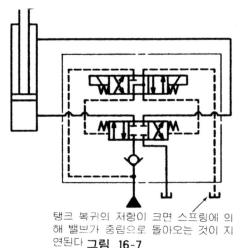

탱크 복귀의 저항이 크면 스프링에 의해 밸브가 중립으로 돌아오는 것이 지연된다 **그림 16-7**

향상시키는 경우도 있습니다.

둘째로 밸브의 작동 지연이 발생합니다. 기름의 주유로(主流路)는 압력 손실로서 나오지만, 여기서 문제가 되는 것은 밸브를 작동시키는 파일럿 라인과, 밸브의 작동상 기름을 배출해야 하는 드레인 라인의 손실입니다. 밸브 내부에 접속되어 있는 것은 좋은 것이지만, 외부에서 배관할 경우는 주의해야 합니다.

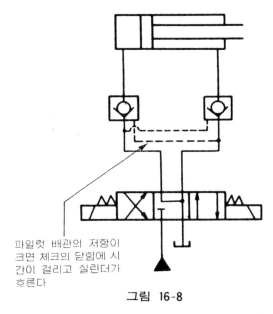

파일럿 배관의 저항이
크면 체크의 닫힘에 시
간이 걸리고 실린더가
흐른다

그림 16-8

그림 16-7에 전환 밸브의, 그림 16-8에 파일럿 체크 밸브의 예를 나타냅니다.

그림 16-9에 나타낸 바와 같은 실린더가 외부의 힘에 의해서 이상 압력이 발생할 우려가 있을 경우, 그것을 제거하기 위해 릴리프 밸브를 사용하고 있습니다. 그러나 배관 저항에 의해서 설정 이상의 압력으로 되는 수가 있습니다. 이상 압력 발생 방지의 통과 유량을 생각하고, 배관 구경을 생각해야 합니다.

그림 16-10은 어큐뮬레이터와 압력 스위치의 조합 회로입니다. 압력 스위치가 설정 압력으로 되면 펌프를 멈춘다는 회로이지만, 압력 스위치와 어큐뮬레이터 사이의 배관이 길면 기름이 흐르고 있는 동안은 압력 손실분만큼 어큐뮬레이터의 부분과 압력 스위치 사이에서 압력차가 생기게 됩니다. 압력이 상승하여 압력 스위치가 ON이 되어 펌프를 멈춥니다. 기름의 흐름이 없어져, 압력 스위치 부분의 압력이 어큐뮬레이터의 부분과 동일하게 되면(압력 스위치 부분의 압력

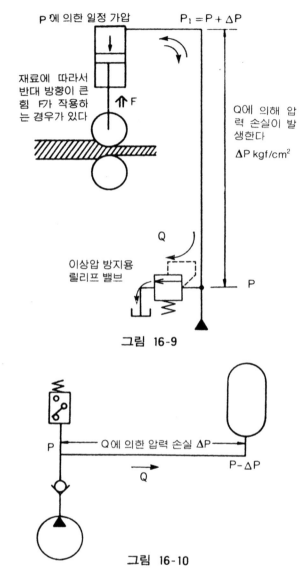

그림 16-9

그림 16-10

이 내려간다), 압력 스위치가 OFF로 되어 펌프가 도는 사이클을 반복합니다. 이것도 압력 손실의 허비입니다.

유압에는, 이와 같이 기름은 부압에 약하고, 기름 속의 먼지 관리, 기름 누설, 점성에 의한 압력 손실이 있는 등의 약점을 갖고 있습니다. 이와 같은 약점을 보완해야 비로소 유압의 특성을 살린 좋은 유압 장치가 되는 것입니다.

16·3 유압 회로의 설계

유압화를 위한 5단계

─회로 설계의 기본적인 사고 방식─

어떤 기계 장치를 유압화한다고 해도 결국은 그 장치에 기계적인 일을 시키는 것이 목적입니다. 따라서, 우선 일의 내용, 즉 힘의 3요소(크기, 빠르기, 방향)를 파악하여야 합니다. 그리고 나서 유압에 의해 기계적 일을 시키기 위해서는, 어떠한 회로를 짜 나갈 필요가 있는가 하는 식으로 생각을 진행해 가는 것입니다.

그러면 유압 회로의 설계는 어떻게 해 가면 좋으냐 하면, 다음의 5항목에 의해 정해가는 것이 됩니다.

① 사이클 선도를 준비한다.
② 스트로크에 대한 부하 변화를 구한다.
③ 필요 유량을 구한다.
④ 소요 동력을 결정한다.
⑤ 유압 회로를 작성한다.

그러면, 각각의 항목에 대하여 차례를 따라 설명하겠습니다.

16·3·1 사이클 선도를 준비한다

예를 들어 설명하겠습니다. 스트로크 500mm의 실린더를 10초에 움직이고, 그 상태로 20초 멈추어 두었다가 10초에 되돌립니다. 또 스트로크 350mm의 실린더를 앞의 실린더가 움직이기 시작하고 나서 5초 뒤에 움직여, 300mm의 급속 이송과 50mm의 지체 이송을 10초에 하여, 앞의 실린더가 복귀하고 나서 이 실린더를 10초에 되돌린다고 합시다.

이와 같은 기계적 동작을 시간(가로축)과 스트로크(세로축)에 의해 표시하면

그림 16-11과 같이 되는데, 이것을 사이클 선도(시간-스트로크)라고 합니다.

　이와 같이 기계적 동작을 그래프화하면, 기계 장치의 전체가 어떻게 움직여 가는가 하는 것이 일목요연하게 되는 것으로, 유압 회로 설계를 위한 첫째의 데이터로서 사이클 선도를 만듭니다.

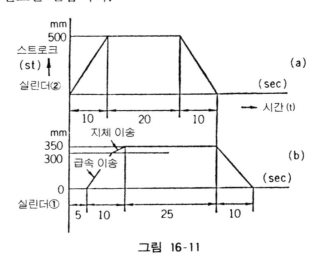

그림 16-11

16·3·2　스트로크에 대한 부하 변화를 구한다

　사이클 선도에 의해, 시간에 대하여 실린더가 어떻게 움직여 나가는가를 알았으나, 실린더에 대해서 어떠한 부하가 걸리는가는 모릅니다. 그래서 유압 회로 설계를 위한 둘째의 데이터로서 스트로크에 대한 실린더에의 부하가 걸리는 방법(하중 변화)를 구하게 됩니다.

(1) 부하의 변화와 유압 회로의 관계
　부하가 실린더의 운동 방향과 반대의 경우
　　실린더 로드 전진 때(압축응력을 받을 때)는, 부하는 (＋)
　　　　　　후퇴 때(인장응력을 받을 때)는, 부하는 (＋)
　부하가 실린더의 운동 방향과 같은 경우,
　　실린더 로드 전진 때(인장응력을 받을 때)는, 부하는 (－)
　　　　　　후퇴 때(압축응력을 받을 때)는, 부하는 (－)

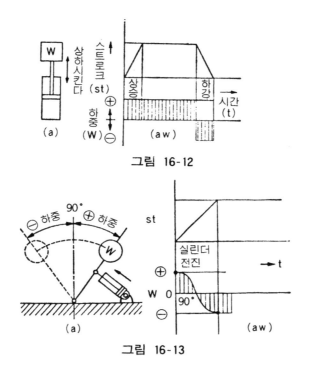

그림 16-12

그림 16-13

라는 것이 됩니다. 따라서 **그림 16-12**(a)와 같은 경우, 실린더 상승 때는 플러스의 부하, 하강 때는 마이너스의 부하가 걸리는 것입니다.

또, 그 하중 변화를 그림으로 표시한 것이 **그림 16-12**(aw)입니다.

이것에 대하여 **그림 16-13**(a)와 같은 것을 생각해 보면, 처음에는 플러스의 부하이지만 90°를 넘어서는 마이너스의 부하가 됩니다. 따라서, 이것은 **그림 16-13**(aw)와 같이 표시할 수가 있습니다.

이와 같이 부하의 변화를 알면, 그것에 따라 어떻게 유압 회로를 구성하면 좋은가를 정할 수가 있습니다.

그림 16-13을 **그림 16-14**(a)와 같은 미터인 회로에 의해 속도 조정하려고 하면 어떻게 될것인가. 부하가 플러스일 때는 좋지만, 마이너스로 되면 실린더에는 배압이 걸려 있지 않기 때문에, 액체의 부압에 약한 특성에서 부하의 끌기(마이너스 부하)에 의해 실린더가 자주(自走)합니다.

그래서 **그림 16-14**(b)와 같은 미터아웃 회로로 하면, 실린더의 뒤에서 기름을 교축하고 있기 때문에 실린더에는 배압이 걸리게 되어, 부하가 마이너스가 되어

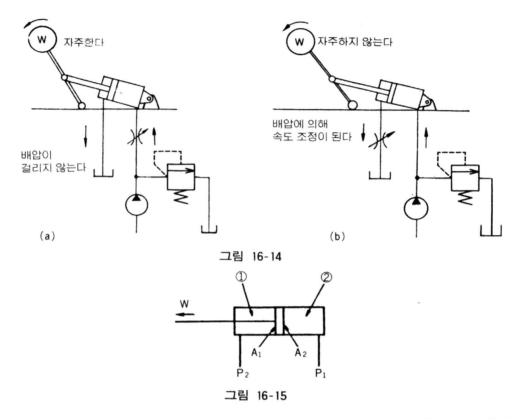

그림 16-14

그림 16-15

도 자주(自走)하지 않습니다. 유압은 항상 밀기의 한 방법으로 사용해야 합니다.

다시 이 회로를 깊이 파고들어 봅시다.

하중 W가 대단히 큰 경우는 어떻게 될까요. 그림 16-15에서, 실린더 로드측의 유효 면적을 A_1으로 하면, ①의 포트에는

$$P_2 = \frac{W}{A_1} \quad \cdots\cdots\cdots\cdots\cdots\cdots\cdots\cdots\cdots\cdots\cdots\cdots\cdots\cdots\cdots\cdots\cdots\cdots ①$$

의 압력이 발생합니다. 그것과 함께 실린더의 속도를 교축하는 것이므로, 펌프에서의 기름은 불필요한 양만큼 릴리프 밸브에서 빠져나가게 되어, 실린더의 헤드측 압력 P_1은 릴리프 밸브의 세트압으로 됩니다.

여기서, 실린더에는 인장력이 걸려 있는 것이므로, 이 릴리프 압력으로 일을 할 필요는 전혀 없고, 이 압력은 실린더의 면적비(A_2 / A_1)에 배가되어, ①부분의 압력이 증압되는 결과로 됩니다. 증압분 $P_2{}'$는

$$P_2'=P_1\times\frac{A_2}{A_1} \quad \cdots\cdots\cdots\cdots\cdots\cdots\cdots\cdots\cdots\cdots\cdots\cdots\cdots\cdots\cdots ②$$

로 됩니다.

식 ①, ②가 그림 ①의 부분에 발생하게 되어, 합계하면 압력 P는

$$P=P_2+P_2'=\frac{W}{A_1}+\left(P_1\times\frac{A_2}{A_1}\right) \quad \cdots\cdots\cdots\cdots\cdots\cdots\cdots ③$$

으로 됩니다.

실린더는 이 압력에 견디는 것이어야 합니다. 하중이 작고 실린더 면적비도 작은 것에서는 문제가 되지 않지만, 그렇지 않은 경우는 하중을 움직이는데 필요한 압력이 70kgf/cm²라도 실제로 발생하는 힘은 140~200kgf/cm²로 될 가능성이 있습니다. 이대로이면, 실린더를 필요 이상으로 강도를 올려야 하고, 원가도 올라갑니다. 무엇보다도 에너지적으로는 아주 무의미하여, 에너지 절약에 역행합니다.

어떻게 대책을 세우면 좋은 것일까요.

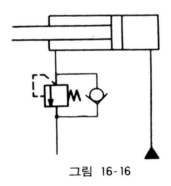

그림 16-16

우선, 부하가 마이너스로 되어도 실린더가 자주하지 않는 상태로 합니다. 즉, 부하에 의해서 발생하는 압력 이상으로 되지 않으면 기름을 통하지 않는 밸브 (카운터 밸런스 밸브)를 붙이면 좋은 것입니다(**그림 16-16**). 실린더는 자주하지 않고, 그 위치를 유지합니다. 단, 이것으로는 실린더의 속도를 조정할 수는 없습니다. 펌프에서의 유입하는 기름을 조정하기 위해서는 교축을 넣은 **그림 16-17**로 하면 좋게 됩니다. 이것으로, 교축이 **그림 16-14**(a)와 같아도 자주는 하지 않습니다. 또 실린더도 70kgf/cm²의 것으로 족하고, 원가면에서도 유효합니다.

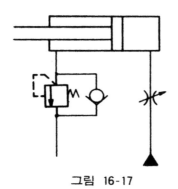

그림 16-17

유압 회로 작성에 있어서 부압으로 하지 않는 것은 철칙이지만, 정압력에서도 위의 예와 같이 회로에서 필요로 하는 압력 이상으로 압력을 올리지 말 것, 즉 "압력은 정압에서도 필요 이상 높게 하지 말 것" 이것이 경제적인 회로를 만드는 기본입니다.

(2) 압력을 구하는 방법

사이클 선도가 결정되고, 부하의 변화를 취함으로써 유압 회로의 기본 조건이 갖추어집니다. 부하를 안 것이므로, 다음에 실린더의 지름을 정하면 일을 위해 필요한 압력이 얻어지게 됩니다. 압력은 다음 식으로 구해집니다.

$$P = \frac{F}{A}$$

P: 압력 $[kgf/cm^2]$

F: 피스톤 로드에 걸리는 하중(부하) $[kgf]$

A: 피스톤 면적 $[cm^2]$

그러면, 일반적으로 어떠한 부하가 걸리는가를 생각해 봅시다. 물건을 처음 움직이게 할 때는 무겁고, 움직이기 시작하면 가벼워지는 것이 보통입니다. 즉, **그림 16-18**의 (a)와 같이 단시간 Δt 사이에 발생하는 압력 상승(브레이크 어웨이)에 의해 물체는 움직입니다. 그 사이의 현상은, 다시 그림 (b)와 같이 분해됩니다.

이 그림에서는 Δt를 다시 분해하여 대단히 짧은 시간 dt를 생각한 것인데, t가 $0<t<dt$의 사이는 실린더는 전회로의 정마찰(내외부 마찰을 포함)에 의한 마찰

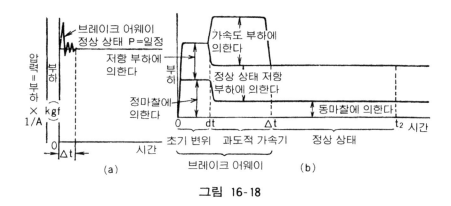

그림 16-18

부하 저항에 이길 필요가 있고, 이것에 작용하는 외부 부하에도 이겨야 합니다. 또 dt까지의 사이는 물체가 아직 움직이지 않으므로, 가속으로 필요한 힘을 생각할 필요는 없습니다.

dt＜t＜Δt의 사이에서 물체는 움직이기 시작하지만, 여기서는 부하에 다음 2개의 변화가 일어납니다.

① 가속하기 위해 필요한 힘이 있다.

$$F = m \cdot \alpha \qquad F = \frac{m}{t}(V_2 - V_1) \qquad m = \frac{W}{g}$$

…… 물체의 중량 [kgf]
…… 중력 가속도 [cm/sec²]

F: 가속에 요하는 힘[kgf]

t: 가속 시간 [sec]

m: 움직이는 물체의 질량 [kg·sec²/cm]

V_2: 정상 속도 [m/sec]

V_1: 처음 속도 [cm/sec]

α: 가속도 [cm/sec²]

② 정마찰에서 동마찰로 변해 간다.

정마찰은 동마찰보다 크므로, 브레이크 어웨이의 변화는 이것에 기인하는 것이라 생각됩니다. 보통의 사이클의 것에서는 회로 설계 때 가속에 요하는 시간을 그다지 문제로 하지 않습니다. 펌프 토출량에 여유를 갖게 하기 위해 가속력의 계산을 하지 않고 저항 부하를 움직이는 데에 필요한 압력을 설계 압력으로서 생각하는 것입니다. 그러나 고사이클의 것에 대해서는 가속 시간을 짧게 할 필요가 있으므로, 당연히 가속력을 생각해야 합니다. 이와 같이 브레이크 어웨이(초기 변위와 과도적 가속기)를 지나면 정상 상태에 달하고

$$V = \frac{Q}{A} \times 1000$$

V: 정상 속도 [cm/min]

Q: 펌프 토출량 [l/min]

A: 실린더 면적 [cm²]

이 됩니다. 이 V에 달하면 가속도는 0이 되고, 정상 상태의 부하는 동마찰과 외부 부하의 요소만이 됩니다.

그러면, 부하에 대한 압력을 어떻게 취하면 좋을 것인가? 다음에 고려해야 할 항목을 열거해 둡니다.

① 실린더의 스트로크와 부하에 의해 로드의 좌굴 강도에서 로드 지름이 정해지고, 로드 지름이 정해지면 실린더의 최소 지름이 결정되며, 이것에 의해 자연히 압력이 정해집니다(기초편 제5장 5·1·4 실린더 스트로크는 어디까지 취해지는가 참조).

② 쇼크에 대하여서는 저압 쪽이 쇼크 대책이 용이합니다. 또, 쇼크의 발생도 저압 쪽이 적게 됩니다.

③ 속도 조정에 있어서 유량이 20ml/min 이하로 되면 압력 보상 붙이 플로 컨트롤 밸브에서는 조정할 수가 없습니다. 또 저항에 대한 실린더 속도의 변동 성능을 생각하면 실린더 지름이 큰 쪽이 이론적으로 잘 됩니다. 이 2점에서 속도 제어에서는 저압 쪽이 유리합니다.

④ 보수·관리에 있어서 저압 쪽이 기름 누설이 적어 특수한 기술을 필요로 하지 않으므로 유리합니다.

⑤ 가격에 대해서는, 펌프, 밸브, 실린더 이외에 배관류, 액세서리 등 장치 전체에 대하여 검토할 필요가 있습니다. 소출력에서는 저압 쪽이 값이 쌉니다. 압력만을 보고 경제성을 생각하면 250kgf/cm² 정도가 경제 압력이며, 그 이상이 되면 소형으로는 되지만 값이 비싸지는 것입니다.

설계상의 주의점으로서, 저압(50kgf/cm² 이하)에서는 사용 압력이 낮기 때

문에 유체 저항에 의한 압력 손실이 전체에 차지하는 비율이 커집니다. 따라서, 복잡한 유로나 긴 배관을 할 경우는, 유체 저항의 개략을 계산하지 않으면 출력 부족이 될 우려가 있습니다.

펌프는 저압 때보다 고압 때 쪽이 일반적으로 효율이 좋게 되어 있습니다. 그리고, 카탈로그에는 고압 때의 효율만이 적혀 있는 것이 많기 때문에, 가끔 저압 회로의 경우 모터 마력이 부족한 일이 있습니다. 따라서, 모터의 선정에 있어서는 이 점을 검토할 필요가 있습니다.

고압 때에는 기름의 압축성이 문제가 되므로, 유압 회로에 감압 회로(압력빼기 회로)를 짤 필요가 있습니다. 또 급격한 압유의 개방은 피하여 쇼크를 방지하여야 합니다. 이것은 소출력일 때에는 그다지 문제가 되지 않지만, 출력이 큰 것에서는 큰 쇼크가 되어, 기계를 파손시키는 일도 있습니다. 또 배관할 때에 저압의 것과 혼용하여 트러블을 일으키는 일이 자주 있는 것입니다. 이음류나 시일재의 검토가 필요합니다.

일반적으로 공작기계에서는 $70\text{kgf}/\text{cm}^2$ 이하, 프레스, 인젝션 등의 힘을 주체로 하는 것에 대해서는 $140\sim250\text{kgf}/\text{cm}^2$가 사용됩니다.

16·3·3 필요 유량을 구하는 방법

그런데 **16·3·2**에 의해 실린더의 지름과 압력이 정해지고, **16·3·1**에 의해 실린더의 속도를 알았으므로, 필요량 Q는 다음 식으로 구할 수 있습니다.

$$Q = A \times V \times \frac{1}{1000}$$

Q: 유량 $[l/\text{min}]$

A: 실린더 면적 $[\text{cm}^2]$

V: 실린더 속도 $[\text{cm}/\text{min}]$

그림 16-19를 예를 들어, 필요 유량을 구하는 방법을 설명하겠습니다. 실린더 ①을 움직이는 데 필요한 유량은 사이클 선도(a)와 그의 하중 변화(aw)에서 (aQ)가 됩니다. 마찬가지로 실린더 ②를 움직이는 데 필요한 유량은 (b)와 (bw)에서 (bQ)가 됩니다. 따라서 실린더 ①과 ②를 움직이는 데 필요한 유량은

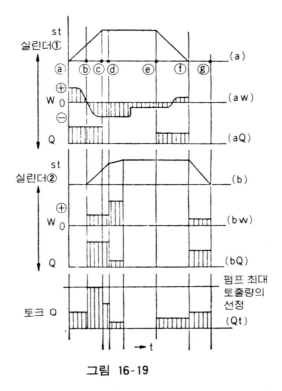

그림 16-19

(Qt)입니다. 그리고 (Qt)에서의 필요 최고 유량이 펌프의 필요 최대 토출량이 됩니다.

그런데, 낭비 없이 유압을 사용하기 때문에 일에 요하는 유량만큼 펌프에서 기름을 토출하면 좋은 것이므로, 필요 유량이 변화하는 경우는 가변 토출형 펌프를 사용하는 편이 좋은 것은 당연합니다. 저압용에는 베인형, 고압용에는 피스톤형이 있습니다. 또 구조가 간단하고 값이 싸다는 이유로 정토출형 펌프를 사용하는 경우는, 필요 이상의 기름을 내기 쉬우므로, 다음의 것을 다시 검토합니다.

예를 들면, 그림 16-19와 같은 사이클이 있는 경우, 펌프의 토출량이 많이 필요한 ⓑ, ⓒ 사이를 보면, 여기서는 실린더 ①과 실린더 ②의 움직임이 겹쳐 있습니다. 그래서 다음과 같은 것을 검토하고, 시간에 대한 토출량 변화의 정도를 가급적 차가 없도록 대책을 강구하는 것입니다.

(1) 실린더 ②의 스타트 위치를 ⓒ까지 가져올 수 없을까.

(2) 사이클의 관계로 아무래도 겹치지 않도록 비키어 놓을 수가 없는 경우는, 실린더 ①의 스피드를 더 올리고, 또한 실린더 ②의 급속 이송 스피드도 올려 겹치는 것을 피한다.

(3) 기름이 짧은 시간에 많이 드는 것을 어큐뮬레이터로 잘 처리되지는 않는가.

이와 같은 대책을 강구함으로써 효율이 좋은 유압 회로가 얻어지는 것입니다. 만일 아무리 해도 필요 유량에 차가 나올 경우는, 예를 들면 2대의 펌프를 준비하고, 적은 토출량으로 좋을 때는 1대의 펌프를 사용하며, 토출량을 많이 필요로 할 때는 2대의 펌프를 사용하는 방법을 생각합니다. 어쨌든 유압 회로 중에서 유량 제어 밸브로 교축하는 것을 가급적 적게 해 줍니다. 이와 같이 하여 펌프 토출량을 선정합니다.

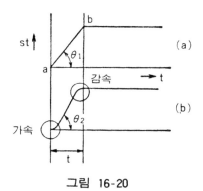

그림 16-20

고사이클의 것, 사이클 타임을 엄밀히 억제하여야 할 것에 대해서는, (Qt)에 대해 구한 토출량보다 펌프의 토출량을 올려야 합니다. 예를 들면, **그림 16-20**의 (a)에서는 a, b 모두 순간 가속, 순간 감속이 되고 있습니다. 그러나 실제 문제서 이런 일은 없습니다. 하중이 큰 것, 움직임이 빠른 것에서는, a에서의 가속 시간은 가벼운 것보다 시간이 필요하며, b에서의 감속에서도 어떤 시간을 취하지 않으면 쇼크의 원인이 됩니다.

그래서, 쇼크의 감소법으로서, a, b 부분을 부드럽게 해줄 필요가 있으며, 그림(b)와 같이, 가속, 감속을 매끈하게 해가야 합니다. 그 방법으로서는 다음의 2개가 있습니다.

① 유량으로 컨트롤하는 방법, 즉 ㉠ 전환 밸브를 천천히 움직여 준다, ㉡ 플로 컨트롤적인 전환 밸브로 한다, ㉢ 소용량의 플로 컨트롤을 주회로에 병렬로 붙이고, 전환 밸브에 의해 2단 변속으로 하는 방법 등.

② 압력의 급격한 변화를 없게 하도록 압력 제어 밸브의 압력을 컨트롤한다.

이상과 같이 합니다. 스무스한 움직임을 시키기 위한 감속, 가속 시간을 취하고, 또한 t를 같게 한다고 하면, 당연히 정상 속도(θ_1의 기울기)를 올려야 합니다 (θ_2의 기울기).

게다가, 각 밸브의 작동 지연을 생각해야 합니다. 따라서, 유량은 「가속·감속 시간＋각 밸브의 지연 시간」을 예상한 속도로 결정할 필요가 있는 것입니다.

16·3·4 소요 동력을 결정한다

(1) 모터 동력

모터의 필요 동력은 다음 식으로 구할 수 있습니다.

$$W = \frac{P \times Q \times 100}{450 \times \eta} \quad \text{(HP)}$$

$$= \frac{P \times Q \times 100}{612 \times \eta} \quad \text{(kW)}$$

Q: 펌프 토출량 $[l/\text{min}]$

P: 펌프 토출 압력 $[\text{kgf}/\text{cm}^2]$

η: 펌프 각 압력에서의 전효율 $[\%]$

이 식으로 전사이클에 대해서 각 사이클의 [W]를 구하고, 그 최대값이 필요한 동력입니다. 최대의 동력이 전사이클에서 보면 약간의 시간밖에 필요하지 않은 경우에는 모터 자체에 여유를 갖고 있으므로 순간 최고 출력보다 작은 용량의 모터로 공급할 수가 있습니다. 그 경우, 모터의 필요 동력은 다음의 제곱 평균의 식으로 구할 수 있습니다.

그러나 댐의 문 등과 같이 충분히 장치의 안전성을 볼 필요가 있는 것에 대해서는 순간이라도 최고 출력에 대응하는 출력의 모터를 부착하여야 합니다.

(2) 제곱 평균 동력의 결정

부하 변동이 규칙 바르게, 주기적으로 되풀이되는 경우에는 제곱 평균 동력 결정법이 사용됩니다. 이 방법을 사용하는 데는 물론 일주기 전체의 부하 상황을 알고 있어야 합니다.

일예를 들어 설명합니다. 8kW의 부하 4분, 6kW의 부하 50초, 9kW의 부하 3분, 정지 시간 합계 6분이며, 이것이 되풀이된다고 하면, 다음 식과 같이 됩니다.

$$제곱 \ 평균 \ 동력 = \sqrt{\frac{(8^2 \times 240) + (6^2 \times 50) + (9^2 \times 180)}{\left(240 + 50 + 180 + \dfrac{360}{3(냉각 \ 효과)}\right)}} = \sqrt{53.8} = 7.35 kW$$

따라서, 이 경우는 7.5kW의 모터로 좋습니다. 모터 정지 중의 시간은, 개방형에서는 1/3, 폐쇄형에서는 1/2, 전폐형에서는 1과 같이 냉각 효과를 고려합니다.

또 간헐 부하 가운데에 모터의 정지 토크 이상의 토크를 요구하는 것이 있으면, 비록 단시간이라도 모터는 정지해 버리므로, 피크 토크를 체크할 필요가 있습니다.

16·3·5 유압 회로의 작성

이상으로 유압 회로 작성을 위한 데이터는 전부 갖춘 것이 됩니다. 다음에 물체의 움직임에 있던 유압 회로를 만들어 봅시다.

시퀸스 작동을 시키기 위해 어떠한 방법을 취하면 좋은가에 대하여는 제5장이 참고가 됩니다. 또 물체를 움직이는 데는 여러 가지 방법이 있으나, 이 책에서는 상하 좌우로 움직이고, 회전시킨다…등으로 물체의 움직임을 주체로 하여 설명해 왔으므로, 참고로 해 주십시오.

여기서의 최후의 정리로서 좋은 유압 회로를 만들기 위해 체크해야 할 사항을 열거해 둡니다.

a. 목적에 맞는 회로인가 아닌가

어떤 기계 장치를 유압화한다고 해도, 결국은 그 장치에 기계적인 일을 시키는 것이 목적입니다. 여러분이 짠 회로가 주어진 일을 충분히 하도록 되어 있는가 아닌가를 검토해 주십시오.

b. 열발생을 더 적게 할 수가 없는가

열을 내는 것은 그만큼 회로의 어디에서 쓸데 없는 일을 하고 있기 때문입니다. 여러분이 짠 회로에서, 좀더 어딘가에서 낭비를 없앨 수는 없을까. 다시 한번 체크해 보십시오.

c. 좀더 단순하게 할 수는 없는가

여러분이 짠 회로 가운데에 「이것이 없어도 족하다」라는 부분이 포함되어 있지 않습니까. 아무리 완전한 것이라 생각해도 고장이 일어나는 요인을 가지고 있는 것입니다. 그리고 사용하는 유압 기기의 수가 적을수록 당연히 고장도 적고 값도 싸게 됩니다.

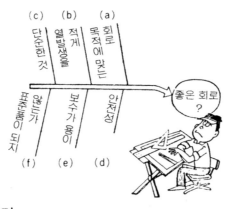

d. 안정성은 충분한가

만일 정전된 경우에도 안전한 방향으로 움직입니까. 오동작이 없도록 회로는 안전하게 짜 주십시오. 또 외력, 온도에 의해 비정상적인 압력을 발생하여, 기기를 파손하는 일이 없습니까. 안전성에 대해서는 이와 같은 점까지 체크해 주십시오.

e. 보수가 용이한가

고장났을 때에 교체, 일상의 보수·점검을 용이하게 할 수 있게 되어 있습니까. 고장이 나서 부품을 교체하는 것에 비하여, 미리 고장이 나지 않도록 보수하는 것이 얼마나 경제적이고, 고생이 적은가를 여러분은 충분히 알고 계실 것입니다.

f. 표준품으로 안될까

유압 기기는 매우 값이 비싼 것입니다. 특수품이면 납기가 걸리고, 가격이 높으며, 예비품이 없는 등 좋을 것이 없습니다. 가급적 표준품을 사용하십시오.

그 밖에 유압은 기름이라는 액체를 사용하는 것이므로 "항상 밀기의 한 방법"입니다. 부압으로 되지 않을까, 등 액체의 약점을 내지 않도록 약점을 커버하고 특징을 내도록 기름을 살려서 사용하십시오.

시퀀스 컨트롤러(시퀀서)

시퀀스 컨트롤러란, 릴레이, 타이머, 카운터, 무접점 릴레이 등 개개의 부품이 가진 기능을 반도체 로직에 의해 간결하게 통합하고, 배선을 프로그램으로 바꾸어 놓은 제어 박스입니다. 이것에 의해 ① 시퀀스 제어 회로의 배선이 불필요하게 된다, ② 보조 릴레이, 타이머, 카운터 등의 접점 출력이 몇번이라도 사용된다는 특징을 갖고 있습니다. 시퀀스 컨트롤러 출현의 동기는, 1968년에 GM사가 산업용 각종 제어 장치의 구비해야 할 조건을 구입 사양서에 명기한, 소위 GM사의 10개조의 헌법으로, 그 내용은 다음과 같은 것이었습니다.

(1) 새로운 컨트롤러는 쉽게 프로그램이 가능하고, 고쳐 쓰기도 쉽고, 조작 시퀀스를 간단히 현장에서도 변경할 수 있을 것.

(2) 새로운 컨트롤러는 보수가 쉽고 수리 가능일 것. 가능하면 완전한 플러그인식을 기본으로 할 것.

(3) 유닛은 공장 설비의 주위 환경 가운데서 릴레이 제어반보다 신뢰성이 높을 것.

(4) 바닥 설치 면적의 원가 절감을 위해 릴레이 제어반보다 부착 치수가 작을 것.

(5) 유닛은 중앙 데이터 수집 시스템에 출력 데이터를 보낼 수 있을 것.

(6) 유닛은 현재 실용되고 있는 릴레이식 및 반도체 제어반에 비해 가격이 맞을 것.

이상의 원칙적 항목에 보태어, 부대 조건은 다음 4항목입니다.

(1) 전입력은 115[V] 교류를 적용할 수 있을 것.

(2) 전입력은 115[V] 교류로 최저 2[A]의 통전 용량이고, 솔레노이드 밸브, 모터 시동기 및 그에 상당하는 것을 그대로 조작할 수 있을 것.

(3) 일반적으로 이 시스템을 큰 폭으로 변경하는 일 없이, 기본 유닛을 확장할 수 있을 것.

(4) 각 유닛은 최저 4K어까지 확장할 수 있는 프로그래머블한 메모리를 가질 것.

17. 잊어서는 안될 안전 대책

유압 시스템은 자동화, 생력화 요구의 확대에 따라서, 간결하고 더우기 힘이 있고 제어 정밀도가 좋기 때문에 각 분야의 기계 조작 기구나 동력 전달 수단으로서 사용되고 있습니다. 반면, 유압 시스템이 널리 활용되는 것은, 그만큼 유압 시스템의 이상이나 고장에 의한 안전성을 손상시킬 가능성이 있는 것을 의미하고 있다고도 할 수 있습니다. 따라서, 일어날 수 있는 모든 사고를 상정해 두어야 합니다. 어떤 경우에도 인체에 대해서는 최대한의 안전성을 확보하도록, 또 설비, 장치나 제품에 대해서는 최소한의 손상으로 방지하도록 안전성을 저해하는 요인을 밝혀 설계 단계에서 운전, 보수 관리에 이르기까지 안전성을 확보하는 데에 필요한 대책을 충분히 짜는 것이 중요합니다. 또 이것이 기본적인 해결책입니다. 그래서 여기서는 유압 시스템에 대해서 넓은 의미에서의 안전 대책을 검토하여 봅니다.

17·1 부하 특성에 의한 안전 대책

부하를 보고 밸브를 선정한다

─ 폭주를 시키지 않기 위하여 ─

유압의 부하는 실린더 또는 유압 모터에 의해서 구동되고, 상하 좌우 운동, 회전 등의 움직임을 하지만, 그 부하 특성은 천차만별로 수없이 많습니다. 부하의 제어 방법이 틀리면, 대단히 위험한 상태로 되는 일이 있습니다.

17·1·1 자주 방지에는 카운터 밸런스 밸브를

자중에 의해서 일어나는 자주는 위치 에너지에 의한 것으로, 이 에너지에 대항하는 힘으로 지지해 줌으로써 물체의 낙하를 방지하는 것입니다. 이 대항하는 힘을 발생시키는 것이 카운터 밸런스 밸브의 역할입니다. 이 카운터 밸런스 밸브 자체는 물론, 카운터 밸런스 회로가 양호하게 작동하지 않으면, 자주, 다시말해서 급속 낙하라는 위험한 상태로 됩니다.

카운터 밸런스 밸브에는 직접형(그림 17-1)과 밸런스 피스톤형(그림 17-2)이 있습니다.

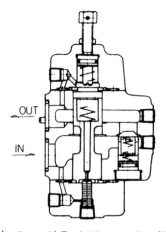

그림 17-1 카운터 밸런스 밸브(직접형)

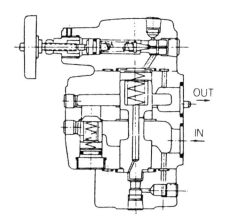

그림 17-2 카운터 밸런스 밸브
(밸런스 피스톤형)

그림 17-3과 같은 외부 방식 카운터 밸런스 밸브의 사용 방법은, 회로 효율이
좋으므로 흔히 사용되고 있습니다. 그러나 이 회로는 하강시에 회로 공진을 일
으키기 쉬운 결점이 있어, 이것을 방지하는 대책으로서 파일럿 라인에 오리피스
를 설치하는 방법이 사용됩니다.

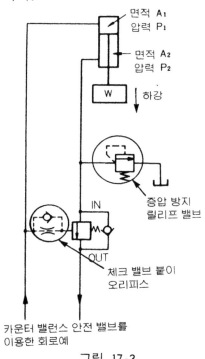

카운터 밸런스 안전 밸브를
이용한 회로예

그림 17-3

그런데, 오리피스를 설치함으로써, 이 회로는 안전성의 면에서 보면 나쁘게 되어 버립니다. 즉, 오리피스의 목적에서 생각하면, 오리피스는 대단히 작은 구멍이 되므로, 이것에 기름 속의 먼지가 막힌 경우에는 파일럿 라인이 막힌 상태로 됩니다. 그 결과 카운터 밸런스 밸브의 IN에서 OUT으로의 흐름이 없어져, 실린더의 로드측은 증압되어 대단히 위험한 상태로 됩니다.

이 때의 증압 압력은 다음식에서 산출합니다.

$$P_2 = \frac{W}{A_2} + \frac{A_1}{A_2} P_1$$

P_2: 로드측 압력 $[\text{kgf}/\text{cm}^2]$

A_2: 로드측 면적 $[\text{cm}^2]$

P_1: 헤드측 압력 $[\text{kgf}/\text{cm}^2]$

W: 실린더에 걸리는 부하 $[\text{kgf}]$

A_1: 실린더 헤드측 면적 $[\text{cm}^2]$

이 증압 현상을 방지하는 방법으로서, 릴리프 밸브를 설치함으로써 안전을 확보할 수가 있습니다. 여기서 사용하는 릴리프 밸브는 응답성이 빠르고, 내부 누설이 작은 직접형의 것이 적합합니다.

또 오리피스가 막혀, 릴리프 밸브에서 압유가 바이패스하도록 되면 회로 효율이 나빠져, 탱크 안의 유온이 이상 고온이 되는 수가 있습니다. 이 때는 오리피스 부분의 먼지를 제거하고, 카운터 밸런스 밸브가 정상으로 작용하도록 해주어야 합니다.

17·1·2 관성을 없애는 데에는 브레이크 밸브가 필요

물체를 움직이게 하는 것이므로 뉴톤의 제2법칙으로부터 설명할 수 있도록 작동 물체의 질량에 가속도를 건, 소위 관성 부하(가속도 부하)가 작용합니다. 이 가속도 부하에 대하여, 멈출 때에는 마이너스의 관성 부하(감속 부하)로 됩니다. 생각해야 할 것은 이 감속 부하입니다.

감속 부하가 클 때는 물론, 작을 때에도 쇼크가 발생하고, 액추에이터, 기기, 배관 등에 나쁜 영향을 주고, 때로는 파손 사고로도 되므로 대단히 위험한 요소를 가지고 있습니다.

그림 **17-4**는 플라이휠을 오일 모터로 회전시키고, 멈출 때의 감속 부하를 릴리프 밸브로 브레이크를 걸어 멈추는 회로입니다.

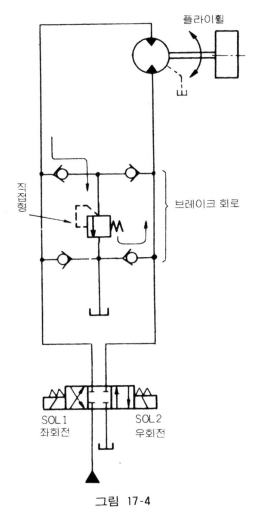

그림 17-4

예를 들면, SOL①을 ON으로 하며 오일 모터로 플라이휠을 좌회전시키고 있을 때, 정지 지령에 의해서 SOL①을 OFF로 하여도 플라이휠이 갖고 있는 관성으로 오일 모터가 회전되려고 합니다. 오일 모터가 회전됨으로써 오일 모터에서의 복귀유도 되돌아가게 합니다. 이 복귀유는 릴리프 밸브에서 저항(배압)을 받으면서 탱크로 되돌려집니다. 이 복귀유는 릴리프 밸브로 저항(배압)을 받으면서 탱크로 돌아갑니다. 이 릴리프 밸브가 브레이크 밸브이고, 글자대로 안전 밸브의 작용을 하는 것입니다.

이 릴리프 밸브는 응답성이 빠르고 구조가 간단하기 때문에 고장이 적은 직접형이 적합합니다. 릴리프 밸브의 설정 압력은 펌프의 설정 압력보다 높고, 오일 모터 등의 허용 최고 압력보다 낮은 압력 범위로 설정하도록 하여야 합니다.

17·1·3 고무 호스가 파손되어도 안전을 유지하는 긴급 차단 밸브

장치의 구조상, 아무래도 고무 호스가 필요한 경우가 있습니다. 이 고무 호스가 파손되었을 때에 안전을 유지하기 위해 필요한 것이 긴급 차단 밸브입니다. 긴급 차단 밸브(그림 17-5)는 그의 목적에서 확실히 작동함과 동시에 응답성이 빨라야 합니다.

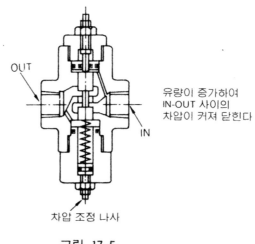

그림 17-5

그림 17-6은 긴급 차단 밸브를 리프터 장치에 사용한 회로예입니다. 이 긴급 차단 밸브는 일반적으로 실린더에 직접 혹은 실린더에 가까운 위치에 설치하고, 정상시는 회로가 열려 있습니다.

긴급 차단 밸브의 OUT쪽 배관 또는 고무 호스가 앞에서 설명한 증압 혹은 외력 등의 원인으로 파손되어 대기압으로 되면 하중 W에 대한 속도 규제(카운터 작용)가 없어집니다. 그러면 실린더는 점점 가속하면서 낙하합니다.

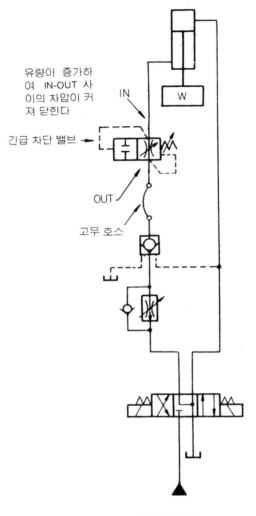

유량이 증가하
여 IN-OUT 사
이의 차압이 커
져 닫힌다

IN

긴급 차단 밸브 →

OUT

고무 호스

W

그림 17-6

실린더의 속도가 빨라질수록 긴급 차단 밸브를 통과하는 유량이 증가합니다.
그 결과, 긴급 차단 밸브의 IN과 OUT의 차압이 커집니다. 긴급 차단 밸브는 그
차압이 설정값보다 커졌을 때, 회로를 자동적으로 닫아 실린더의 작동을 신속히
멈추는 것입니다. 즉, 고무 호스 등의 파손이라는 1차적 사고가 발생했을 때, 실
린더가 폭주하여 설비나 제품의 파손, 및 작동유의 대량 유실이라는 2차, 3차적
인 사고를 최소한으로 막기 위한 것입니다.

그러나 여기서 주의해야 할 것이 있습니다.

그것은 차단 밸브가 회로를 차단한 순간에 발생하는 서지 압력과 관성 부하입니다. 이 서지 압력과 관성 부하로 기계나 실린더 등이 파손해서는 본래의 목적을 달성할 수가 없게 됩니다.

이 회로를 계획하는 시점에서, 예상되는 서지 압력과 관성 부하를 산출하고, 이것에 견딜 수 있는 제품을 선정해야 합니다.

작동유의 종류와 그 특징

작동유의 대표예를 들면 아래 표와 같이 됩니다. 각각의 작동유에 대해 간단히 그 특징을 설명합니다. 작동유 선정시의 하나의 기준으로 해주십시오.

기름의 종류	이 점	결 점	추천 패킹 재질	탱크 안의 추천 도장
첨가 터빈유	물 분리성, 항유화성 좋음. 수명이 길다.	유동점 높고, 저온에서 사용할 수 없다.	부나N(니트릴) 불소 실리콘 우레탄 불화실리콘	우레탄 에폭시 또는 페놀계
유압 전용 작동유	유압 특유의 가혹한 사용이 가능. 방청, 산화 안정성이 좋다.	고온 60℃ 이상에서는 열화가 빠르다.		
내마모성 작동유	고압, 고온에서도 산화하기 어렵고, 내마모, 내눌어붙음에 강함	항유화성, 방청성, 물 분리성은 약간 나쁘다.		
고 VI 작동유	NC, 머신유로, 온도 변화에 대해 점도 변화가 작다.	전단 안정성 나쁘고, 점도 저하가 발생하기 쉽고, 비싼 가격	불소, 부나N(니트릴), 우레탄불화실리콘	에폭시
인산에스테르계 작동유	윤활성, 극압성이 좋고 140kgf/cm² 이하에서 유압 전용 작동유와 동등 수명	수분 혼입에 의해, 가수분해 되는 일이 있고, 가격이 비싸다.	불소, 부틸 고무, 에틸렌프로필렌 고무	적성 도료 없음
물+글라이콜 작동유	유동점은 낮고 W/O형에 비해 윤활성, 내마모성 좋다.	수분을 분리하기 쉽고, 점도가 올라가기 쉽다. 광유계 작동유가 혼입하면 이물질을 생성하기 쉽다.	부나N(니트릴) 불소실리콘 실리콘 고무 이소플렌 고무 불소 고무 부틸 고무	
유중 수적형 작동유 (W/O 에멀전)	고VI, 싼 가격	에로전이 발생하기 쉽고, 윤활성, 안정성, 내마모성이 나쁘다. 기름의 관리가 귀찮다.	부나N(니트릴) 불소 고무 실리콘 고무 불화실리콘 고무	
수중 유적형 작동유 (W/O 에멀전)	낮은 비용	물과 동질, 유압기기에 적합하지 않다		
HWBF(고함수기 작동유)	낮은 비용, 보수가 비교적 간단	캐비테이션을 일으키기 쉽다. 에로전을 발생하기 쉽고, 윤활성, 안정성, 내마모성이 나쁘다.		

17·2 기종상(용도상)의 안전 대책

기계의 안전도를 충분히 파악한다

—적정한 기기의 선정—

많은 유압 기기가 시판되고, 게다가 똑같은 종류의 기기가 다수 있습니다. 또 많은 유압 시스템이 사용되고 있지만, 비록 똑같은 기기나 시스템에서도 사용 목적에 따라서 선정이 잘못되면 아주 대수롭지 않은 차이로 위험한 상태로 되는 수가 있습니다.

17·2·1 디텐트형의 선정

그림 17-7은 드릴링 머신용 회로로, 클램프용 전자 밸브에 스프링 오프셋형을

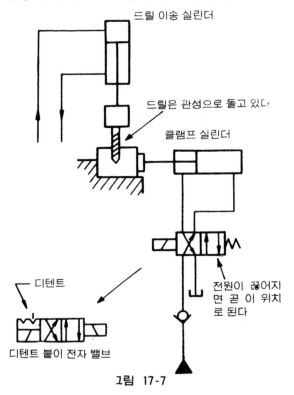

드릴 이송 실린더

드릴은 관성으로 돌고 있다

클램프 실린더

전원이 끊어지면 끝 이 위치로 된다

디텐트

디텐트 붙이 전자 밸브

그림 17-7

사용한 나쁜 예입니다. 이 그림은 절삭 중의 상태를 나타내고 있지만, 이 시점에서 정전했다고 생각해 봅시다.

드릴 회전용 모터, 유압 펌프용 모터는 정전하여도 관성이 있으므로 곧 멈추지 않습니다. 그것에 대하여 클램프용 전자 밸브는 스프링 오프셋형을 사용하고 있으므로, 곧 느슨하게 되어 버립니다. 그 결과 공작물은 드릴에 휘둘려져, 드릴이 부러지면 공작물은 작업자 쪽으로 날아올지도 모릅니다. 이것은 대단히 위험합니다.

또 이 반대의 사용 방법, 즉 스프링 오프셋으로 클램프하는 회로를 구성한 경우는, 확실히 정전 등에 의한 클램프의 헐거움이라는 위험은 없어지지만, 이번에는 공작물을 손으로 세트하고 있을 때에 정전하면, 손을 사이에 끼워 버립니다. 이것도 대단히 위험합니다.

이와 같은 클램프 회로에는 정전했다고 하는 것만으로 사고를 일으키는 형의 전자 밸브의 사용은 절대로 피해야 합니다. 클램프용 전자 밸브에는 **그림 17-7**의 왼쪽 아래에 나타낸 정전 등으로 전원이 끊어져도 그 위치를 자기 유지하는 디텐트 붙이 2포지션 타입을 사용하는 것으로 안전을 확보할 수 있습니다. 또 이 형의 전자 밸브는 디텐트 기구가 붙어 있으므로, 연속 통전을 할 필요가 없기 때문에 에너지 절약에도 한몫하게 됩니다.

17·2·2 오일 모터의 선정

그림 17-8과 9를 비교해 보십시오. 양쪽 모두 피스톤 타입의 오일 모터입니다. 내부 구조도 여러가지 차이가 있지만, 여기서 설명하려고 하는 기본적인 차이는, **그림 17-8**은 피스톤의 한끝이 샤프트에 대하여 구면 조인트로 접속되어 있지만, **그림 17-9**는 베어링의 내륜에 대하여 접촉하고 있을 뿐이고, 접속되어 있지 않은 것입니다.

그림 17-10을 보십시오. 오일 모터를 사용한 윈치의 회로로, 무거운 물건의 감아올리기, 감아내리기를 하려고 하는 것입니다.

지금 여기서 **그림 17-9**의 오일 모터를 사용하여 무거운 물건을 감아올린 상태에서 멈추고 있을 때를 생각해 봅니다. 그리고 다시 한번 **그림 17-9**를 잘 보십시

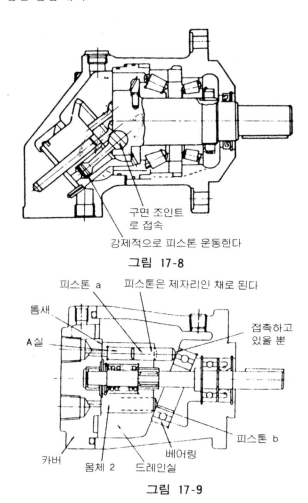

구면 조인트
로 접속

강제적으로 피스톤 운동한다

그림 17-8

피스톤 a   피스톤은 제자리인 채로 된다

틈새

접촉하고
있을 뿐

A실

피스톤 b

카버   몸체 2   드레인실   베어링

그림 17-9

오. 무거운 물건을 감아올린 상태라고 하면, 피스톤 a의 A실에 감아올린 부하에
상당하는 압력이 발생하고 있습니다.

이 A실에서 압유가 어디로도 빠져나가지 않으면, 이 위치를 유지하므로 문제
가 없지만, 유감스러우나 피스톤과 몸체 2의 사이, 게다가 몸체 2와 카버 사이에
틈새가 있으므로, 이 틈새를 압유가 빠져나가 드레인실로 도피합니다. A실에서
압유가 도피하면 A실의 용적이 감소하고, 그것에 상당하는 만큼 샤프트가 감아
올리기 부하에 져서 회전합니다(중량물은 하강). 그리고 이 피스톤은 b의 피스
톤과 같은 위치로 됩니다.

한편, 최초 b의 위치에 있던 피스톤이 180° 회전한 시점에서 B실에 기름이 가

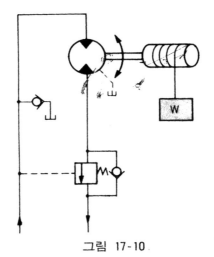

그림 17-10

득차 피스톤 b의 한끝이 베어링에 접촉한 위치로 되어 있으면 좋은 것이지만, 그 보증은 펌프의 구조로 하여도 회로상에 있어서도 없습니다. 그 때문에 피스톤의 위치는 피스톤 b와 같은 위치, 즉 모든 피스톤은 몸체 2의 속에 들어간 상태로 되어, 이 오일 모터는 그 기능을 완전히 잃고 샤프트는 공회전 상태로 되어 중량물은 급속 낙하하는 위험한 상태로 되어 버립니다.

그것에 대해 **그림 17-8**은 피스톤과 샤프트가 접속되어 있으므로 회로의 체크 밸브에서 기름을 흡입합니다. 다시 말해서 펌프 작용을 할 수 있게 됩니다. 그러므로 **그림 17-8**의 A실에서 드레인실에 압유가 도피하는 유량에 대응하여, 느린 속도로 중량물이 낙하하게 됩니다.

그림 17-9의 오일 모터를, 나쁜 사용예로 설명을 진행해 왔지만, 시장에는 이 밖에도 펌프 작용을 하지 않는 오일 모터가 있습니다. 그러므로 이와 같은 사용 방법을 쓰는 경우의 오일 모터의 선정에는 내부 구조를 충분히 이해하고 나서 결정할 필요가 있습니다.

펌프 작용을 하지 않는 오일 모터는 그 특징을 살린 그 나름의 사용 방법이 있는 것입니다. 이와 같은 구조의 오일 모터는 내면 연삭기의 공작물 회전용이나 소형 컨베어 등과 같이 회전을 중요시하는 경우에 적합하다고 할 수 있을 것입니다.

참고로 **그림 17-8** 타입의 오일 모터를 사용하여도, 느린 속도라고는 해도 낙

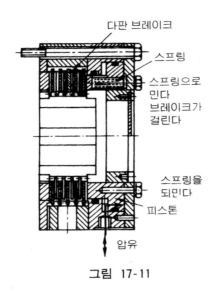

다판 브레이크

스프링

스프링으로
민다
브레이크가
걸린다

스프링을
되민다

피스톤

압유

그림 17-11

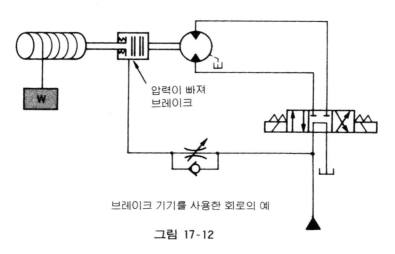

압력이 빠져
브레이크

브레이크 기기를 사용한 회로의 예

그림 17-12

하하는 것에 변함이 없습니다. 그 대책으로서 **그림 17-11**의 브레이크 기구를 기계에 설치하고, **그림 17-12**의 회로와 같이 전자 밸브가 중립일 때, 다시말해서 오일 모터가 작동하지 않을 때는 브레이크를 작용시켜 중량물의 낙하를 방지할 수 있습니다.

17·2·3 어큐뮬레이터 회로의 안전성

자원 절약, 에너지 절약 대책의 하나로서 유압 장치의 전동기 용량, 탱크 용량을 작게 하는 등의 목적으로 어큐뮬레이터를 흔히 사용합니다.

그림 **17-13**은 로직 밸브와 포핏 타입 전자 밸브로 회로 구성한 긴급 차단 회로와 긴급 방출 회로입니다.

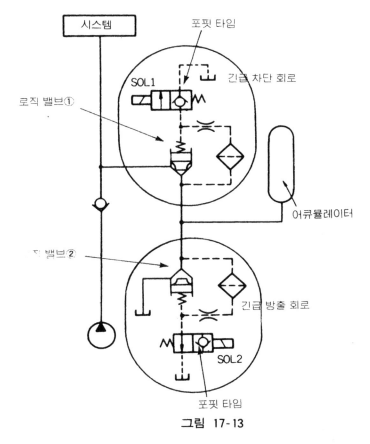

그림 17-13

긴급 차단 회로는 운전 중에는 SOL①을 항상 ON시키고 있으면 로직 밸브 ①의 파일럿 압력은 탱크 포트로 개방됩니다. 그 때문에 로직 밸브는 스프링 힘에 의한 크래킹 압력의 저항뿐이고, 어큐뮬레이터와 시스템과 회로가 연결되어 있습니다.

정전일 때 또는 비상정지 때에는 SOL①이 OFF로 되므로, 로직 밸브의 파일럿 라인에 어큐뮬레이터의 압유가 인도되어, 로직 밸브는 닫힌 상태로 되어, 어큐뮬레이터의 압유가 시스템에 흐르는 것을 차단하여, 액추에이터의 오동작에 의한 설비, 제품의 파손을 최소한으로 억제합니다.

긴급 방출 회로는 운전 중에는 SOL②를 항상 ON시키고 있으면, 로직 밸브 ②에 파일럿 압력이 들어가, 로직 밸브는 닫힌 상태입니다. 정전시 또는 비상 정지시에는 SOL②가 OFF로 되어 로직 밸브의 파일럿 라인은 드레인 포트에 개방되어, 로직 밸브가 열려 어큐뮬레이터의 압유는 대기 압력으로 됩니다. 긴급 차단 회로와 병용하면 안전성이 한층 향상합니다.

또 여기서 중요한 것은, 이 회로의 신뢰성은 긴급 차단, 긴급 방출 회로를 구성하는 밸브의 종류에 따라서 전혀 틀리는 것입니다.

예를 들면, 로직 밸브를 파일럿 체크 밸브로, 포핏 타입 전자 밸브를 스풀 타입 전자 밸브로 바꾸어 놓고 생각해 보면, 회로 기호적으로는 일견 문제가 되는 요소는 없는 것처럼 보입니다. 그러나, 연속 가동 중에 돌연 이 회로의 지령이 나왔을 때에 생각대로의 작동을 한다고는 할 수 없습니다. 다시 말하면, 연속 가동 중은 이 회로용 전자 밸브는 ON의 시간이 오래 계속합니다. 이 긴 시간 중에 전자 밸브가 작동 불량을 일으킬 가능성이 있는 것입니다. 그것은 기름 속에 함유되어 있는 $3 \sim 10 \mu\mathrm{m}$ 정도의 오염 물질이 스풀 밸브와 밸브 몸체의 틈새에 들어가 스풀을 고착시켜 전자 밸브가 전환되지 않게 되는 것입니다. 이것에서는 긴급 차단, 긴급 방출 회로를 설치하면서 큰 사고를 일으킬 가능성이 있습니다.

17·2·4 소모가 심한 곳에 예비 회로

유압 시스템의 부품에 고장이 발생한 경우, 꼭 연속 운전을 해야 하는 용도일 때는 곧 예비 회로로 전환하여 정상 운전 또는 그것에 가까운 상태를 확보할 수 있는 예비 회로를 짜넣어 둘 필요가 있습니다.

유압 시스템 중에서는 제일 소모가 심한 펌프에 중점을 두고 대책을 세웁니다. 예를 들면, 펌프 토출량으로서 $100l$/min 필요한 경우, $100l$/min 토출할 수 있는 펌프를 2대 설치하는 방법과, **그림 17-14**와 같이 $50l$/min 토출하는 펌프를 3대 설치하여, 1대를 예비로 하는 방법이 있습니다.

3대 사용 방법이면, 비록 2대의 펌프가 동시에 고장나도, 저속이지만 1대의 펌프로 운전을 계속할 수 있습니다. 제철 기계, 선박 기계 등의 유압 시스템에 자주 사용되는 회로예입니다.

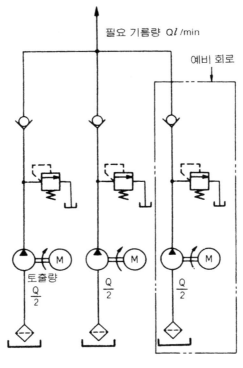

필요 기름량 Q ℓ/min

예비 회로

토출량 $\frac{Q}{2}$

$\frac{Q}{2}$

$\frac{Q}{2}$

그림 17-14

이래서 펌프가 고장나도 운전의 중단이 짧고, 예비 펌프도 포함한 교대 운전도 할 수 있도록 되어, 안전률이 높은 회로예로 됩니다.

17·3   잘못 조작에의 안전 대책

잘못 조작하여도 안전하게

기계를 취급하는 작업자가 작업 순서를 잘못했을 뿐으로, 작업자가 위험한 상태로 되어서는 안됩니다.

다시 말하면, 사람과 기계와의 접점에 위험한 요소가 없는가를 확인할 필요가 있는 것입니다.

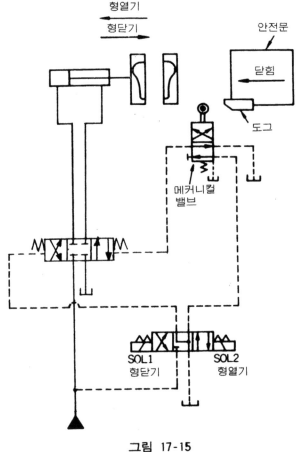

그림 17-15

17·3·1 순서를 틀려도 안전

그림 17-15는 성형기의 형닫기 회로의 일례입니다.

그림과 같이 안전문에 부착해 있는 도그는 메커니컬 밸브를 전환하여 방향 제어 밸브의 파일럿 라인을 제어하고 있습니다. 형닫기 SOL 1의 지령을 주어도 안전문이 열려 메커니컬 밸브가 전환되어 있지 않으므로 형닫기가 되지 않습니다. 형열기 SOL 2의 지령을 주었을 때는 안전문의 개폐에 관계없이 형열기를 합니다.

다시 말하면, 형닫기 때는 작업 순서를 틀리면 손을 끼울 위험이 있고, 형열기는 그 걱정이 없으므로 안전문의 열기는 형열기와 같은 타이밍으로도 좋은 것입니다.

이렇게 해서 안전을 확보하면서 생산성을 높일 수 있습니다.

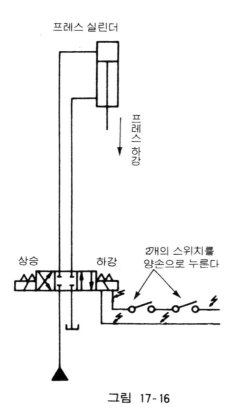

그림 17-16

17·3·2 한손 조작으로는 움직이지 않는다

그림 17-16은 프레스 기계의 회로입니다. 이 회로에서는 2개의 누름 버튼 스위치가 있고, 그 양쪽을 동시에 누르지 않으면, 다시 말해서 양쪽 손을 사용하지 않으면 프레스 실린더의 하강은 되지 않습니다. 따라서 프레스에 손을 끼울 염려가 없도록 안전을 확보하고 있는 것입니다.

성형기나 프레스와 같이 동력이 큰 것에서는 기계의 조작에 위험이 따르지 않도록 조작상의 안전 대책을 충분히 생각해 둘 필요가 있습니다.

특히 프레스를 사용해서 하는 작업은 위험을 동반하는 경우가 많기 때문에 노동 안전 위생법 관계 법령에도 금속 프레스 가공 작업에 대한 규정이 있습니다. 예를 들면, 양손 조작 버튼 외에 안전 둘레라든가 광선식 안전 장치를 설치하는 등으로, 2중의 안전 대책을 취하도록 정해져 있습니다. 이들을 확실히 지켜 안전을 확보해야 합니다.

17·4　보수 관리상의 안전 대책

보수 관리는 안전의 첫걸음

유압 시스템을 안전하고 확실하게 운전하기 위해서는 일상의 보수 관리가 매우 중요합니다. 전기 접점을 가진 검출기에 의한 원격 조작 등의 확인용, 혹은 자동 운전의 연동(interlock)용으로서 전기 시퀀스를 조합함으로써 사고를 미연에 방지하거나 최소한으로 방지할 수가 있습니다.

이와 같은 전기 기기의 사용에 의해서 보수 관리를 쉽게 할 수 있도록 됩니다.

17·4·1　탱크 안의 유온과 기름의 양

겨울철에는 탱크 안의 유온이 낮기 때문에 작동유의 점도가 높아져 펌프의 흡입 저항이 커 캐비테이션을 발생시킵니다. 또 회로의 고장 등에 의해서 이상 고온으로 되는 것도 생각됩니다. 이들 탱크 안의 이상 유온을 접점 붙이 온도계나 서모스탯에 의해 검출하여 난기 운전 또는 이상 고온의 발생을 알거나, 자동적으로 적정한 온도로 하기 위한 지령을 낼 수 있습니다.

기름의 양에 대해서는, 배관 등에서의 기름 누출에 의해서 탱크 안의 작동유가 이상 저하하거나 수냉식 냉각기가 내부에서 파손하여 냉각수가 탱크 안으로 들어가는 등의 이상 기름량을 레벨 스위치로 검출하여 경보를 내거나 할 수도 있습니다.

17·4·2　압력의 이상

배관 등의 파손 또는 압력 제어 밸브의 핸들의 이완 등의 이상 저압, 또 과대한 외력, 압력 제어 밸브의 오조작 등에 의한 이상 고압은 압력 스위치로 검출하여 경보를 내거나 비상 정지를 거는 지령으로 하거나 합니다.

17·4·3 필터의 막힘

석션 필터, 라인 필터, 리턴 필터 등, 필터에는 차압 스위치 붙이의 것을 사용하는 것으로, 필터의 막힘을 검출하여 필터의 세정할 때를 지시하여 줍니다.

┌── **하이드로 로직 시스템** ──────────────────────

유압 시스템의 집적화로의 기술 개발은 급속하게 진보해 왔습니다. 그러나 그들의 대부분은 소용량용이 중심이고, 대형의 철강 기계나 단압 기개 등의 고압, 대용량의 것의 요구에 대응하는 것은 작은 것이 실상이었습니다.

여기에 소개하는 것은 폭넓은 응용 분야와 고압, 고용량의 유압 장치의 집적화를 주목적으로 한 하이드로 로직 시스템입니다. 종래의 스풀 타입 밸브를 사용하지 않는 간단한 시트 밸브 타입의 밸브 요소를 사용하고, 파일럿 전환 밸브(솔레노이드 밸브)로 파일럿 제어하는 것에 의해, 그림 1에 나타낸 방향, 압력, 유량의 다기능 제어를 자유로이 하도록 한 것입니다. 아주 새로운 사고 방식에 기초한 유압 회로의 집적화인 데다가 간결한 시스템입니다.

그림 2와 같은 KS 회로도를 하이드로 로직 시스템의 회로도로 표시하면 그림 3과 같이 됩니다. 더우기 이것을 블록화한 것을 그림 4에 나타냅니다. 중요한 사양도 표시해 두지만, 최고 사용 압력 350kgf/cm², 최대 유량 7000l/min로 그 사용 범위는 넓고, 여러 가지 분야에 적용할 수 있습니다.

──────────────────────────────────────

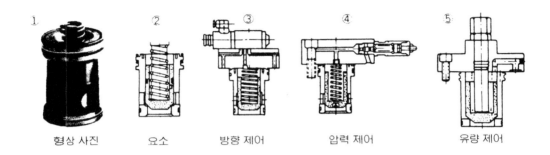

①	②	③	④	⑤
형상 사진	요소	방향 제어	압력 제어	유량 제어

그림 1

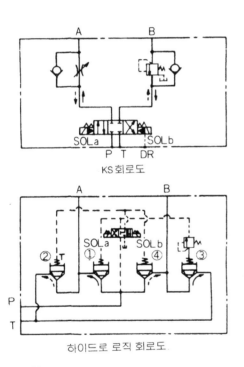

KS 회로도

하이드로 로직 회로도.

그림 2

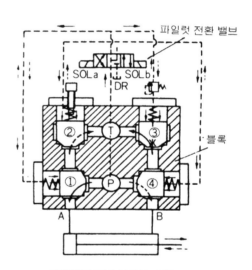

하이드로 로직 블록화 그림

주요 사항

크기 \ 사양	최고 사용 압력	최대 유량
08		300 l/min
10		600 l/min
16		1,200 l/min
20	350 kgf/cm²	1,700 l/min
24		2,300 l/min
40		3,500 l/min
48		7,000 l/min

그림 3

신편

알고 싶은 유압 (응용편)

2022년 12월 23일   제1판제1인쇄
2022년 12월 29일   제1판제1발행

저 자 不二越油壓硏究그룹
역 자 이   징   구
발행인 나   영   찬

발행처 **기전연구사** ─────────

서울특별시 동대문구 천호대로4길 16(신설동)
전 화 : 2235-0791/2238-7744/2234-9703
FAX : 2252-4559
등 록 : 1974. 5. 13. 제5-12호

─────────
정가 25,000원